# 基于模型的强化学习

［伊朗］米拉德·法尔西（Milad Farsi）
［中国］刘俊（Jun Liu）　　　　著

高　艺　　夏宇翔　　陈　锋
刘攀成　　钟家华　　李　圣　　译

U0397313

东南大学出版社
SOUTHEAST UNIVERSITY PRESS
·南京·

**图书在版编目(CIP)数据**

基于模型的强化学习 / (伊朗)米拉德·法尔西
(Milad Farsi), 刘俊著; 高艺等译. —南京: 东南
大学出版社, 2024.7
　　书名原文: Model-Based Reinforcement Learning
　　ISBN 978 - 7 - 5766 - 1044 - 4

Ⅰ. ①基… Ⅱ. ①米… ②刘… ③高… Ⅲ. ①机器学
习 Ⅳ. ①TP181

中国国家版本馆 CIP 数据核字(2023)第 254112 号
图字: 10-2023-262 号

基于模型的强化学习

Jiyu Moxing De Qianghua Xuexi

著　　者: [伊朗]米拉德·法尔西(Milad Farsi), [中国]刘俊(Jun Liu)
译　　者: 高 艺　夏宇翔　陈 锋　刘攀成　钟家华　李 圣
责任编辑: 张 烨　　　责任校对: 子雪莲　　　封面设计: 毕 真　　　责任印制: 周荣虎
出版发行: 东南大学出版社
出 版 人: 白云飞
社　　址: 南京四牌楼 2 号　　邮编: 210096　　电话: 025-83793330
网　　址: http://www.seupress.com
印　　刷: 苏州市古得堡数码印刷有限公司
开　　本: 787 mm×980 mm　1/16
印　　张: 15.5
字　　数: 329 千字
版　　次: 2024 年 7 月第 1 版
印　　次: 2024 年 7 月第 1 次印刷
书　　号: ISBN 978 - 7 - 5766 - 1044 - 4
定　　价: 98.00 元

本社图书若有印装质量问题,请直接与营销部联系。电话(传真): 025 - 83791830

# 序　言

强化学习(RL)通常与动物通过试错机制来进行学习的心理学联系在一起。

然而,RL 技术的底层数学原理无疑是最优控制理论,这一点可以由 20 世纪 50 年代末的里程碑式成果所证明,包括 Bellman 理论、Pontryagin 最大值原理,以及 Kalman 线性二次调节器(LQR)。最优控制的起源可以追溯到 17 世纪末更古老的变分学科。Pontryagin 最大值原理和 Hamilton-Jacobi-Bellman(HJB)方程是最优控制的两个主要支柱,后者通过最优价值函数提供反馈控制策略,而前者描述了开环控制信号的特征。

强化学习是由 Barto 和 Sutton 在 20 世纪 80 年代发展起来的,受到了动物学习和行为心理学的启发。过去的十年里,随着人工智能和机器学习研究的新浪潮,学术界和工业界对于强化学习这一课题的研究兴趣再次高涨起来。近期,RL 的一个显著成果是解决了看似棘手的围棋游戏,并在 2016 年击败了世界冠军。

可以说,RL 技术最初解决的问题大多是离散的。例如,在迷宫中导航和玩电子游戏,其中状态和动作都是离散的(有限的);或者简单的控制任务,如倒立摆,其中动作(控制)被选择为离散的。最近,研究人员开始研究解决连续状态和动作空间问题的 RL 方法。另一方面,根据定义,传统的最优控制问题具有连续的状态和控制变量。因此,以更通用的方式公式化最优控制问题并开发 RL 技术来解决这些问题似乎是自然而然的。尽管如此,从计算的角度来看,解决此类最优控制问题有两个主要挑战。首先,大多数技术都需要精确或至少近似的模型信息;其次,最优价值函数和反馈控制的计算经常受到维度灾难的影响。因此,这种方法往往太慢,无法以在线方式应用。

本书旨在为连续控制问题的在线反馈控制器研究一种高效的解决方法。书中的主要内容基于第一作者的博士论文,该论文提出了一个结构化在线学习(SOL)框架,用于通过沿着状态轨迹对状态依赖的微分 Riccati 方程进行前向积分来计算反馈控制器。在线性时不变(LTI)系统的特殊情况下,可以简化在没有模型先验知识的条件下解决众所周知的 LQR 问题。本书第一部分(第 1—3 章)提供了一些背景资料,包括 Lyapunov 稳定性分析、最优控制和连续控制问题的 RL。其余部分(第 4—9 章)详细讨论了 SOL 框架,包括调节和跟踪问题、进一步扩展以及各种案例研究。

第一作者衷心感谢在他研究过程中鼓励和支持他的所有人。第二作者感谢在他整个职业生涯中一直支持他的导师、学生、同事和合作者。我们衷心感谢加拿大自然科学与工程研究委员会、加拿大研究主席计划和安大略省早期研究者获奖计划为本研究提供的财政支持。

Milad Farsi,Jun Liu

加拿大安大略省滑铁卢市

# 贡 献 者

## 关于作者

Milad Farsi 于 2010 年获大不里士大学电气工程(电子)学士学位,2013 年获萨罕德科技大学电气工程(控制系统)专业硕士学位。2012 年至 2016 年,担任控制系统工程师,积累相关行业工作经验。于 2022 年获得加拿大滑铁卢大学应用数学博士学位,目前担任该校博士后研究员。研究方向包括:控制系统、强化学习及其在机器人和电力电子中的应用。

Jun Liu 于 2002 年获上海交通大学应用数学学士学位,2005 年获北京大学数学硕士学位,2010 年获加拿大滑铁卢大学应用数学博士学位。现为滑铁卢大学的应用数学副教授和混合系统与控制方向加拿大首席科学家,并指导混合系统实验室。2011 年至 2012 年,在加州理工学院作为博士后学者从事控制与动力系统研究。主要研究方向是混合系统与控制的理论和应用,包括在网络物理系统和机器人应用中的控制设计的严格计算方法。2012 年至 2015 年,担任谢菲尔德大学控制与系统工程讲师。

# 缩 写 词

| | | |
|---|---|---|
| ACCPM | analytic center cutting-plane method | 解析中心切割平面法 |
| ARE | algebraic Riccati equation | 代数 Riccati 方程 |
| DNN | deep neural network | 深度神经网络 |
| DP | dynamic programming | 动态规划 |
| DRE | differential Riccati equation | 微分 Riccati 方程 |
| FPRE | forward-propagating Riccati equation | 前向传播 Riccati 方程 |
| GD | gradient descent | 梯度下降 |
| GUAS | globally uniformly asymptotically stable | 全局一致渐近稳定 |
| GUES | globally uniformly exponentially stable | 全局一致指数稳定 |
| HJB | Hamilton-Jacobi-Bellman | 汉密尔顿-雅各比-贝尔曼 |
| KDE | kernel density estimation | 核密度估计 |
| LMS | least mean squares | 最小均方 |
| LQR | linear quadratic regulator | 线性二次型调节器 |
| LQT | linear quadratic tracking | 线性二次跟踪 |
| LS | least square | 最小二乘 |
| LTI | linear time-invariant | 线性时不变 |
| MBRL | model-based reinforcement learning | 基于模型的强化学习 |
| MDP | Markov decision process | 马尔可夫决策过程 |
| MIQP | mixed-integer quadratic program | 混合整数二次规划 |
| MPC | model predictive control | 模型预测控制 |
| MPP | maximum power point | 最大功率点 |
| MPPT | maximum power point tracking | 最大功率点跟踪 |
| NN | neural network | 神经网络 |
| ODE | ordinary differential equation | 常微分方程 |

PDE        partial differential equation   偏微分方程

PE         persistence of excitation   持续激励

PI         policy iteration   策略迭代

PV         photovoltaic   光伏

PWA        piecewise affine   分段仿射

PWM        pulse-width modulation   脉宽调制

RL         reinforcement learning   强化学习

RLS        recursive least squares   递归最小二乘

RMSE       root mean square error   均方根误差

ROA        region of attraction   吸引区

SDRE       state-dependent Riccati equations   状态相关 Riccati 方程

SINDy      sparse identification of nonlinear dynamics   非线性动态的稀疏识别

SMC        sliding mode control   滑模控制

SOL        structured online learning   结构化在线学习

SOS        sum of squares   平方和

TD         temporal difference   时间差

UAS        uniformly asymptotically stable   一致渐近稳定

UES        uniformly exponentially stable   一致指数稳定

VI         value iteration   价值迭代

# 目　　录

# 前　言

## 背景与目的

### 1) 缺乏一种有效的一般非线性最优控制技术

最优控制理论在有效控制系统的设计中起着重要作用。对于线性系统,在线性二次调节器(LQR)框架下已成功地求解了一类最优控制问题。LQR 问题关注线性系统通过控制输入和状态来最小化线性系统的二次代价。解决这些问题,使我们可以调节系统的状态和控制输入。这给控制系统应用提供了机会,可以通过调整成本函数的权重系数来调节系统行为。然而,对于非线性动态系统,目前还没有系统的方法能够有效地获得一般非线性系统的最优反馈控制。因此,文献中关于线性系统的许多技术通常并不适用。

非线性动态系统虽然复杂,但近年来引起了研究者的广泛关注。这主要是因为它们在工程应用中的现实效益,包括电力电子、飞行控制和机器人等众多领域。考虑一般非线性动态系统的控制,最优控制涉及找到一个控制输入,使依赖于受控状态轨迹和控制输入的成本函数最小。虽然这样的问题描述可以涵盖较大的应用范围,但如何有效地解决这一问题仍然是一个热点研究领域。

### 2) 最优反馈控制的重要性

一般来说,解决这类最优控制问题有两种著名的方法:最大(或最小)值原理(Pontryagin, 1987)和动态规划(DP)方法(Bellman et al., 1962)。为了解决一个涉及动态的优化问题,最大值原理要求我们解决一个两点边界值问题,而其解不是以反馈形式存在的。

文献中已有大量的数值方法来求解最优控制问题,这些方法通常依赖于系统的确切模型知识。在存在这种模型的情况下,最优控制输入作为一个具有时间依赖性的信号,以开环形式获得。在解决现实问题时,实现这些方法通常涉及许多复杂性,这是控制界众所周知的。因为模型不匹配、噪声和干扰极大地影响了在线解决方案,导致它与预先计划的离线解决方案背离。因此,在此类应用中,获得最优控制问题的闭环解往往是首选。

DP方法在具有二次成本的线性系统中,分析性地得出了反馈控制。此外,使用Hamilton-Jacobi Bellman(HJB)方程和价值函数,可以为实际应用导出一个最优反馈控制规则,前提是价值函数能以有效的方式更新。这使得我们开始思考可以在现实问题中有效实现的最优反馈控制规则的条件。

### 3) 最优反馈控制技术的局限性

考虑无限时域上的最优控制问题,其中涉及非二次型性能指标度量。采用逆最优控制思想,只要运行成本以某种方式依赖于保证非线性闭环系统渐近稳定性的Lyapunov函数,那么就可以以封闭的形式计算成本函数。由此可以得出Lyapunov函数确实是稳态HJB方程的解。虽然这样的公式能获得最佳反馈控制规则,但是,选择适当的性能指标度量可能不是小事。此外,从实践角度来看,由于性能指标度量的非线性,有可能出现不可预测的行为。

在线求解最优控制问题的一种更深入的方法是假设使用给定策略的价值函数。然后,对于任何状态,价值函数通过收集从该状态开始应用策略时的成本来衡量该状态的好坏。如果可以得到这样的价值函数,并且系统模型已知,那么最优策略实际上就是使系统朝着状态空间中价值下降最多的方向前进。这种强化学习技术被称为基于价值的方法,包括价值迭代(VI)和策略迭代(PI)算法,这些算法在有限状态和控制空间中被证明是有效的。但是,这些算法不能有效地随着状态空间和控制空间的大小而进行扩展。

### 4) 近似DP算法的复杂性

一种方便计算价值更新的方法是采用近似方式,通过参数化价值函数来实现并在训练过程中调整参数。然后,对价值函数给出的最优策略也相应地进行参数化和近似。任何价值更新的复杂度都直接取决于所使用的参数数量,其中一种是尝试通过牺牲最优性来限制参数的数量。因此,我们更倾向于获得更有效的价值参数更新规则,而不是限制参数的数量。我们通过用二次参数化的价值函数重新构建问题来实现这一点。

此外,经典的VI算法在评估策略时并不显式地使用系统模型。这对应用是有利的,因为不再需要完全了解系统动态。然而,单独使用VI的在线训练可能需要更长的时间才能收敛,因为模型只通过未来状态隐式地参与。因此,通过引入系统模型可以潜在地加速学习过程。此外,这为运行单独的识别单元创造了机会,其中获得的模型可以在离线情况下模拟完成训练,也可以用于学习不同目标的最佳策略。

结果表明,线性系统的 VI 算法在策略评估步骤中会产生一个 Lyapunov 递归。这样的 Lyapunov 方程可以以系统矩阵的形式高效地求解。然而,对于一般的非线性情况,实现等效的方法并不容易获得高效的解。因此,我们有动力去研究获得非线性系统高效更新规则的可能性。

## 5) 基于学习的跟踪方法的重要性

动态系统控制中最常见的问题之一是跟踪所需的参考轨迹,这在各种实际应用中都可以找到。然而,使用传统方法设计一个有效的跟踪控制器通常需要对模型有全面的理解以及对每个应用进行计算和考虑。另一方面,RL 方法提出了一个更灵活的框架,该框架对系统动态信息要求较少。虽然这可能会产生额外的问题,如安全性或计算限制,但在现实世界中,这种方法的使用已经取得了有效的结果。与调节问题类似,跟踪控制的应用受益于基于模型的强化学习(MBRL),它可以更有效地处理参数更新。

## 6) 获得实时控制的机会

在近似最优控制技术中,使用有限数量的参数只能得到模型和价值函数的局部近似。然而,如果要在更大的域内进行近似,可能需要相当多的参数。因此,识别和控制器的复杂度可能太高,无法在实际应用中在线执行。这促使我们考虑通过一组局部简单学习器,采用分段的方法来规避这一限制。如前所述,MBRL 在现实世界中已经有了一些有趣的应用。基于此,在本书中,我们旨在介绍解决最优控制问题的自动化方法,这些方法可以取代传统控制器。因此,本书包含了所提出方法的详细应用,并通过数值模拟进行了验证。

## 7) 总结

本书的主要写作动机可以总结如下:

- 最优控制备受青睐,但没有适用于所有非线性系统的通用分析技术。

- 反馈控制技术与数值控制技术相比具有更强的鲁棒性和计算效率,特别是在连续空间中。

- 获得闭合形式反馈控制的可能性较低,并且已知的技术仅限于某些特殊类型的系统。

- 近似 DP 提供了一种获得最优反馈控制的系统方法,但其复杂性随着参数数量的增加而显著增加。

- 对最优值进行有效参数化可以为控制调节和跟踪问题中更复杂的实时应用提供机会。

## 8) 本书大纲

本书的主要内容总结如下:

- 第 1 章介绍了非线性系统的 Lyapunov 稳定性分析,它将在后续章节中用于分析反馈控制器的闭环性能。

- 第 2 章对最优控制问题进行公式化,并介绍了用 HJB 方程表征最优反馈控制器的基本概念,其中 LQR 是一个特例。重点研究了具有无限时间域性能准则的渐近稳定任务的最优反馈控制器。

- 第 3 章讨论了 PI,它是一种求解连续最优控制问题的杰出 RL 技术。讨论了线性系统和非线性系统的 PI 算法。针对有无系统模型知识的情况,以自包含的方式给出了收敛性和稳定性分析的证明。

- 第 4 章介绍了基于一组基函数表示的连续控制动态模型的不同技术,包括最小二乘法、递归最小二乘法、梯度下降法和用于参数更新的稀疏识别技术。使用数值示例显示比较结果。

- 第 5 章介绍了用于控制的结构化在线学习(SOL)框架,包括算法以及稳定性与最优性的局部分析。重点是调节问题。

- 第 6 章将 SOL 框架扩展到未知动态跟踪问题。仿真结果表明了该方法的有效性,还显示了与其他 RL 方法进行比较的数值结果。

- 第 7 章介绍了一个分段学习框架,作为 SOL 方法的进一步扩展,我们将其限制在线性基函数上,同时允许以分段方式学习模型。通过以混合整数二次规划(MIQP)为基础的验证,提供了闭环稳定性保证和 Lyapunov 分析。

- 第 8 章和第 9 章介绍了光伏(PV)系统和四旋翼系统的两个案例研究。

- 第 10 章介绍了 SOL 相关的基于 Python 的工具。
  值得注意的是,第 5—9 章的一些内容之前已经在 Farsi and Liu(2020,2021)、Farsi et

al.（2022）、Farsi and Liu（2022b，2019）中发表过，并且在引用出版商的许可下，将这些内容列入本书中。

## 文献综述

### 1）强化学习

RL 是机器学习方法中众所周知的一类，它涉及通过与环境的交互学习来实现特定任务。任务通常由一些奖励机制来定义。智能体必须在不同的情境下采取行动。然后，累积的奖励被用作改进智能体未来行为的衡量标准，其目标是在一段时间内尽可能多地积累奖励。因此，智能体的预期行为会在长期内接近最优行为。RL 在仿真环境中取得了很多成功。然而，缺乏可解释性（Dulac-Arnold et al.，2019）和数据效率（Duan et al.，2016）使其不太适合作为一种直接用于现实世界问题的在线学习技术，除非有一种可以安全地将基于模拟的学习经验转移到现实世界的方法。Dulac-Arnold et al.（2019）讨论了 RL 技术实现中的主要挑战。关于这个问题有很多研究，相关工作列表请参见 Sutton et al.（2018）、Wiering et al.（2012）、Kaelbling et al.（1996）和 Arulkumaran et al.（2017）。RL 在机器人技术（Kober et al.，2013）、多智能体系统（Zhang et al.，2021；Da Silva et al.，2019；Hernandez-Leal et al.，2019）、电力系统（Zheng et al.，2019；Yang et al.，2020）、自动驾驶（Kiran et al.，2021）和智能交通（Haydari et al.，2020）以及医疗保健（Yu et al.，2021）等领域有各种有趣的应用。

### 2）基于模型的强化学习

与无模型方法相比，MBRL 技术具有更高的数据效率。直接无模型方法通常需要大量的数据和长时间的训练，即使是简单的应用（Duan et al.，2016），而基于模型的技术可以在有限次数的试验中表现出最佳行为。除了在改变学习目标和执行进一步安全分析方面的灵活性外，这一特性使它们更适用于现实世界的实现，例如机器人（Polydoros et al.，2017）。在基于模型的方法中，相较于采用直接方法处理状态控制空间中的任何单点系统，对转移系统进行确定性或概率性描述可以节省大量精力。因此，当涉及连续控制而非离散动作时，基于模型的技术的作用就更加重要了（Sutton，1990；Atkeson et al.，1997；Powell，2004）。

在 Moerland et al.（2020）中，作者提供了一些近年来基于马尔可夫决策过程（MDP）制定的 MBRL 方法的调查。通常，有两种近似系统的方法：参数化和非参数化。参数化模型通常优于非参数化模型，因为参数的数量与样本的数量无关。因此，它们可以在需要大量样本的复杂系统上更高效地实施。另一方面，在非参数方法中，对于给定样本的预测是通过将其与代表模型的一组已经存储的样本进行比较获得的。因此，复杂性随着数据集大小的增加而增加。在本书中，由于参数化模型的这一优势，我们就将重点放在参数化技术上。

### 3) 最优控制

让我们具体地考虑 RL 在控制系统上的实现。尽管 RL 技术不需要动态模型来解决问题，但实际上，它们旨在找到最优控制问题的解决方案。这个问题已经在控制界得到了广泛的研究。对于线性系统，研究人员已经利用 Riccati 方程（Kalman，1960）很好地解决了 LQR 问题，保证了无限时间域问题的系统稳定性。然而，在非线性系统的情况下，获得这样的解并不容易，需要我们解析或数值求解 HJB 方程，这是一项具有挑战性的任务，尤其是当我们不知道系统模型时。

模型预测控制（MPC）（Camacho and Alba，2013；Garcia et al.，1989；Qin and Badgwell，2003；Grüne and Pannek，2017；Garcia et al.，1989；Mayne and Michalska，1988；Morari and Lee，1999）经常被用作优化控制技术，其本质上是基于模型的。此外，它仅在有限的预测范围内处理控制问题。出于这个原因，以及问题没有以闭环形式考虑，稳定性分析难以建立。出于同样的原因，与可以有效实现的反馈控制规则相比，在线计算的复杂性相当高。

前向传播 Riccati 方程（FPRE）（Weiss et al.，2012；Prach et al.，2015）是解决 LQR 问题的技术之一。通常，微分 Riccati 方程（DRE）是从最终条件开始向后求解的。在类似的技术中，可以改为从一些初始条件开始向前求解。Prach et al.（2015）对这两种方案进行了比较。采用前向积分方法使其适用于解决时变系统的问题（Weiss et al.，2012；Chen et al. 1997）或 RL 设置（Lewis et al.，2012），因为不需要未来动态，而向后技术需要从最终条件获得未来动态。FPRE 已被证明是寻找线性系统次优解的有效技术，而对于非线性系统，假设沿着系统的轨迹对系统进行线性化。

状态相关 Riccati 方程（SDRE）（Cimen，2008；Erdem et al.，2004；Cloutier，1997）是另一种可以在文献中找到的解决非线性系统的最优控制问题的技术。这种技术依赖于这样一个事实，即任何非线性系统都可以写成带有状态相关矩阵的线性系统的形式。然而,这种转换并不是唯一的。因此,会得到一个次优解。与 MPC 类似,它不产生反馈控制规则,因为每个状态下的控制都是通过求解一个依赖于系统轨迹的 DRE 来计算的。

## 4）动态规划

在文献中可以找到其他基于模型的方法,主要分为两组:基于价值函数的方法和策略搜索方法。基于价值函数的方法,也称为近似/自适应 DP 技术(Wang et al. ,2009;Lewis et al. ,2009;Balakrishnan et al. ,2008),使用价值函数来构建策略。另一方面,策略搜索方法直接改进策略以实现最优性。自适应 DP 在汽车控制、飞行控制、动力控制等方面有不同的应用(Prokhorov, 2008;Ferrari-Trecate et al. , 2003;Prokhorov et al. , 1995;Murray et al. , 2002;Yu et al. , 2014;Han and Balakrishnan,2002;Lendaris et al. ,2000;Liu and Balakrishnan, 2000;Ferrari-Trecate et al. , 2003)。最近的技术综述可以在 Kalyanakrishnan and Stone(2009)、Busoniu et al. (2017),Recht(2019),Polydoros and Nalpantidis(2017),Kamalapurkar et al. (2018)中找到。Q-learning 方法使用时间差分(TD)学习与动作相关的函数来获得最优策略。这本质上是一种离散的方法。这一技术不断扩展,如 Millán et al. (2002)、Gaskett et al. (1999)、Ryu et al. (2019)、Wei et al. (2018)。然而,为了有效地实现,状态和动作空间必须是有限的,这对于连续问题是一个很大的限制。

自适应控制器(Aström et al. ,2013)作为一类著名的控制技术,在方法上可能与 RL 相似,但在问题表述和目标上存在实质性差异。自适应技术和 RL 技术利用实时收集的数据来学习调节未知系统。事实上,RL 技术可以被视为一种收敛到最优控制的自适应技术(Lewis et al. ,2009)。然而,与 RL 和最优控制器相反,自适应控制器对于用户指定的成本函数,通常无法达到最优。因此,我们不会直接与这些方法比较。

RL 中的价值方法需要求解众所周知的 HJB 方程。然而,求解此类方程的常用技术通常受到维数的困扰。因此,在近似 DP 技术中,使用参数化或非参数化模型来近似解。在 Lewis and Vrabie(2009)中,回顾了一些基本遵循演员-评论家(actor-critic)结构的相关方法(Boto et al. ,1983),如 VI 和 PI 算法。

在这些方法中,从状态空间探索中获得的 Bellman 误差被用来在需要持续激励(PE)条件的梯度下降或最小二乘循环中改进估计参数。由于得到的 Bellman 误差仅沿系统的轨迹有效,因此需要在状态空间中进行充分的探索才能有效地估计参数。在 Kamalapurkar et al. (2018)中,作者回顾了用于提高探索数据效率的不同策略。在 Vamvoudakis et al.

(2012)和 Modares et al.（2014）中，为了增强策略的探索属性，在控制中加入了探测信号。在另一种方法（Modares et al.，2014）中，将探测的记录数据用作经验回放，以提高数据效率。因此，识别得到的模型通过用于离线仿真，来获得更多经验，从而减少访问状态空间中任意点的需求。

作为一种替代方法，考虑一个已知输入耦合函数的非线性控制仿射系统，Kamalapurkar et al.（2016b）使用参数化模型来近似价值函数。然后，他们使用最小二乘优化技术根据 Bellman 误差调整参数，Bellman 误差使用系统的内部动力学识别和在 PE 类秩条件下近似的状态导数，在状态空间的任意点计算得出，在 Kamalapurkar et al.（2016a）中，作者提出了一种改进技术，该技术仅在当前状态的一个小邻域内近似价值函数。已经证明，由于可以使用明显较少的基函数，局部近似可以更有效地完成。

在 Jiang and Jiang（2012）、Jiang and Jiang（2014）以及 Jiang and Jiang（2017）的工作中，作者提出了基于 PI 的算法，不需要任何系统模型的先验知识。使用类似的 PE 类秩条件来确保进行充分的探索以成功学习价值函数和控制器。结果表明，该算法能实现半全局稳定性，并收敛到最优值和最优控制器。基于 PI 算法的主要限制之一是必须提供初始稳定控制器。尽管收敛 PI 算法最近已被证明适用于更为一般的离散时间系统（Bertsekas，2017），但正如 Bertsekas（2017）所指出的，其扩展到连续时间系统涉及大量技术困难。

## 5）分段学习

存在不同的技术可以有效地将分段模型拟合到数据中，如 Toriello and Vielma（2012）、Breschi et al.（2016）、Ferrari-Trecate et al.（2003）、Amaldi et al.（2016）、Rebennack and Krasko（2020）和 Du et al.（2021）。在 Ferrari-Trecate et al.（2003）中提出了一种通过分段仿射模型识别离散时间混合系统的技术。该技术结合了聚类、线性识别和模式识别方法来识别适用的仿射子系统及其分区。事实上，分段仿射模型的全局拟合问题被认为在计算上是很昂贵的。在 Lauer（2015）中讨论了全局最优性可以通过多项式复杂度达到，而在数据维度上则是指数级的。在这方面，Breschi et al.（2016）的工作提出了一种有效的两步技术：首先，逆归地对回归向量进行聚类和模型参数估计；然后，计算多面体分区。Gambella et al.（2021）和 Garulli et al.（2012）对其中一些技术进行了回顾。

分段仿射（PWA）系统的灵活性使其适用于控制中的不同方法。因此，分段系统的控制问题在文献中得到广泛的研究，参见 Marcucci and Tedrake（2019），Zou and Li（2007），Rodrigues and Boyd（2005），Baotic（2005），Strijbosch et al.（2020），Christophersen et al.(2005)，以及 Rodrigues and How(2003)。此外，PWA 系统有各种应用，包括机器人(Andrikopoulos et al.，2013；Marcucci et al.，2017)、汽车控制(Borrelli et al.，2006；Sun et al.，2019)和电力电子学(Geyer et al.，2008；Vlad et al.，2012)。Zou and Li(2007)将鲁棒 MPC 策略推广到具有多面体不确定性的 PWA 系统，在不同分区中对不确定性多面体的不同顶点使用多个 PWA 二次 Lyapunov 函数。Marcucci and Tedrake(2019)的另一项工作将混合 MPC 公式化为一个混合整数程序，以解决 PWA 系统的最优控制问题。然而，这些技术仅以开环形式提供，这降低了其在实时控制中的适用性。

另一方面，深度神经网络(DNN)提供了一种有效的闭环控制技术。然而，基于 DNN 控制的一个缺点是难以进行稳定性分析。当考虑 PWA 时，这变得更具挑战性。Chen et al.(2020)的工作提出了一种样本效率高效技术，用于合成通过 DNN 闭环控制的 PWA 系统的 Lyapunov 函数。在这种技术中，首先使用解析中心切割平面法（ACCPM）(Goffin and Vial，1993；Nesterov，1995；Boyd and Vandenberghe，2004)搜索 Lyapunov 候选函数，然后使用 MIQP 在闭环系统上验证该候选 Lyapunov 函数。这种技术依赖于我们对系统精确模型的了解。因此，它不能在具有不确定性的已识别 PWA 系统上直接应用。

## 6）跟踪控制

对于基于学习的跟踪问题，除了 Modares and Lewis(2014)、Modares et al.(2015)、Zhu et al.(2016)、Yang et al.(2016)和 Luo et al.(2016)综述技术的一些扩展外，文献中还可以找到几种技术。Modares and Lewis(2014)基于 PI 算法为线性系统开发了一种积分 RL 技术，从一个可允许的初始控制器开始。对于部分未知系统，最优跟踪控制器收敛于线性二次跟踪(LQT)控制器。Modares et al.(2015)中采用了一种离线策略方法，在一个演员-评论家-扰动(actor-critic-disturbance)配置中使用三个神经网络来学习未知非线性系统的 $H_\infty$-跟踪控制器。Zhu et al.(2016)使用跟踪误差和参考构建了一个增广系统。在演员-评论家结构中，采用神经网络来逼近价值函数并学习一个最优策略。在另一种基于神经网络的方法(Yang et al.，2016)中，使用单个网络来近似价值函数，其中假设了不确定动态类别。除上述方法外，文献中还存在其他类似的方法。然而，RL 在跟踪控制中的应用并不仅仅局限于基于模型的技术。例如，Luo et al.(2016)提出了一种用于跟踪问题的仅评论家 Q-learning 方法，该方法不需要求解 HJB 方程。

## 7）应用

如上所述，MBRL 以及最优控制在现实问题上存在不同的应用（Prokhorov，2008；Ferrari-Trecate et al.，2003；Prokhorov et al.，1995；Murray et al.，2002；Yu et al.，2014；Han and Balakrishnan，2002；Lendaris et al.，2000；Liu and Balakrishnan，2000；Ferrari-Trecate et al.，2003）。因此，我们稍后将分别在第 8 章和第 9 章提供包括四旋翼和太阳能光伏系统在内的每种应用的详细文献回顾。

# 参考文献

Edoardo Amaldi, Stefano Coniglio, and Leonardo Taccari. Discrete optimization methods to fit piecewise affine models to data points. Computers & Operations Research, 75:214 – 230, 2016.

George Andrikopoulos, George Nikolakopoulos, Ioannis Arvanitakis, and Stamatis Manesis. Piecewise affine modeling and constrained optimal control for a pneumatic artificial muscle. IEEE Transactions on Industrial Electronics, 61(2):904 – 916, 2013.

Kai Arulkumaran, Marc Peter Deisenroth, Miles Brundage, and Anil Anthony Bharath. Deep reinforcement learning: A brief survey. IEEE Signal Processing Magazine, 34(6):26 – 38, 2017.

Karl J. Aström and Björn Wittenmark. Adaptive Control. Courier Corporation, 2013.

Christopher G. Atkeson and Juan Carlos Santamaria. A comparison of direct and model-based reinforcement learning. In Proceedings of the International Conference on Robotics and Automation, volume 4, pages 3557 – 3564. IEEE, 1997.

S N. Balakrishnan, Jie Ding, and Frank L. Lewis. Issues on stability of ADP feedback controllers for dynamical systems. IEEE Transactions on Systems, Man, and Cybernetics, Part B (Cybernetics), 38(4):913 – 917, 2008.

Mato Baotic. Optimal Control of Piecewise Affine Systems: A Multi-parametric Approach. PhD thesis, ETH Zurich, 2005.

Andrew G. Barto, Richard S. Sutton, and Charles W. Anderson. Neuronlike adaptive elements that can solve difficult learning control problems. IEEE Transactions on Systems, Man, and Cybernetics, SMC-13(5):834 – 846, 1983.

Richard E. Bellman and Stuart E. Dreyfus. Applied Dynamic Programming. Princeton University Press, 1962.

Dimitri P. Bertsekas. Value and policy iterations in optimal control and adaptive dynamic programming. IEEE Transactions on Neural Networks and Learning Systems, 28(3):500 – 509, 2017.

Francesco Borrelli, Alberto Bemporad, Michael Fodor, and Davor Hrovat. An MPC/hybrid system approach to traction control. IEEE Transactions on Control Systems Technology, 14(3):541 – 552, 2006.

Stephen Boyd and Lieven Vandenberghe. Convex Optimization. Cambridge University Press, 2004.

Valentina Breschi, Dario Piga, and Alberto Bemporad. Piecewise affine regression via recursive multiple least squares and multicategory discrimination. Automatica,73:155 – 162, 2016.

Lucian Busoniu, Robert Babuska, Bart De Schutter, and Damien Ernst. Reinforcement Learning and Dynamic Programming Using Function Approximators. CRC Press,2017.

Eduardo F. Camacho and Carlos Bordons Alba. Model Predictive Control. Springer,2013.

Min-Shin Chen and Chung-yao Kao. Control of linear time-varying systems using forward Riccati equation. Journal of Dynamic Systems, Measurement, and Control,119 (3):536 – 540, 1997.

Shaoru Chen, Mahyar Fazlyab, Manfred Morari, George J. Pappas, and Victor M. Preciado. Learning Lyapunov functions for piecewise affine systems with neural network controllers. arXiv preprint arXiv:2008. 06546, 2020.

Frank J. Christophersen, Mato Baotić, and Manfred Morari. Optimal control of piecewise affine systems: A dynamic programming approach. In Control and Observer Design for Nonlinear Finite and Infinite Dimensional Systems, pages 183 – 198.

Springer，2005.

Tayfun Çimen. State-dependent Riccati equation（SDRE）control：A survey. IFAC Proceedings Volumes，41（2）：3761 – 3775，2008.

James R. Cloutier. State-dependent Riccati equation techniques：An overview. In Proceedings of the American Control Conference，volume 2，pages 932 – 936. IEEE，1997.

Felipe Leno Da Silva and Anna Helena Reali Costa. A survey on transfer learning for multiagent reinforcement learning systems. Journal of Artificial Intelligence Research，64：645 – 703，2019.

Yingwei Du，Fangzhou Liu，Jianbin Qiu，and Martin Buss. Online identification of piecewise affine systems using integral concurrent learning. IEEE Transactions on Circuits and Systems Ⅰ：Regular Papers，68（10）：4324 – 4336，2021.

Yan Duan，Xi Chen，Rein Houthooft，John Schulman，and Pieter Abbeel. Benchmarking deep reinforcement learning for continuous control. In International Conference on Machine Learning，pages 1329 – 1338，2016.

Gabriel Dulac-Arnold，Daniel Mankowitz，and Todd Hester. Challenges of real-world reinforcement learning. arXiv preprint arXiv：1904.12901，2019.

Evrin B. Erdem and Andrew G. Alleyne. Design of a class of nonlinear controllers via state dependent Riccati equations. IEEE Transactions on Control Systems Technology，12（1）：133 – 137，2004.

Giancarlo Ferrari-Trecate，Marco Muselli，Diego Liberati，and Manfred Morari. A clustering technique for the identification of piecewise affine systems. Automatica，39（2）：205 – 217，2003.

Claudio Gambella，Bissan Ghaddar，and Joe Naoum-Sawaya. Optimization problems for machine learning：A survey. European Journal of Operational Research，290（3）：807 – 828，2021.

Carlos E. Garcia，David M. Prett，and Manfred Morari. Model predictive control：

Theory and practice-a survey. Automatica, 25(3):335 – 348, 1989.

Andrea Garulli, Simone Paoletti, and Antonio Vicino. A survey on switched and piecewise affine system identification. IFAC Proceedings Volumes, 45 (16): 344 – 355,2012.

Chris Gaskett, David Wettergreen, and Alexander Zelinsky. Q-learning in continuous state and action spaces. In Proceedings of the Australasian Joint Conference on Artificial Intelligence, pages 417 – 428. Springer, 1999.

Tobias Geyer, Georgios Papafotiou, and Manfred Morari. Hybrid model predictive control of the step-down DC-DC converter. IEEE Transactions on Control Systems Technology, 16(6):1112 – 1124, 2008.

Jean-Louis Goffin and Jean-Philippe Vial. On the computation of weighted analytic centers and dual ellipsoids with the projective algorithm. Mathematical Programming, 60(1):81 – 92, 1993.

Lars Grüne and Jürgen Pannek. Nonlinear model predictive control. In Nonlinear Model Predictive Control, pages 45 – 69. Springer, 2017.

Dongchen Han and S. N. Balakrishnan. State-constrained agile missile control with adaptive-critic-based neural networks. IEEE Transactions on Control Systems Technology, 10(4):481 – 489, 2002.

Ammar Haydari and Yasin Yilmaz. Deep reinforcement learning for intelligent transportation systems: A survey. IEEE Transactions on Intelligent Transportation Systems, 2020.

Pablo Hermandez-Leal, Bilal Kartal, and Matthew E. Taylor. A survey and critique of multiagent deep reinforcement learning. Autonomous Agents and Multi-Agent Systems, 33(6):750 – 797, 2019.

Yu Jiang and Zhong-Ping Jiang. Computational adaptive optimal control for continuous-time linear systems with completely unknown dynamics. Automatica, 48(10):2699 – 2704, 2012.

Yu Jiang and Zhong-Ping Jiang. Robust adaptive dynamic programming and feedback stabilization of nonlinear systems. IEEE Transactions on Neural Networks and Learning Systems, 25(5):882 – 893, 2014.

Yu Jiang and Zhong-Ping Jiang. Robust Adaptive Dynamic Programming. John Wiley & Sons, 2017.

Leslie Pack Kaelbling, Michael L Littman, and Andrew W. Moore. Reinforcement learning: A survey. Journal of Artificial Intelligence Research, 4:237 – 285, 1996.

Rudolf E. Kalman. Contributions to the theory of optimal control. Boletin de la Sociedad Matematica Mexicana, 5(2):102 – 119, 1960.

Shivaram Kalyanakrishnan and Peter Stone. An empirical analysis of value function-based and policy search reinforcement learning. In Proceedings of the 8th International Conference on Autonomous Agents and Multiagent Systems-Volume 2, pages 749 – 756, 2009.

Rushikesh Kamalapurkar, Joel A. Rosenfeld, and Warren E. Dixon. Efficient model-based reinforcement learning for approximate online optimal control. Automatica, 74: 247 – 258, 2016a.

Rushikesh Kamalapurkar, Patrick Walters, and Warren E. Dixon. Model-based reinforcement learning for approximate optimal regulation. Automatica, 64(C):94 – 104, 2016b.

Rushikesh Kamalapurkar, Patrick Walters, Joel Rosenfeld, and Warren Dixon. Reinforcment Learning for Optimal Feedback Control. Springer, 2018.

B. Ravi Kiran, Ibrahim Sobh, Victor Talpaert, Patrick Mannion, Ahmad A. Al Sallab, Senthil Yogamani, and Patrick Pérez. Deep reinforcement learning for autonomous driving: A survey. IEEE Transactions on Intelligent Transportation Systems, 2021.

Jens Kober, J. Andrew Bagnell, and Jan Peters. Reinforcement learning in robotics: A survey. The International Journal of Robotics Research, 32(11):1238 – 1274, 2013.

Fabien Lauer. On the complexity of piecewise affine system identification. Automatica,

62:148 – 153, 2015.

George G. Lendaris, Larry Schultz, and Thaddeus Shannon. Adaptive critic design for intelligent steering and speed control of a 2-axle vehicle. In Proceedings of the IEEE-INNS-ENNS International Joint Conference on Neural Networks. IJCNN 2000.

Neural Computing: New Challenges and Perspectives for the New Millennium, volume 3, pages 73 – 78. IEEE, 2000.

Frank L. Lewis and Draguna Vrabie. Reinforcement learning and adaptive dynamic programming for feedback control. IEEE Circuits and Systems Magazine, 9(3):32 – 50, 2009.

Frank L. Lewis, Draguna Vrabie, and Kyriakos G. Vamvoudakis. Reinforcement learning and feedback control: Using natural decision methods to design optimal adaptive controllers. IEEE Control Systems Magazine, 32(6):76 – 105, 2012.

Xin Liu and S. N. Balakrishnan. Convergence analysis of adaptive critic based optimal control. In Proceedings of the American Control Conference, volume 3, pages 1929 – 1933. IEEE, 2000.

Biao Luo, Derong Liu, Tingwen Huang, and Ding Wang. Model-free optimal tracking control via critic-only Q-learning. IEEE Transactions on Neural Networks and Learning Systems, 27(10):2134 – 2144, 2016.

Tobia Marcucci and Russ Tedrake. Mixed-integer formulations for optimal control of piecewise-affine systems. In Proceedings of the ACM International Conference on Hybrid Systems: Computation and Control, pages 230 – 239, 2019.

Tobia Marcucci, Robin Deits, Marco Gabiccini, Antonio Bicchi, and Russ Tedrake. Approximate hybrid model predictive control for multi-contact push recovery in complex environments. In Proceedings of the IEEE-RAS 17th International Conference on Humanoid Robotics, pages 31 – 38. IEEE, 2017.

David Q. Mayne and Hannah Michalska. Receding horizon control of nonlinear systems. In Proceedings of the IEEE Conference on Decision and Control, pages 464

465. IEEE，1988.

José Del R. Millán, Daniele Posenato, and Eric Dedieu. Continuous-action Q-learning. Machine Learning，49(2):247 - 265，2002.

Hamidreza Modares and Frank L. Lewis. Linear quadratic tracking control of partially-unknown continuous-time systems using reinforcement learning. IEEE Transactions on Automatic Control，59(11):3051 - 3056，2014.

Hamidreza Modares, Frank L. Lewis, and Mohammad-Bagher Naghibi-Sistani. Integral reinforcement learning and experience replay for adaptive optimal control of partially-unknown constrained-input continuous-time systems. Automatica，50（1）: 193 - 202，2014.

Hamidreza Modares, Frank L. Lewis, and Zhong-Ping Jiang. $H_\infty$ tracking control of completely unknown continuous-time systems via off-policy reinforcement learning. IEEE Transactions on Neural Networks and Learning Systems，26（10）: 2550 - 2562,2015.

Thomas M. Moerland, Joost Broekens, and Catholijn M. Jonker. Model-based reinforcement learning: A survey. arXiv preprint arXiv:2006. 16712，2020.

Manfred Morari and Jay H. Lee. Model predictive control: Past, present and future. Computers and Chemical Engineering，23(4 - 5):667 - 682，1999,

John J. Murray, Chadwick J. Cox, George G. Lendaris, and Richard Saeks. Adaptive dynamic programming. IEEE Transactions on Systems, Man, and Cybernetics, Part C (Applications and Reviews)，32(2):140 - 153，2002.

Yu Nesterov. Complexity estimates of some cutting plane methods based on the analytic barrier. Mathematical Programming，69(1):149 - 176，1995.

Athanasios S. Polydoros and Lazaros Nalpantidis. Survey of model-based reinforcement learning: Applications on robotics. Journal of Intelligent and Robotic Systems，86(2): 153 - 173，2017.

Lev Semenovich Pontryagin. Mathematical Theory of Optimal Processes. CRC Press,1987.

Warren Buckler Powell. Handbook of Learning and Approximate Dynamic Programming, volume 2. John Wiley & Sons, 2004.

Anna Prach, Ozan Tekinalp, and Dennis S. Bernstein. Infinite-horizon linear-quadratic control by forward propagation of the differential Riccati equation. IEEE Control Systems Magazine, 35(2):78 – 93, 2015.

Danil Prokhorov. Neural networks in automotive applications. In Computational Intelligence in Automotive Applications, pages 101 – 123. Springer, 2008.

Danil V. Prokhorov, Roberto A. Santiago, and Donald C. Wunsch II. Adaptive critic designs: A case study for neurocontrol. Neural Networks, 8(9):1367 – 1372, 1995.

S. Joe Qin and Thomas A. Badgwell. A survey of industrial model predictive control technology. Control Engineering Practice, 11(7):733 – 764, 2003.

Steffen Rebennack and Vitaliy Krasko. Piecewise linear function fitting via mixed-integer linear programming. INFORMS Journal on Computing, 32(2):507 – 530, 2020.

Benjamin Recht. A tour of reinforcement learning: The view from continuous control. Annual Review of Control, Robotics, and Autonomous Systems, 2:253 – 279, 2019.

Luis Rodrigues and Stephen Boyd. Piecewise-affine state feedback for piecewise-affine slab systems using convex optimization. Systems & Control Letters, 54(9): 835 – 853, 2005.

Luis Rodrigues and Jonathan P. How. Observer-based control of piecewise-affine systems. International Journal of Control, 76(5):459 – 477, 2003.

Moonkyung Ryu, Yinlam Chow, Ross Anderson, Christian Tjandraatmadja, and Craig Boutilier. CAQL: Continuous action Q-learning. In Proceedings of the International Conference on Learning Representations, 2019.

Nard Strijbosch, Isaac Spiegel, Kira Barton, and Tom Oomen. Monotonically convergent iterative learning control for piecewise affine systems. IFAC-PapersOnLine, 53(2):1474 – 1479, 2020.

Xiaoqiang Sun，Houzhong Zhang，Yingfeng Cai，Shaohua Wang，and Long Chen. Hybrid modeling and predictive control of intelligent vehicle longitudinal velocity considering nonlinear tire dynamics. Nonlinear Dynamics，97(2):1051 – 1066，2019.

Richard S. Sutton. Integrated architectures for learning，planning，and reacting based on approximating dynamic programming. In Machine Learning Proceedings 1990，pages 216 – 224. Elsevier，1990.

Richard S. Sutton and Andrew G. Barto. Reinforcement Learning：An Introduction. MIT Press，2018.

Alejandro Toriello and Juan Pablo Vielma. Fitting piecewise linear continuous functions. European Journal of Operational Research，219(1):86 – 95，2012.

Kyriakos G. Vamvoudakis，Frank L. Lewis，and Greg R. Hudas. Multi-agent differential graphical games：Online adaptive learning solution for synchronization with optimality. Automatica，48(8):1598 – 1611，2012.

Cristina Vlad，Pedro Rodriguez-Ayerbe，Emmanuel Godoy，and Pierre Lefranc. Explicit model predictive control of buck converter. In Proceedings of the International Power Electronics and Motion Control Conference，pages DS1e – 4. IEEE，2012.

Fei-Yue Wang，Huaguang Zhang，and Derong Liu. Adaptive dynamic programming：An introduction. IEEE Computational Intelligence Magazine，4(2):39 – 47，2009.

Ermo Wei，Drew Wicke，David Freelan，and Sean Luke. Multiagent soft Q-learning. In 2018 AAAI Spring Symposium Series，2018.

Avishai Weiss，Ilya Kolmanovsky，and Dennis S. Bernstein. Forward-integration Riccati-based output-feedback control of linear time-varying systems. In Proceedings of the American Control Conference，pages 6708 – 6714. IEEE，2012.

Marco A. Wiering and Martijn Van Otterlo，editors. Reinforcement Learning：State-of-the-Art. Springer，2012.

Xiong Yang，Derong Liu，Qinglai Wei，and Ding Wang. Guaranteed cost neural tracking control for a class of uncertain nonlinear systems using adaptive dynamic programming. Neurocomputing，198：80 − 90，2016.

Ting Yang，Liyuan Zhao，Wei Li，and Albert Y. Zomaya. Reinforcement learning in sustainable energy and electric systems：A survey. Annual Reviews in Control，49：145 − 163，2020.

Miao Yu，Chao Iu，and Yongjun Liu. Direct heuristic dynamic programming method for power system stability enhancement. In 2014 American Control Conference，pages 747 − 752. IEEE，2014.

Chao Yu，Jiming Liu，Shamim Nemati，and Guosheng Yin. Reinforcement learning in healthcare：A survey. ACM Computing Surveys，55(1)：1 − 36，2021.

Zidong Zhang，Dongxia Zhang，and Robert C. Qiu. Deep reinforcement learning for power system applications：An overview. CSEE Journal of Power and Energy Systems，6(1)：213 − 225，2019.

Kaiqing Zhang，Zhuoran Yang，and Tamer Başar. Multi-agent reinforcement learning：A selective overview of theories and algorithms. In Handbook of Reinforcement Learning and Control，pages 321 − 384，2021.

Yuanheng Zhu，Dongbin Zhao，and Xiangjun Li. Using reinforcement learning techniques to solve continuous-time non-linear optimal tracking problem without system dynamics. IET Control Theory and Applications，10(12)：1339 − 1347，2016.

Yuanyuan Zou and Shaoyuan Li. Robust model predictive control for piecewise affine systems. Circuits，Systems & Signal Processing，26(3)：393 − 406，2007.

# 1

# 非线性系统分析

在本章中,我们将对非线性动态系统分析进行基础的数学介绍,重点是 Lyapunov 稳定性分析。稳定性分析是动态系统研究的主要挑战之一。系统对扰动的响应可以证明系统的稳定性。考虑到系统在平衡点附近的行为,在扰动下系统的轨迹可以有不同的情形。因此,出现了不同的稳定性概念。在这方面,Lyapunov 分析为非线性动态系统的稳定性分析提供了一个有效的框架。此外,它还有助于设计反馈控制器以及分析闭环系统。在本章中,我们将简要回顾稳定性的一些基本概念,并讨论几个众所周知的概念,以及 Lyapunov 稳定性定理的自包含方式。关于详细讨论,我们建议读者参考 Haddad and Chellaboina(2011)和 Khalil(2002)。

## 1.1 符号

本书使用的数学符号如下:

- $\mathbb{R}$:实数的集合。

- $\mathbb{R}_{\geqslant 0}$:非负实数的集合。

- $\mathbb{Z}$:所有整数的集合。

- $\mathbb{Z}_{\geqslant 0}$:非负整数的集合。

- $|x|$:一个实数的绝对值。

- $\mathbb{R}^n$:$n$ 维欧氏空间。

- $\|x\|$:向量 $x \in \mathbb{R}^n$ 的 2 范数(或欧氏范数),定义为

$$\|x\| = \sqrt{\sum_{i=1}^{n} |x_i|^2}$$

- $A \backslash B$:集合 $A$ 和集合 $B$ 之间的集合差,定义为

$$A \backslash B = \{x \mid x \in A, x \notin B\}$$

- $\|x\|_A$:从点 $x \in \mathbb{R}^n$ 到集合 $A \subseteq \mathbb{R}^n$ 的距离,即

$$\|x\|_A = \inf_{y \in A} \|x - y\|$$

- $B_r(A)$:由距离集合 $A \subseteq \mathbb{R}^n$ 小于或等于 $r$ 的所有点组成的集合,即

$$B_r(A) = \{x : \|x\|_A \leqslant r\}$$

如果 $A = \{x\}$,其中 $x \in \mathbb{R}^n$,$B_r(A)$ 减少到 $B_r(x)$。如果 $x = 0$,我们可以把它写成 $B_r$。

- $\dfrac{\partial V}{\partial x}$:函数 $V$ 的梯度,$\mathbb{R}^n \to \mathbb{R}$ 定义为 $\dfrac{\partial V}{\partial x} = \left( \dfrac{\partial V}{\partial x_1}, \cdots, \dfrac{\partial V}{\partial x_n} \right)$。

- $\dfrac{\partial \Phi}{\partial x}$:函数 $\Phi$ 的雅可比矩阵,$\mathbb{R}^n \to \mathbb{R}^p$ 定义为

$$\frac{\partial \Phi}{\partial x} = \begin{bmatrix} \dfrac{\partial \Phi_1}{\partial x} \\ \vdots \\ \dfrac{\partial \Phi_p}{\partial x} \end{bmatrix} = \begin{bmatrix} \dfrac{\partial \Phi_1}{\partial x_1} & \cdots & \dfrac{\partial \Phi_1}{\partial x_n} \\ \vdots & \cdots & \vdots \\ \dfrac{\partial \Phi_p}{\partial x_1} & \cdots & \dfrac{\partial \Phi_p}{\partial x_n} \end{bmatrix}$$

## 1.2  非线性动态系统

我们考虑下列形式的非线性动态系统

$$\dot{x}(t) = f(t, x(t), w(t)), x(t_0) = x_0 \tag{1.1}$$

其中,$x(t) \in \mathbb{R}^n$ 为系统状态,$w(t) \in W \subseteq \mathbb{R}^p$ 为扰动信号,$t_0 \in \mathbb{R}_{\geqslant 0}$ 为初始时间,$x_0$ 为初始状态。设 $D \subseteq \mathbb{R}^n$ 为开集,$J \subseteq \mathbb{R}$ 为开区间。假设 $f: J \times D \times W \to \mathbb{R}^n$ 满足基本规则条件,对于任意 $(t_0, x_0) \in J \times D$ 和任意"良好"的输入信号 $w: J \to W$,存在包含 $t_0$ 的区间 $J_0 \subseteq J$

和唯一局部解 $J_0 \rightarrow \mathbb{R}^n$，使得式(1.1)对所有 $t \in J_0$ 都满足。

## 1) 解的存在性、唯一性和连续性

**注释 1.1（基本规律性假设）** 函数 $f$ 关于时间变量 $t$ 的依赖有时来自另一个函数 $F(x, u, w)$，其中 $u$ 为控制输入，$w$ 为扰动输入。对于输入信号（无论是控制信号还是干扰信号），通常假设它们是分段连续的。在这种情况下，假设 $f(t, x, w)$ 在 $t$ 上是分段连续的，在 $x$ 和 $w$ 上是连续的，以确保给定一个分段连续输入 $w(\cdot)$ 时存在局部解。这就是 Peano 存在定理（Peano's existence theorem）。如果进一步假设 $f$ 在 $x$ 上是局部 Lipschitz 连续的，即对于每个有界集合 $K \subseteq J \times D \times W$，存在一个常数 $L$，使得

$$\| f(t, x, w) - f(t, y, w) \| \leqslant L \| x - y \|, \forall (t, x, w), (t, y, w) \in K,$$

那么系统(1.1)的每个解是唯一的。Lipschitz 连续性假设下的存在性和唯一性常被称为 Picard 存在定理（Picard's existence theorem）。

在更一般的情况下，我们有时需要考虑仅关于 $t$ 可测的输入信号。如果我们让输入信号为可测量函数，那么我们需要放宽对 $f$ 的条件，使其关于 $t$ 可测，并允许 $w(\cdot)$ 局部有界，即一个可测量的函数"几乎"等于在每个点的邻域上有界的函数。在这里，"几乎"指的是几乎处处，也就是说，除了零测度集合外。Carathéodory 存在定理处理了在这种情况下解的存在性和唯一性问题。

**注释 1.2（解的连续性）** 系统(1.1)的局部解可以扩展到其最大存在区间 $J^* \subseteq J$，该区间相对于 $J$ 是开放的。考虑 $J = \mathbb{R}$ 和 $D = \mathbb{R}^n$ 的特殊情况。那么，除非解在有限时间内爆破，即当时间接近存在区间的边界时，解变得无界；否则，最大存在区间是整个实数轴 $\mathbb{R}$，在 $\mathbb{R}$ 上定义的解称为全局解。如果一个解定义在 $[t_0, \infty)$ 上，我们说它是前向完全的。类似地，如果它定义在 $(-\infty, t_0]$ 上，我们说它是后向完全的。因此，证明解的全局存在性和完全性的一种常用方法是证明解在有界区间上保持有界。

我们建议读者参阅 Sontag(2013)的附录，以获得带输入的非线性常微分方程(ODE)基础理论的精确数学处理[也可参阅 Haddad and Chellaboina(2011)，Khalil(2002，2015)]。

## 1.3  Lyapunov 稳定性分析

稳定性是系统和控制的核心概念。我们定义紧不变集为(1.1)的解,定义稳定性如下:

**定义 1.1**  集合 $A\subseteq\mathbb{R}^n$ 被称为系统(1.1)的(前向)不变集合,如果它是非空的,并且对于任何 $x_0\in A$,所有从 $x(t_0)=x_0$ 开始的系统(1.1)的解在所有 $t\geq t_0$ 时都保持在集合 $A$ 中。

**定义 1.2**  设 $A\subseteq\mathbb{R}^n$ 是系统(1.1)的一个紧不变集。如果以下两个条件成立,我们说 $A$ 对于系统(1.1)一致渐近稳定(UAS):

1. (一致稳定性)对于每一个 $\varepsilon>0$,存在 $\delta=\delta(\varepsilon)>0$,使得如果 $\|x_0\|_A\leq\delta$,则对于所有 $t\geq t_0$ 有 $\|x(t)\|_A\leq\varepsilon$,其中 $x(t)$ 是从 $x(t_0)=x_0$ 开始的系统(1.1)的任意解。

2. (一致吸引性)存在某个 $\rho>0$,使得对于任意 $\eta>0$,存在 $T=T(\rho,\eta)\geq0$,使得 $\|x(t)\|_A\leq\eta$,只要 $\|x_0\|_A\leq\rho$ 且 $t\geq t_0+T$,其中 $x(t)$ 是从 $x(t_0)=x_0$ 开始的系统(1.1)的任意解。

如果上述条件对所选的 $\delta$ 成立,使得 $\lim_{\varepsilon\to\infty}\delta(\varepsilon)=\infty$,并且对于任何 $\rho>0$ 成立,我们说 $A$ 对于系统(1.1)全局一致渐近稳定(GUAS)。

我们还将介绍渐近稳定性的一个特例,如下。

**定义 1.3**  设 $A\subseteq\mathbb{R}^n$ 是系统(1.1)的一个紧不变集。如果存在正常数 $\rho,k$ 和 $c$,使得 $\|x(t)\|_A\leq k\|x_0\|_A e^{-c(t-t_0)},\forall t\geq t_0,\forall\|x_0\|_A\leq\rho$ 对系统(1.1)的所有解成立,我们说 $A$ 对于系统(1.1)一致指数稳定(UES)。如果上述条件对所有 $x_0\in\mathbb{R}^n$ 成立,则称其全局一致指数稳定(GUES)。

**注释 1.3**  注意,当 $A=\{0\}$,$x=0$ 为系统(1.1)的平衡点时,即对于所有 $t\geq0$ 和 $w\in W$,$f(t,0,w)=0$,上述稳定性概念可简化为相应的平衡稳定性概念。

我们给出系统(1.1)的稳定性分析的标准 Lyapunov 定理,该定理与紧不变集有关。

**定义 1.4**  设 $D\subseteq\mathbb{R}^n$ 是开集,$A$ 是包含在 $D$ 中的紧集。如果对于所有 $x\in A,V(x)=0$,并且对于所有 $x\in D\backslash A,V(x)>0$,我们说函数 $V:D\to\mathbb{R}$ 关于 $A$ 是正定的。类似地,如果 $-V$ 关于 $A$ 是正定的,我们说 $V:D\to\mathbb{R}$ 关于 $A$ 是负定的。

**定义 1.5** 若 $\| x \| \to \infty$ 则 $W(x) \to \infty$，我们说函数 $W: \mathbb{R}^n \to \mathbb{R}$ 是径向无界的。

**定理 1.1**（Lyapunov 稳定性定理） 设 $A$ 是系统 (1.1) 的一个紧不变集。设 $D \subseteq \mathbb{R}^n$ 是包含 $A$ 的开集，$V: [0, \infty) \times D \to \mathbb{R}$ 是连续可微函数。假设存在连续函数 $W_i (i=1, 2, 3)$，其定义在 $D$ 上并且对 $A$ 是正定的，使得

$$W_1(x) \leqslant V(t, x) \leqslant W_2(x), \forall x \in D, \forall t \geqslant 0 \qquad (1.2)$$

和

$$\frac{\mathrm{d}V}{\mathrm{d}t} + \frac{\mathrm{d}V}{\mathrm{d}x} f(t, x, w) \leqslant -W_3(x), \forall x \in D \backslash A, \forall t \geqslant 0, \forall w \in W \qquad (1.3)$$

则 $A$ 对于系统 (1.1) 一致渐近稳定。如果上述条件对 $D = \mathbb{R}^n$ 成立，且 $W_1$ 是径向无界的，则 $A$ 对于系统 (1.1) 全局一致渐近稳定。

**证明：(一致稳定性)** 固定任意 $\varepsilon > 0$。不失一般性，假设 $\varepsilon$ 足够小，使得 $B_\varepsilon(A) \subseteq D$。设 $c < \min_{\{x: \| x \|_A = \varepsilon\}} W_1(x)$，则集合 $W_1^c := \{x \in B_\varepsilon(A): W_1(x) \leqslant c\}$ 包含在 $B_\varepsilon(A)$ 的内部。定义 $W_2^c := \{x \in B_\varepsilon(A): W_2(x) \leqslant c\}$，则 $W_2^c \subseteq W_1^c$。选取 $\delta \in (0, \varepsilon)$，使 $B_\delta(A) \subseteq W_2^c$。这总是可能的，因为 $W_2(x)$ 在 $D$ 上是连续的且对于所有 $x \in A, W_2(x) = 0$。因此，对于足够小的 $\delta > 0$，对所有 $x \in B_\delta(A)$ 有 $W_2(x) \leqslant c$，这意味着 $B_\delta(A) \subseteq W_2^c$。我们声称从任意初始状态 $x_0 \in B_\delta(A)$ 和任意初始时间 $t_0 \geqslant 0$ 开始的系统 (1.1) 的解，将在所有 $t \geqslant t_0$ 内保持在 $W_1^c \subseteq B_\varepsilon(A)$ 中。这意味着一致稳定性。

取任意 $x_0 \in B_\delta(A) \subseteq W_2^c$，设 $x(t)$ 为满足 $x(t_0) = x_0$ 的系统 (1.1) 的任意解，则

$$V(t_0, x(t_0)) = V(t_0, x_0) \leqslant W_2(x_0) \leqslant c$$

对于所有 $t \geqslant t_0$，有

$$\frac{\mathrm{d}V(t, x(t))}{\mathrm{d}t} = \frac{\partial V}{\partial t} + \frac{\mathrm{d}V}{\mathrm{d}x} f(t, x(t), w(t)) \leqslant -W_3(x(t)) \leqslant 0 \qquad (1.4)$$

前提是 $x(t)$ 保持在 $D$ 中。要逃离 $B_\varepsilon(A)$，解需要越过 $B_\varepsilon(A)$ 的边界，在该边界上 $W_1(x) > c$。这意味着对于某些 $t$，有 $V(t, x(t)) \geqslant W_1(x(t)) > c$，这是不可能的，因为式 (1.4) 意味着对于 $x(t) \in D, V(t, x(t))$ 是非增加的。

**(一致吸引性)** 从一致稳定性的证明中，我们已经知道，对于每个 $\varepsilon > 0$，使得 $B_\varepsilon(A) \subseteq$

$D$,存在某个 $\delta > 0$,使得从 $B_\delta(A)$ 开始的系统(1.1)的解将在所有 $t \geqslant t_0$ 内保持在 $B_\varepsilon(A)$ 中。我们为以下论证固定某个 $\varepsilon$ 和 $\delta$ 的选择。设 $\rho = \delta$,固定任意 $\eta \in (0, \varepsilon)$(不失一般性)。我们证明了存在 $T = T(\eta)$,使得系统(1.1)的任意从 $B_\delta(A)$ 开始的解 $x(t)$ 都将在 $t \geqslant t_0 + T$ 时到达并保持在 $B_\eta(A)$ 中。根据一致稳定性的论证,存在某个 $\delta' = \delta'(\eta) > 0$,使得从 $B_{\delta'}(A)$ 开始的系统(1.1)的解将在未来的所有时间内保持在 $B_\eta(A)$ 中。因此,我们只需要证明从 $B_\delta(A)$ 开始的解将在有限时间 $T$ 内到达 $B_{\delta'}(A)$。

令 $\lambda = \min_{\{x : \delta' \leqslant \|x\|_A \leqslant \varepsilon\}} W_3(x) > 0$,$c = \max_{x \in B_\varepsilon(A)} W_2(x)$。选择 $T > \frac{c}{\lambda}$。设 $x(t)$ 是从 $x(t_0) = x_0 \in B_\rho(A)$ 开始的系统(1.1)的任意解。不失一般性,假设对于所有 $t \geqslant t_0$ 都有 $x_0 \notin B_{\delta'}(A)$;否则,$x(t) \in B_\eta(A)$。

假设 $x(t)$ 在 $[t_0, t_0 + T]$ 从未到达 $B_{\delta'}(A)$,即对于所有 $t \in [t_0, t_0 + T]$,有 $\{x : \delta' \leqslant \|x\|_A \leqslant \varepsilon\}$。然后我们有

$$
\begin{aligned}
& W_1(x(t_0 + T)) \\
\leqslant\; & V(t_0 + T, x(t_0 + T)) \\
=\; & V(t_0, x_0) + \int_{t_0}^{t_0+T} \frac{\mathrm{d}V(s, x(s))}{\mathrm{d}s} \mathrm{d}s \\
=\; & V(t_0, x_0) + \int_{t_0}^{t_0+T} \left[ \frac{\partial V}{\partial t}(s, x(s)) + \frac{\mathrm{d}V}{\mathrm{d}x}(s, x(s)) f(s, x(s), w(s)) \right] \mathrm{d}s \\
\leqslant\; & V(t_0, x_0) - \int_{t_0}^{t_0+T} W_3(x(s)) \mathrm{d}s \\
\leqslant\; & W_2(x_0) - \lambda T \leqslant c - \lambda T < 0,
\end{aligned}
\tag{1.5}
$$

这是矛盾的,因为 $W_1(x)$ 不可能是负的。因此,对于 $t \in [t_0, t_0 + T]$,$x(t)$ 必须到达 $B_{\delta'}(A)$。由此得出对于所有的 $t \geqslant t_0 + T$,$x(t) \in B_\eta(A)$。

**(全局稳定性)** 当 $D = \mathbb{R}^n$,且 $W_1(x)$ 是径向无界的,我们可以选择 $\delta = \delta(\varepsilon)$ 用于一致稳定性,使得 $\lim_{\varepsilon \to \infty} \delta(\varepsilon) = \infty$。这是因为随着 $c \to \infty$,$\varepsilon \to \infty$ 时,对于足够大的 $c$,$W_2^c$ 可以包含任意给定的 $B_\delta(A)$。

下一个定理涉及指数稳定性。

**定理 1.2** (Lyapunov 指数稳定性定理)设 $A$ 是系统(1.1)的一个紧不变集。设 $D \subseteq \mathbb{R}^n$

是包含 $A$ 的开集，$V:[0,\infty)\times D\rightarrow\mathbb{R}$ 是连续可微函数。假设存在常数 $c_i(i=1,2,3)$ 和 $p$，满足以下条件：

$$c_1\|x\|_A^p\leqslant V(t,x)\leqslant c_2\|x\|_A^p, \forall x\in D, \forall t\geqslant 0 \tag{1.6}$$

以及

$$\frac{dV}{dt}+\frac{dV}{dx}f(t,x,\omega)\leqslant -c_3\|x\|_A^p, \forall x\in D\backslash A, \forall t\geqslant 0, \forall \omega\in W \tag{1.7}$$

则 $A$ 对于系统(1.1)一致指数稳定。如果上述条件对 $D=\mathbb{R}^n$ 成立，则 $A$ 对于系统(1.1)全局一致指数稳定。

**证明**：根据定理 1.1，对于任意 $\varepsilon>0$，使得 $B_\varepsilon(A)\subseteq D$，存在某个 $\delta\in(0,\varepsilon)$，使得从 $B_\varepsilon$ 开始的解在所有 $t\geqslant t_0$ 时都保持在 $B_\varepsilon$ 中。

设 $x(t)$ 是一个解。根据条件(1.7)，我们有

$$\begin{aligned}
\frac{dV(t,x(t))}{dt}&=\frac{\partial V}{\partial t}(t,x(t))+\frac{dV}{dx}(t,x(t))f(t,x(t),w(t))\\
&\leqslant -c_3\|x(t)\|_A^p\\
&\leqslant -\frac{c_3}{c_2}V(t,x(t)),
\end{aligned}$$

这意味着

$$V(t,x(t))\leqslant V(t_0,x_0)e^{-\frac{c_3}{c_2}(t-t_0)}$$

根据条件(1.6)，上述不等式意味着

$$\begin{aligned}
\|x(t)\|_A&\leqslant\left[\frac{V(t,x(t))}{c_1}\right]^{\frac{1}{p}}\\
&\leqslant\left[\frac{V(t_0,x_0)e^{-\frac{c_3}{c_2}(t-t_0)}}{c_1}\right]^{\frac{1}{p}}\\
&\leqslant\left[\frac{c_2\|x(t)\|_A^p e^{-\frac{c_3}{c_2}(t-t_0)}}{c_1}\right]^{\frac{1}{p}}=\left(\frac{c_2}{c_1}\right)^{\frac{1}{p}}\|x_0\|_A e^{-\frac{c_3}{c_2 p}(t-t_0)}, t\geqslant t_0
\end{aligned}$$

前提是 $x_0\in B_\delta(A)$。这表明 $A$ 对于系统(1.1)一致指数稳定。如果 $D=\mathbb{R}^n$，那么上述不

等式对所有 $x_0 \in \mathbb{R}^n$ 都成立,这意味着 $A$ 对于系统(1.1)全局一致指数稳定。

## 1.4  离散时间动态系统的稳定性分析

在许多情况下,我们还需要考虑离散时间动态系统。例如,在控制应用中,当在离散时间点计算控制输入时,就会产生离散时间动态系统。离散时间动态系统也可以通过连续时间动态系统的离散化获得。这类模型更适用于序列决策。

考虑下列形式的离散时间动态系统

$$x(t+1) = f(t, x(t), w(t)), x(t_0) = x_0 \tag{1.8}$$

其中,$x_0 \in \mathbb{R}^n$ 为系统状态,$w(t) \in W \subseteq \mathbb{R}^p$ 为扰动信号,$t_0 \in \mathbb{Z}_{\geqslant 0}$ 为初始时间,$x_0$ 为初始状态。换句话说,与连续时间动态系统相比,时间 $t$ 现在位于 $\mathbb{Z}$,动态系统由差分方程(1.8)描述,而不是微分方程。给定初始条件 $x(t_0) = x_0$,序列 $\{w(t)\}_{t=t_0}^{\infty}$,系统(1.8)的解是一个满足系统(1.8)的序列 $\{x(t)\}_{t=t_0}^{\infty}$。为了使解对所有 $t \geqslant t_0$ 都有定义,我们假设:$\mathbb{R}_{\geqslant 0} \times D \times W \rightarrow D$。

我们给出了式(1.8)的离散时间动态系统的 Lyapunov 分析的类似结果。这些定义与连续时间系统的定义几乎相同。

**定义 1.6**  集合 $A \subseteq \mathbb{R}^n$ 被称为系统(1.8)的(前向)不变集合,如果它是非空的,并且对于任何 $x_0 \in A$,所有从 $x(t_0) = x_0$ 开始的系统(1.8)的解在所有 $t \geqslant t_0$ 时都保持在 $A$ 中。

**定义 1.7**  设 $A \subseteq \mathbb{R}^n$ 是系统(1.8)的一个紧不变集。如果以下两个条件成立,我们说 $A$ 对于系统(1.8)一致渐近稳定:

1. (一致稳定性)对于每一个 $\varepsilon > 0$,存在 $\delta = \delta(\varepsilon) > 0$,使得如果 $\|x_0\|_A \leqslant \delta$,则对于所有 $t \geqslant t_0$,有 $\|x(t)\|_A \leqslant \varepsilon$,其中 $x(t)$ 是从 $x(t_0) = x_0$ 开始的系统(1.8)的任意解。

2. (一致吸引性)存在某个 $\rho > 0$,使得对于任意 $\eta > 0$,存在 $T = T(\rho, \eta) \geqslant 0$,使得 $\|x(t)\|_A \leqslant \eta$,只要 $\|x(t)\|_A \leqslant \rho$ 且 $t \geqslant t_0 + T$,其中 $x(t)$ 是从 $x(t_0) = x_0$ 开始的系统(1.8)的任意解。

如果上述条件对所选的 $\delta$ 成立,使得 $\lim_{\varepsilon \to \infty} \delta(\varepsilon) = \infty$,并且对于任何 $\rho > 0$ 成立,我们说 $A$ 对于系统(1.8)全局一致渐近稳定。

**定义 1.8**  设 $D\subseteq\mathbb{R}^n$ 是系统(1.8)的一个紧不变集。如果存在正常数 $\rho,k$ 和 $\lambda\in(0,1)$，使得 $\|x(t)\|_A\leqslant k\|x_0\|_A\lambda^{t-t_0},\forall t\geqslant t_0,\forall\|x_0\|_A\leqslant\rho$ 对系统(1.8)的所有解成立，我们说 $A$ 对于系统(1.8)一致指数稳定。如果上述条件对所有 $x_0\in\mathbb{R}^n$ 成立，则称其全局一致指数稳定。

Lyapunov 函数也可以用来分析离散时间系统的稳定性。

**定理 1.3**  (Lyapunov 稳定性定理)设 $A$ 是系统(1.8)的一个紧不变集，$D\subseteq\mathbb{R}^n$ 是包含 $A$ 的开集，$V:[0,\infty)\times D\to\mathbb{R}$ 是连续函数。假设存在连续函数 $W_i(i=1,2,3)$，其定义在 $D$ 上并且对 $A$ 是正定的，使得

$$W_1(x)\leqslant V(t,x)\leqslant W_2(x),\forall x\in D,\forall t\geqslant 0 \tag{1.9}$$

和

$$V(t+1,f(t,x,w))-V(t,x)\leqslant -W_3(x),\forall x\in D,\forall t\geqslant 0,\forall w\in W \tag{1.10}$$

则 $A$ 对于系统(1.8)一致渐近稳定。如果上述条件对 $D=\mathbb{R}^n$ 成立，且 $W_1$ 是径向无界的，则 $A$ 对于系统(1.8)全局一致渐近稳定。

**证明：** 该证明几乎与定理 1.1 的证明一模一样，只是式(1.4)被替换为

$$V(t+1,x(t+1))-V(t,x(t))\leqslant -W_3(x(t))\leqslant 0, \tag{1.11}$$

式(1.5)被替换为

$$\begin{aligned}
W_1(x(t_0+T)) &\leqslant V(t_0+T,x(t_0+T))\\
&=V(t_0,x_0)+\sum_{s=t_0}^{t_0+T-1}[V(s+1,x(s+1))-V(s,x(s))]\\
&\leqslant V(t_0,x_0)-\sum_{s=t_0}^{t_0+T-1}W_3(x(s))\mathrm{d}s\\
&\leqslant W_2(x_0)-\lambda T\leqslant c-\lambda T<0.
\end{aligned} \tag{1.12}$$

得证。

下一个定理涉及离散时间动态系统的指数稳定性。

**定理 1.4**  (Lyapunov 指数稳定性定理)设 $A$ 是系统(1.8)的一个紧不变集，$D\subseteq\mathbb{R}^n$ 是包含 $A$

的开集，$V:[0,\infty)\times D\to\mathbb{R}$是连续函数。假设存在正常数$c_i(i=1,2,3)$和$p$，使得$c_3\in(0,1)$，

$$c_1\|x\|_A^p\leqslant V(t,x)\leqslant c_2\|x\|_A^p,\forall x\in D,\forall t\geqslant 0 \tag{1.13}$$

和

$$V(t+1,f(t,x,w))\leqslant c_3V(t,x),\forall x\in D,\forall t\geqslant 0,\forall w\in W \tag{1.14}$$

则$A$对于系统(1.8)一致指数稳定。如果上述条件对$D=\mathbb{R}^n$成立，且$W_1$是径向无界的，则$A$对于系统(1.8)全局一致指数稳定。

**证明：**类似于定理1.2的证明，我们可以得到

$$V(t,x(t))\leqslant V(t_0,x_0)c_3^{t-t_0}$$

这意味着

$$\|x(t)\|_A\leqslant\left[\frac{V(t,x(t))}{c_1}\right]^{\frac{1}{p}}$$

$$\leqslant\left[\frac{V(t_0,x_0)c_3^{t-t_0}}{c_1}\right]^{\frac{1}{p}}$$

$$\leqslant\left[\frac{c_2\|x(t)\|_A^p c_3^{t-t_0}}{c_1}\right]^{\frac{1}{p}}=\left(\frac{c_2}{c_1}\right)^{\frac{1}{p}}\|x_0\|_A(c_3^{\frac{1}{p}})^{t-t_0},t\geqslant t_0$$

得证。

## 1.5　总结

本章是关于非线性系统的标准Lyapunov稳定性分析。想了解更全面的研究和进一步阅读，读者可以参考Khalil(2002)和Haddad and Chellaboina(2011)。在这里，我们介绍了当系统受到非零不确定性扰动时，关于紧集的稳定性分析。我们还讨论了离散时间系统的稳定性分析，这将在后续的章节中用于分析学习到的动态模式的时间离散化。

# 参考文献

Wassim M. Haddad and VijaySekhar Chellaboina. Nonlinear Dynamical Systems and Control：A Lyapunov-Based Approach. Princeton University Press，2011.

Hassan K. Khalil. Nonlinear Systems. Patience Hall，2002.

Hassan K. Khalil. Nonlinear Control. Pearson，2015.

Eduardo D. Sontag. Mathematical Control Theory：Deterministic Finite Dimensional Systems. Springer，2013.

# 2

# 优化控制

实际应用中的控制方法通常涉及一些试错过程,通过这些过程选择设计参数以满足系统的期望性能指标。期望性能通常取决于系统的响应,如峰值超调、稳定时间和上升时间。此外,为了达到系统的期望响应,通常需要在某个域内观察和限制控制效果。对于复杂系统,这种设计通常无法通过经典控制方法来实现。因此,最优控制框架是一种综合这些系统的直接方法。在这方面,最优控制理论的目标是获得满足性能指标和物理约束所需的控制输入。

## 2.1 问题描述

首先,为了定义最优控制问题,我们需要一个控制系统的模型。因此,考虑一般非线性系统

$$\dot{x} = f(t, x, u), x(t_0) = x_0 \tag{2.1}$$

其中,$x \in \mathbb{R}^n$ 为状态,$u$ 是控制在 $U \subseteq \mathbb{R}^m$ 中取值的输入,$x$ 为在初始时刻 $t_0$ 的初始状态。对于系统(1.1),解的存在性与唯一性与注释 1.1 的讨论相同,用 $u$ 替换那里的输入 $w$。

接下来,还需要成本函数来为系统的任意轨迹分配成本。控制系统的行为由控制信号决定。因此,成本函数也取决于控制信号。这也允许我们直接惩罚不需要的控制信号(例如那些超过一定幅度的控制信号)。代价函数的一般形式可以写成

$$J(t_0, x_0, t_1, u) = \int_{t_0}^{t_1} L(t, x(t), u(t)) \mathrm{d}t + K(t_1, x_1) \tag{2.2}$$

其中，$L$ 和 $K$ 分别是运行成本和终端成本，$x_1 = x(t_1)$ 是终端状态，$t_1$ 是终端时间。给定成本函数，我们可以将最优控制问题定义为寻找一个控制 $u$，使系统沿着最小化成本的轨迹运动。这个问题在最优控制中被称为 Bolza 问题，它包括了拉格朗日问题作为没有终端成本的特殊情况（Liberzon，2011）。此外，该成本函数可以通过引入目标集作为最终条件来表示控制中的不同问题，即对于某个目标集 $S \subseteq [t_0, \infty) \times \mathbb{R}^n$，$(t_1, x_1) \in S$。例如，自由时间固定端点最优问题通过强制执行目标集 $[t_0, \infty) \times \{x_1\}$ 来给出。

## 2.2　动态规划

考虑具有固定最终时间 $t_1$ 的成本函数（2.2），其中端点 $x_1$ 是自由的。动态规划（DP）的基本思想是将我们想要解决的问题——在本例中就是上面描述的最优控制问题——嵌入更大的一类问题中，并一次性解决所有问题。为此，DP[①] 建议最小化 $J(t, x, u) = \int_t^{t_1} L(s, x(s), u(s)) \mathrm{d}s + K(t_1, x(t_1))$ 而不是 $J(t_0, x_0, u)$，其中 $t \in [t_0, t_1)$，$x \in \mathbb{R}^n$。显然，通过考虑 $(t, x) = (t_0, x_0)$，这恢复了原始成本。

设 $U^{[t, t_1]}$ 表示所有在 $[t, t_1]$ 上定义并在 $U$ 中取值的容许控制输入的集合。定义价值函数

$$V(t, x) = \inf_{u \in U^{[t, t_1]}} J(t, x, u) \tag{2.3}$$

价值函数的直观含义就是从 $(t, x)$ 开始的最优剩余成本。我们使用下确界而不是最小值，因为我们事先不知道是否存在一个最优控制来实现最优剩余成本。

### 1）最优性原理

DP 旨在将一个较大的问题分解成较小的子问题。这得益于 Bellman（1957）提出的最优性原理。

**命题 2.1**　（Bellman 最优性原理）对于每一个 $(t, x) \in [t_0, t_1) \times \mathbb{R}^n$ 和每一个 $\Delta > 0$，使得 $t + \Delta < t_1$，定义在式（2.3）中的价值函数 $V$ 满足

$$V(t, x) = \inf_{u \in U^{[t, t+\Delta]}} \left\{ \int_t^{t+\Delta} L(s, x(s), u(s)) \mathrm{d}s + V(t + \Delta, x(t + \Delta)) \right\} \tag{2.4}$$

---

① 由于 $t_1$ 是固定的，我们将 $J(t_0, x_0, t_1, u)$ 写作 $J(t_0, x_0, u)$。

其中,$x(\cdot)$ 在 $[t,t+\Delta]$ 上解方程(2.1),控制 $u \in U^{[t,t+\Delta]}$ 且 $x(t)=x$。

最优性原理背后的直觉是,对于一个控制来说,如果它要在更大的时间间隔上是最优的,那么它也应该在每一个小的时间间隔上是最优的,并且具有相同的运行成本以及从小时间间隔的最终时间/状态开始的最优剩余成本作为终端成本。

**证明:**用 $V_\Delta$ 表示式(2.4)的右边。我们首先证明 $V(t,x) \geqslant V_\Delta$。根据 $V$ 的定义,对于任何 $\varepsilon > 0$,存在 $u_\varepsilon \in U^{[t,t_1]}$ 满足

$$\int_t^{t_1} L(s,x(s),u_\varepsilon(s))\mathrm{d}s + K(t_1,x(t_1)) \leqslant V(t,x) + \varepsilon$$

其中,$x(\cdot)$ 是在控制 $u_\varepsilon$ 下的解,且 $x(t)=x$,由此可知

$$
\begin{aligned}
V(t,x) + \varepsilon &\geqslant \int_t^{t_1} L(s,x(s),u_\varepsilon(s))\mathrm{d}s + K(t_1,x(t_1)) \\
&= \int_t^{t+\Delta} L(s,x(s),u_\varepsilon(s))\mathrm{d}s + \int_{t+\Delta}^{t_1} L(s,x(s),u_\varepsilon(s))\mathrm{d}s + K(t_1,x(t_1)) \\
&\geqslant \int_t^{t+\Delta} L(s,x(s),u_\varepsilon(s))\mathrm{d}s + V(t+\Delta,x(t+\Delta)) \\
&\geqslant V_\Delta
\end{aligned}
$$

由于这适用于任何 $\varepsilon > 0$,我们已经证明了 $V_\Delta \leqslant V(t,x)$。

假设 $V_\Delta < V(t,x)$。那么存在一些 $\hat{u} \in U^{[t,t+\Delta]}$,使得

$$\int_t^{t+\Delta} L(s,x(s),\hat{u}(s))\mathrm{d}s + V(t+\Delta,x(t+\Delta)) < V(t,x)$$

令

$$\varepsilon = V(t,x) - \left( \int_t^{t+\Delta} L(s,x(s),u(s))\mathrm{d}s + V(t+\Delta t,x(t+\Delta t)) \right)$$

根据 $V(t+\Delta,x(t+\Delta))$ 的定义,存在 $u_\varepsilon \in U^{[t+\Delta,t_1]}$,使得

$$J(t+\Delta,x(t+\Delta t),u_\varepsilon) \leqslant V(t+\Delta t,x(t+\Delta t)) + \frac{\varepsilon}{2}$$

现定义 $u \in U^{[t,t_1]}$ 为

$$u(s) = \begin{cases} \hat{u}(s), s \in [t, t+\Delta] \\ u_\varepsilon(s), s \in (t+\Delta, t_1] \end{cases}$$

可以证明

$$
\begin{aligned}
J(t,x,u) &= \int_t^{t_1} L(s,x(s),u(s)) \mathrm{d}s + K(t_1,x(t_1)) \\
&= \int_t^{t+\Delta} L(s,x(s),\hat{u}(s)) \mathrm{d}s + \int_{t+\Delta}^{t_1} L(s,x(s),u_\varepsilon(s)) \mathrm{d}s + K(t_1,x(t_1)) \\
&\leqslant \int_t^{t+\Delta} L(s,x(s),\hat{u}(s)) \mathrm{d}s + V(t+\Delta t, x(t+\Delta t)) + \frac{\varepsilon}{2} \\
&= V(t,x) - \varepsilon + \frac{\varepsilon}{2} = V(t,x) - \frac{\varepsilon}{2}
\end{aligned}
$$

这与 $V(t,x)$ 的定义相矛盾。因此,我们有 $V_\Delta = V(t,x)$。

## 2) Hamilton-Jacobi-Bellman 方程

根据最优性原理,我们可以推导出著名的价值函数的 Hamilton-JacobiBellman(HJB)方程。

由式(2.4)得

$$0 = \inf_{u \in U^{[t,t+\Delta]}} \left\{ \frac{1}{\Delta} \int_t^{t+\Delta} L(s,x(s),u(s)) \mathrm{d}s + \frac{V(t+\Delta,x(t+\Delta)) - V(t,x)}{\Delta} \right\}$$

令 $\Delta \to 0$,得到

$$0 = \inf_{u \in U} \left\{ L(t,x,u) + \frac{\partial V}{\partial t}(t,x) + \frac{\partial V}{\partial x}(t,x) f(t,x,u) \right\}$$

由于 $\dfrac{\partial V}{\partial t}(t,x)$ 不依赖于 $u$,我们可以把它从下确界中提出来,将方程写成

$$-\frac{\partial V}{\partial t}(t,x) = \inf_{u \in U} \left\{ L(t,x,u) + \frac{\partial V}{\partial x}(t,x) f(t,x,u) \right\} \tag{2.5}$$

这个方程叫做 HJB 方程。进而,由价值函数的定义可知,它还满足边界条件

$$V(t_1,x) = K(t_1,x) \tag{2.6}$$

假设价值函数具有足够的光滑性,由上述推导可知,价值函数在满足上述边界条件的同时必然满足 HJB 方程。

### 3) 最优性的充分条件

下一个结果显示了 HJB 方程如何为最优性提供一个充分条件。

**命题 2.2** (HJB 方程最优性的充分条件)设存在一个连续可微函数 $\hat{V}:[t_0,t_1]\times\mathbb{R}^n\to\mathbb{R}$,满足具有边界条件(2.6)的 HJB 方程(2.5)。进一步假设存在一个控制 $\hat{u}:[t_0,t_1]\to U$,使得 $\hat{u}$ 和对应的 $x(t_0)=x_0$ 状态轨迹 $\hat{x}$ 满足

$$
L(t,\hat{x}(t),\hat{u}(t))+\frac{\partial \hat{V}}{\partial x}(t,\hat{x}(t))f(t,\hat{x}(t),\hat{u}(t))
$$

$$
=\min_{u\in U}\left\{L(t,\hat{x}(t),u)+\frac{\partial \hat{V}}{\partial x}(t,\hat{x}(t))f(t,\hat{x}(t),u)\right\},t\in[t_0,t_1] \tag{2.7}
$$

则 $\hat{V}(t_0,x_0)$ 为最优成本,即 $\hat{V}(t_0,x_0)=V(t_0,x_0)$,其中 $V$ 为价值函数,$\hat{u}$ 为最优控制。

**证明:** 根据 $\hat{V}$ 的 HJB 方程(2.5),其中 $x=\hat{x}(t)$,并使用式(2.7),我们得到

$$
-\frac{\partial \hat{V}}{\partial t}(t,\hat{x}(t))=\inf_{u\in U}\left\{L(t,\hat{x}(t),u)+\frac{\partial V}{\partial x}(t,\hat{x}(t))f(t,\hat{x}(t),u)\right\}
$$

$$
=\min_{u\in U}\left\{L(t,\hat{x}(t),u)+\frac{\partial \hat{V}}{\partial x}(t,\hat{x}(t))f(t,\hat{x}(t),u)\right\}
$$

$$
=L(t,\hat{x}(t),\hat{u}(t))+\frac{\partial \hat{V}}{\partial x}(t,\hat{x}(t))f(t,\hat{x}(t),\hat{u}(t))
$$

这意味着

$$
0=L(t,\hat{x}(t),\hat{u}(t))+\frac{\mathrm{d}}{\mathrm{d}t}\hat{V}(t,\hat{x}(t)),t\in[t_0,t_1]
$$

从 $t_0$ 到 $t_1$ 积分,得到

$$
0=\int_{t_0}^{t_1}L(t,\hat{x}(t),\hat{u}(t))\mathrm{d}t+\hat{V}(t_1,\hat{x}(t_1))-\hat{V}(t_0,\hat{x}(t_0))
$$

$$
=\int_{t_0}^{t_1}L(t,\hat{x}(t),\hat{u}(t))\mathrm{d}t+K(\hat{x}(t_1))-\hat{V}(t_0,x_0)
$$

这意味着

$$\hat{V}(t_0,x_0) = \int_{t_0}^{t_1} L(t,\hat{x}(t),\hat{u}(t))\mathrm{d}t + K(\hat{x}(t_1)) = J(t_0,x_0,\hat{u}) \tag{2.8}$$

现在，设 $x$ 是对应于某个 $u$ 的任意轨迹，初始条件 $x(t_0)=x_0$。对于 $\hat{V}$，当 $x=x(t)$ 时，HJB 方程(2.5)给出

$$-\frac{\partial \hat{V}}{\partial t}(t,x(t)) = \inf_{u \in U}\left\{L(t,x(t),u) + \frac{\partial V}{\partial x}(t,x(t))f(x(t),u)\right\}$$

$$\leqslant L(t,x(t),u(t)) + \frac{\partial \hat{V}}{\partial x}(t,x(t))f(t,x(t),u(t))$$

重复上述推导，我们得到

$$0 \leqslant \int_{t_0}^{t_1} L(t,x(t),u(t))\mathrm{d}t + K(x(t_1)) - \hat{V}(t_0,x_0),$$

这意味着

$$\hat{V}(t_0,x_0) \leqslant J(t_0,x_0,u) \tag{2.9}$$

由式(2.8)和式(2.9)可知，$\hat{V}(t_0,x_0)$ 为最优成本，$\hat{u}$ 为最优控制。

## 4）无限时间域问题

到目前为止，我们只考虑了有限时间域成本(2.2)。在这一小节中，我们考虑一个以下条件下的无限时间域最优控制问题：

$$\dot{x} = f(x,u), x(0) = x_0 \tag{2.10}$$

且成本

$$J(x_0,u) = \int_0^\infty L(x,u)\mathrm{d}t \tag{2.11}$$

与式(2.1)和式(2.2)相比，这里假设右侧的 $f$ 和运行成本 $L$ 是时不变的。在这个假设下，成本函数和价值函数不依赖于初始时间。这证明我们选择 0 作为初始时间是合理的。

由于价值函数与 $t$ 无关，它的形式为 $V = V(x)$，HJB 方程简化为

$$0 = \inf_{u \in U} \left\{ L(x, u) + \frac{\partial V}{\partial x}(x) f(x, u) \right\} \tag{2.12}$$

引入 Hamiltonian

$$H(x, u, p) := -L(x, u) + p^{\mathrm{T}} f(x, u) \tag{2.13}$$

其中，$p \in \mathbb{R}^n$。

下面的定理提供了一个充分条件，用于验证反馈控制器是否既是最优的又是渐近稳定的。在某种意义上，它将有限时间域最优性的充分条件（命题 2.2）与使用 Lyapunov 函数的稳定性分析（定理 1.1）联系起来。我们只对稳定的控制器感兴趣。为此，用 $x(t; x_0, u)$ 表示在输入 $u(\cdot)$ 下式（2.10）的解，并定义式（2.10）关于紧集 $A \in \mathbb{R}^n$ 的稳定控制器集为

$$\kappa(x_0) := \left\{ u \in U^{[0, \infty)} : \| x(t; x_0, u) \|_A \to 0, \text{ 当 } t \to \infty \right\}$$

**定理 2.1**　（最优反馈控制）设 $A$ 是系统（2.10）的一个紧不变集。设 $D \subseteq \mathbb{R}^n$ 是包含 $A$ 的开集，$V : D \to \mathbb{R}$ 是连续可微函数，$\kappa : D \to U$ 是局部 Lipschitz。假设 $V$ 对 $A$ 是正定的，$\dfrac{\mathrm{d}V}{\mathrm{d}x}(x) f(x, \kappa(x))$ 对 $A$ 是负定的，而且

$$H\left(x, \kappa(x), -\left(\frac{\mathrm{d}V}{\mathrm{d}x}\right)^{\mathrm{T}}\right) = 0, \forall x \in D \tag{2.14}$$

和

$$H\left(x, u, -\left(\frac{\mathrm{d}V}{\mathrm{d}x}\right)^{\mathrm{T}}\right) \leqslant 0, \forall x \in D, \forall u \in D \tag{2.15}$$

则对于式（2.10）和 $u(\cdot) = \kappa(x(\cdot))$ 的闭环系统，$A$ 是一致渐近稳定的。此外，

$$J(x_0, \kappa(x(\cdot))) = V(x_0) = \min_{u(\cdot) \in \kappa(x_0)} J(x_0, u(\cdot)) \tag{2.16}$$

如果上述条件对于 $D = \mathbb{R}^n$ 成立且 $V$ 是径向无界的，则闭环系统的集合 $A$ 是全局一致渐近稳定的。

**证明：** 反馈控制器 $u = \kappa(x)$ 下 $A$ 的一致渐近稳定性直接由定理 1.1 导出。

根据 $H$ 的定义，方程(2.14)为

$$L(x, \kappa(x)) + \frac{\mathrm{d}V}{\mathrm{d}x} f(x, \kappa(x)) = 0 \tag{2.17}$$

不等式(2.15)为

$$L(x, u) + \frac{\mathrm{d}V}{\mathrm{d}x} f(x, u) \geqslant 0 \tag{2.18}$$

根据式(2.17)，我们有

$$
\begin{aligned}
J(x_0, \kappa(x(\bullet))) &= \int_0^\infty L(x(t), \kappa(x(t))) \mathrm{d}t \\
&= -\int_0^\infty \frac{\mathrm{d}V}{\mathrm{d}x}(x(t)) f(x(t), \kappa(x(t))) \mathrm{d}t \\
&= -\int_0^\infty \dot{V}(x(t)) \mathrm{d}t \\
&= V(x(0)) - \lim_{t \to \infty} V(x(t)) = V(x_0)
\end{aligned}
\tag{2.19}
$$

其中，$\lim\limits_{t \to \infty} V(x(t)) = 0$，因为在 $A$ 上，当 $t \to \infty$ 时，$\| x(t) \|_A \to 0$ 和 $V = 0$。

设 $u(\bullet)$ 是式(2.10)关于集合 $A$ 稳定的任意控制，通过式(2.18)和类似于上面的推导，我们可以得到

$$
\begin{aligned}
J(x_0, u(\bullet)) &= \int_0^\infty L(x(t), u(t)) \mathrm{d}t \\
&\geqslant -\int_0^\infty \frac{\mathrm{d}V}{\mathrm{d}x}(x(t)) f(x(t), u(t)) \mathrm{d}t \\
&= -\int_0^\infty \dot{V}(x(t)) \mathrm{d}t \\
&= V(x(0)) - \lim_{t \to \infty} V(x(t)) = V(x_0)
\end{aligned}
\tag{2.20}
$$

式(2.16)得证。

**备注 2.1** 为了强调

$$0 = H\left(x, \kappa(x), -\left(\frac{\mathrm{d}V}{\mathrm{d}x}\right)^{\mathrm{T}}\right) \geqslant H\left(x, u, -\left(\frac{\mathrm{d}V}{\mathrm{d}x}\right)^{\mathrm{T}}\right), \forall x \in D, \forall x \in U$$

我们用 Hamiltonian 来写式(2.14)和式(2.15)。

这个不等式表明,最优控制最大化了 Hamiltonian,这是著名的 Pontryagin 最大值原理的最优性必要条件。另一方面,如果我们明确写出上述条件,我们得到

$$L(x,\kappa(x)) + \frac{\partial V}{\partial x}(x) f(x,\kappa(x))$$

$$= \min_{u \in U} \left\{ L(x,u) + \frac{\partial V}{\partial x}(x) f(x,u) \right\}, \forall x \in D \tag{2.21}$$

这类似于命题 2.2 中的条件(2.7)(最优性的充分条件),但现在是针对一个反馈控制器来说的。很容易看出,两种证明背后是相同的论证。

## 2.3 线性二次型调节器

### 1) Riccati 微分方程

一般来说,求解偏微分 HJB 方程(2.5)是一项艰巨的任务。我们现在考虑一种特殊形式的最优控制问题,它适用于更有效的解决方案。

考虑如下形式的线性时不变(LTI)系统:

$$\dot{x} = Ax + Bu, x(t_0) = x_0 \tag{2.22}$$

其中,$x \in \mathbb{R}^n$ 是状态,$u \in \mathbb{R}^m$ 是控制,以及由下式定义的成本函数:

$$J(x_0, u) = \int_0^{t_1} [x^{\mathrm{T}}(t)Qx(t) + u^{\mathrm{T}}(t)Ru(t)]\mathrm{d}t + x^{\mathrm{T}}(t_1)P_1 x(t_1) \tag{2.23}$$

其中,$Q \in \mathbb{R}^{n \times n}$ 和 $P_1 \in \mathbb{R}^{n \times n}$ 是对称且半正定的(表示为 $Q \geqslant 0$ 和 $P_1 \geqslant 0$),$R \in \mathbb{R}^{m \times m}$ 是对称且正定的(表示为 $R > 0$)。这显然是由动态方程(2.1)和成本函数(2.2)定义的一般最优控制问题的一个特殊情况

$$f(t,x,u) = Ax + Bu, L(t,x,u) = x^{\mathrm{T}}Qx + u^{\mathrm{T}}Ru, K(t,x) = x^{\mathrm{T}}P_1 x, U = \mathbb{R}^k$$

这个问题被称为(有限时间域)线性二次型调节器(LQR)问题。对于该问题,最优价值函数的 HJB 方程为

$$-\frac{\partial V}{\partial x}(t,x)=\inf_{u \in U}\left\{ x^{\mathrm{T}}Qx+u^{\mathrm{T}}Ru+\frac{\partial V}{\partial x}(t,x)(Ax+Bu) \right\}$$

大括号内是 $u$ 的二次函数,我们可以(通过计算临界点)得到

$$u=-\frac{1}{2}R^{-1}B^{\mathrm{T}}\left( \frac{\partial V}{\partial x}(t,x) \right)^{\mathrm{T}} \tag{2.24}$$

使括号中的二次函数最小化。这样,HJB 方程化简为

$$-\frac{\partial V}{\partial x}(t,x)=x^{\mathrm{T}}Qx+\frac{\partial V}{\partial x}(t,x)Ax-\frac{1}{4}\frac{\partial V}{\partial x}(t,x)BR^{-1}B^{\mathrm{T}}\left( \frac{\partial V}{\partial x}(t,x) \right)^{\mathrm{T}} \tag{2.25}$$

边界条件为

$$V(t_1,x)=x^{\mathrm{T}}P_1x \tag{2.26}$$

这表明我们可以"猜测"一个价值函数的形式为

$$V(t,x)=x^{\mathrm{T}}P(t)x \tag{2.27}$$

其中,假设 $P(t)$ 是一个对称的(我们稍后会证明)且连续可微的矩阵函数,满足边界条件 $P(t_1)=P_1$。然后 HJB 方程变成

$$-x^{\mathrm{T}}\dot{P}(t)x=x^{\mathrm{T}}Qx+2x^{\mathrm{T}}P(t)Ax-x^{\mathrm{T}}P(t)BR^{-1}B^{\mathrm{T}}P(t)x$$

可以重写为

$$x^{\mathrm{T}}(\dot{P}(t)+Q+P(t)A+A^{\mathrm{T}}P(t)-P(t)BR^{-1}B^{\mathrm{T}}P(t))x=0$$

显然,如果 $P(t)$ 是矩阵微分方程

$$\dot{P}(t)=-Q-P(t)A-A^{\mathrm{T}}P(t)+P(t)BR^{-1}B^{\mathrm{T}}P(t) \tag{2.28}$$

的解,当条件 $P(t_1)=P_1$ 时,则上述 HJB 方程及其边界条件,在 $V$ 由式(2.27)定义的情况下得到满足。根据命题 2.2,$V(t,x)=x^{\mathrm{T}}P(t)x$ 确实是价值函数,并且根据式(2.24),最优控制由下式给出:

$$u(t)=-\frac{1}{2}R^{-1}B^{\mathrm{T}}\left( \frac{\partial V}{\partial x}(t,x(t)) \right)^{\mathrm{T}}=-R^{-1}B^{\mathrm{T}}P(t)x(t) \tag{2.29}$$

为了找到价值函数和由此产生的最优控制,我们只需要求解矩阵微分方程(2.28),这是

一个著名的(二次)微分 Riccati 方程(DRE)。

我们还展示了另一种更基本的解法,使用 DRE 解决有限时间域 LQR 问题,该技术本质上是"完全平方",就像我们在 $\mathbb{R}^n$ 上最小化二次函数一样。

设 $P(t) \in \mathbb{R}^{n \times m}$ 是一个待求的可微矩阵函数。假设 $P(t)$ 对所有 $t$ 都是对称的,并且满足边界条件 $P(t_1) = P_1$。记

$$
\begin{aligned}
J(x_0, u) &= \int_{t_0}^{t_1} [x^{\mathrm{T}} Q x + u^{\mathrm{T}} R u] \mathrm{d}t + x(t_1)^{\mathrm{T}} M x(t_1) \\
&= x_0^{\mathrm{T}} P(t_0) x_0 + x(t_1)^{\mathrm{T}} P(t_1) x(t_1) - x_0^{\mathrm{T}} P(t_0) x(t_0) + \int_{t_0}^{t_1} [x^{\mathrm{T}} Q x + u^{\mathrm{T}} R u] \mathrm{d}t \\
&= x_0^{\mathrm{T}} P(t_0) x_0 + x(t)^{\mathrm{T}} P(t) x(t) \Big|_{t=t_0}^{t=t_1} + \int_{t_0}^{t_1} [x^{\mathrm{T}} Q x + u^{\mathrm{T}} R u] \mathrm{d}t \\
&= x_0^{\mathrm{T}} P(t_0) x_0 + \int_{t_0}^{t_1} \frac{\mathrm{d}}{\mathrm{d}t} [x(t)^{\mathrm{T}} P(t) x(t)] \mathrm{d}t + \int_{t_0}^{t_1} [x^{\mathrm{T}} Q x + u^{\mathrm{T}} R u] \mathrm{d}t \\
&= x_0^{\mathrm{T}} P(t_0) x_0 + \int_{t_0}^{t_1} [(Ax + Bu)^{\mathrm{T}} P(t) x + x^{\mathrm{T}} P(Ax + Bu) + x^{\mathrm{T}} \dot{P}(t) x + x^{\mathrm{T}} Q x + u^{\mathrm{T}} R u] \mathrm{d}t \\
&= x_0^{\mathrm{T}} P(t_0) x_0 + \int_{t_0}^{t_1} x(t)^{\mathrm{T}} [A^{\mathrm{T}} P(t) + P(t) A + \dot{P}(t) + Q] x(t) + u^{\mathrm{T}} R u + 2 u^{\mathrm{T}} B^{\mathrm{T}} P(t) x \, \mathrm{d}t \\
&= x_0^{\mathrm{T}} P(t_0) x_0 + \int_{t_0}^{t_1} x(t)^{\mathrm{T}} [A^{\mathrm{T}} P(t) + P(t) A + \dot{P}(t) + Q] x(t) \mathrm{d}t + \\
&\qquad \int_{t_0}^{t_1} (u - Kx)^{\mathrm{T}} R(u - Kx) - (Kx)^{\mathrm{T}} R(Kx) \\
&= x_0^{\mathrm{T}} P(t_0) x_0 + \int_{t_0}^{t_1} x(t)^{\mathrm{T}} [A^{\mathrm{T}} P(t) + P(t) A + \dot{P}(t) + Q - P(t) B R^{-1} B^{\mathrm{T}} P(t)] x(t) \mathrm{d}t + \\
&\qquad \int_{t_0}^{t_1} (u - Kx)^{\mathrm{T}} R(u - Kx) \mathrm{d}t \tag{2.30}
\end{aligned}
$$

其中,$K(t) = -R^{-1} B^{\mathrm{T}} P(t)$ 是通过完全平方 $u^{\mathrm{T}} R u + 2 u^{\mathrm{T}} B^{\mathrm{T}} P(t) x = (u - Kx)^{\mathrm{T}} R(u - Kx) - (Kx)^{\mathrm{T}} R(Kx)$ 得到的,我们利用了 $P$ 是对称的、$\dot{R}$ 是正定的(因此也是可逆的)这一事实。

现在,假设 $P(t)$ 满足 DRE(2.28),且边界条件为 $P(t_1) = P_1$,则 $J$ 的上述方程(2.30)变为

$$
J(x_0, u) = x_0^{\mathrm{T}} P(t_0) x_0 + \int_{t_0}^{t_1} (u - Kx)^{\mathrm{T}} R(u - Kx) \mathrm{d}t \tag{2.31}
$$

因为 $R$ 是正定的,我们有 $(u - Kx)^{\mathrm{T}} R(u - Kx) \geqslant 0$。如果我们选择下式:

$$u(t) = K(t)x(t) = -R^{-1}B^{\mathrm{T}}P(t)x(t) \tag{2.32}$$

则显然可以将成本最小化,这符合我们使用 HJB 方法得到的最优控制(2.29)。由此产生的最优成本由 $x_0^{\mathrm{T}}P(t_0)x_0$ 给出。显然,$(t_0, x_0)$ 实际上可以替换为 $(t, x)$,其中 $t < t_1$,$x \in \mathbb{R}^n$,上述论证表明价值函数为 $V(t, x) = x^{\mathrm{T}}P(t)x$,与式(2.27)一致。

下面的结果总结了目前为止我们所推导的内容。

**命题 2.3**　假设存在一个对称可微矩阵函数 $P : [t_0, t_1] \to \mathbb{R}^{n \times n}$ 满足具有边界条件 $P(t_1) = P_1$ 的 DRE(2.28),则 LQR 问题(2.22)和(2.23)具有由 $J^* = x_0^{\mathrm{T}}P(t_0)x_0$ 给出的最优成本,可以通过最优状态反馈控制 $u^*(t) = -R^{-1}B^{\mathrm{T}}P(t)x(t)$ 来实现。

现在我们自然会问,如何确保 DRE(2.28)的解不仅在包含 $t_1$ 的小时间区间上存在,而且可以向后扩展到覆盖任何感兴趣的初始时间 $t_0$。显然,矩阵微分方程(2.28)可以写成维数为 $n^2$ 的常微分方程(ODE)。ODE 的右边在其状态变量中是二次的;因此,它是连续可微的且局部 Lipschitz。由注释 1.1 可知,对于终端条件 $P(t_1) = M$,存在一个定义在形如 $[t_1 - c, t_1 + c]$ 区间上的唯一局部解 $P(t)$,$c > 0$,根据注释 1.2,如果我们能证明 $P(t)$ 在每一个有界区间 $(\alpha, t_1]$ 上保持有界,则可以保证存在一个定义在所有 $t < t_1$ 上的 DRE(2.28)的唯一解 $P(t)$。换句话说,DRE(2.28)的解总是向后完全的。我们在下一个命题中建立了这样的性质。

**命题 2.4**　设 $P(t)$ 是满足边界条件 $P(t_1) = P_1$ 的 DRE(2.28)的解,其中 $P_1$ 是对称且半正定的,对于某些 $\alpha < t_1$,定义在 $(\alpha, t_1]$ 上。那么以下说法成立:

1. $P(t)$ 是对称的,即对于所有 $t \in (\alpha, t_1]$,$P(t_1)^{\mathrm{T}} = P_1$。

2. 对于所有 $t \in (\alpha, t_1]$,$P(t) \geqslant 0$(即半正定)。

3. $P(t)$ 在 $(\alpha, t_1]$ 上有界。

因此,$P(t)$ 对所有 $t < t_1$ 都有定义。

**证明:**

1. 如果 $P(t)$ 满足 DRE(2.28),则可以很容易地验证 $P(t)^{\mathrm{T}}$ 也满足 DRE(2.28)。它还满足边界条件 $P(t_1) = P_1$,因为 $P_1$ 是对称的。由 DRE(2.28)的解的唯一性(注释 1.1),我们有 $P(t)^{\mathrm{T}} = P(t)$,对所有 $t$ 成立。

2. 注意,式(2.30)和式(2.31)的推导在 $t_0$ 被任意 $t < t_1$ 替换时都是有效的,这将导致

$$J(x,u) = \int_t^{t_1} [x(s)^{\mathrm{T}} Q x(s) + u(s)^{\mathrm{T}} R u(s)] \mathrm{d}s + x(t_1)^{\mathrm{T}} P_1 x(t_1)$$

$$= x(t)^{\mathrm{T}} P(t) x(t) + \int_t^{t_1} (u(s) - K(s) x(s))^{\mathrm{T}} R (u(s) - K(s) x(s)) \mathrm{d}t$$

由于 $Q$ 和 $P_1$ 是半正定的,$R$ 是正定的,我们有 $J \geqslant 0$。固定 $t$,对于 $s \in [t, t_1]$,我们可以选择 $u(s) = K(s) x(s)$ 以使成本最小。根据定义,最优成本(用 $J^*$ 表示)仍然是非负的。然而,这意味着

$$J^* = x(t)^{\mathrm{T}} P(t) x(t) \geqslant 0$$

由于这对于任意 $x(t) \in \mathbb{R}^n$ 都成立,我们必须使 $P(t) \geqslant 0$。

3. 从任意 $t < t_1$ 开始,我们考虑从初始状态 $x(t)$ 在 $[t, t_1]$ 上控制 LTI 系统的成本。由上述论证可知,最优成本为

$$J^* = x(t)^{\mathrm{T}} P(t) x(t)$$

特别地,这个成本不会比在 $[t, t_1]$ 上应用零控制的成本大,这表明

$$x(t)^{\mathrm{T}} P(t) x(t) \leqslant \int_t^{t_1} x(s)^{\mathrm{T}} Q x(s) \mathrm{d}s + x(t_1)^{\mathrm{T}} P_1 x(t_1)$$

其中,对于所有 $s \in [t, t_1]$ 有 $x(s) = \mathrm{e}^{A(s-t)} x(t)$。对于任意 $t \in (\alpha, t_1]$,如果我们从一个有界集合(如闭单位欧几里得球)中选择 $x(t)$,那么对于上述不等式的右侧,存在一个统一的界 $C$(它依赖于 $(\alpha, t_1]$ 以及 $A$ 和 $P_1$)。上文我们已经证明了 $P(t)$ 是对称且半正定的。矩阵是半正定的等价条件是其所有主子阵行列式都是非负的。为了得出矛盾,假设 $P(t)$ 随着 $t \to \alpha^-$ 变得无界(这是唯一的可能,因为 $P(t)$ 在 $(\alpha, t_1]$ 上是有定义且连续的)。首先,假设当 $t \to \alpha^-$ 时,$P(t)$ 对角线上的所有元素都是有界的并且存在一个项 $P_{ij}(t)(i \neq j)$ 随着 $t \to \alpha^-$ 变得无界。注意,由于对称性,我们有 $P_{ij}(t) = P_{ji}(t)$。这个主矩阵的行列式

$$\begin{vmatrix} P_{ii}(t) & P_{ij}(t) \\ P_{ij}(t) & P_{jj}(t) \end{vmatrix}$$

随着 $t \to \alpha^-$ 将变为负的,这与 $P(t)$ 是半正定的相矛盾。现在,假设对于某些 $i$,$P_{ii}(t)$ 随

着 $t \to \alpha^-$ 变得无界。选取 $x(t) = e_i$，这是一个第 $i$ 个分量为 1，其他分量为 0 的向量。随着 $t \to \alpha^-$，我们得到 $x(t)^{\mathrm{T}} P(t) x(t) = e_i^{\mathrm{T}} P(t) e_i = P_{ii}(t) \to \infty$。这与取自有界集合 $x(t)$ 的 $x(t)^{\mathrm{T}} P(t) x(t)$ 保持有界的观点相矛盾。通过解的连续性（注释 1.2），我们得到 $P(t)$ 对于所有 $t < t_1$ 都有良好定义。

**例 2.1** $P_1 \geqslant 0$ 是保证 $P(t)$ 对所有 $t < t_1$ 都有定义的必要条件。考虑一个标量的例子，其中 $A = 0, B = 1, Q = 1, R = 1$。则 DRE 为 $\dot{P} = P^2 - 1$。如果 $P(1) = -2$，则可以直接求解得到 $P(t) = \dfrac{3\mathrm{e}^{2t} + \mathrm{e}^2}{\mathrm{e}^2 - 3\mathrm{e}^{2t}}$。显然，随着 $t \to (1 - \ln 3/2)^+$，$P(t)$ 爆炸。

## 2）代数 Riccati 方程

我们现在考虑 LTI 系统（2.22）的无限时间域 LQR 问题

$$J(x_0, u) = \int_0^\infty \left[ x(t)^{\mathrm{T}} Q x(t) + u(t)^{\mathrm{T}} R u(t) \right] \mathrm{d}t \tag{2.33}$$

其中，$Q \geqslant 0, R > 0$。与有限时间域 LQR 问题类似，我们给出了两种不同的方法来推导最优控制器。首先，HJB 方程（2.12）变为

$$0 = \inf_{u \in U} \left\{ x^{\mathrm{T}} Q x + u^{\mathrm{T}} R u + \frac{\partial V}{\partial x}(x)(Ax + Bu) \right\}$$

注意，由于成本和动态的选择[参见（2.2 节 4）]，$V$ 与 $t$ 无关。我们可以通过下式来最小化右边的式子（关于 $u$ 的二次项）：

$$u = -\frac{1}{2} R^{-1} B^{\mathrm{T}} \left( \frac{\partial V}{\partial x}(x) \right)^{\mathrm{T}} \tag{2.34}$$

有了这个，HJB 方程就简化为

$$0 = x^{\mathrm{T}} Q x + \frac{\partial V}{\partial x}(x) A x - \frac{1}{4} \frac{\partial V}{\partial x}(x) B R^{-1} B^{\mathrm{T}} \left( \frac{\partial V}{\partial x}(x) \right)^{\mathrm{T}} \tag{2.35}$$

假设价值函数 $V$ 是下面的形式：

$$V(x) = x^{\mathrm{T}} P x \tag{2.36}$$

其中，$P \in \mathbb{R}^{n \times n}$ 是一个对称矩阵，那么 HJB 方程就变成了一个纯代数关系

$$x^{\mathrm{T}}(Q+PA+A^{\mathrm{T}}P-PBR^{-1}B^{\mathrm{T}}P)x=0$$

显然,如果 $P$ 解决了代数矩阵方程,则下式成立:

$$0=Q+PA+A^{\mathrm{T}}P-PBR^{-1}B^{\mathrm{T}}P \tag{2.37}$$

对于 $P$,式(2.34)给出了以下形式的反馈控制器:

$$u=-R^{-1}B^{\mathrm{T}}Px \tag{2.38}$$

式(2.37)被称为代数 Riccati 方程(ARE)。

**最优性和稳定性:** 假设式(2.37)确实有一个解。为了证明式(2.38)确实给出了一个最优控制器,我们可以像定理 2.1 中那样进行最优性证明。然而,为了使论证成立,我们需要随着 $t\to\infty$,$V(x(t))\to\infty$(参见式(2.19)和(2.20))。另一方面,稳定性是动态系统的基本要求。因此,我们强制随着 $t\to\infty$,$x(t)\to 0$,这意味着随着 $t\to\infty$,$V(x(t))\to\infty$,具有状态反馈控制器(2.38)的闭环系统的渐近稳定性等价于 $A-BR^{-1}B^{\mathrm{T}}P$ 为 Hurwitz,即其特征值均具有负实部。也就是说,如果存在一个对称矩阵 $P$ 解了 ARE(2.37),并且使 $A-BR^{-1}B^{\mathrm{T}}P$ 为 Hurwitz,则闭环系统的稳定性和最优性得到保证。

我们将这个结果总结为下一个命题,并直接使用基本方法来证明它。这个证明本质上是我们在 2.3 节 1)中对有限时间域 LQR 问题所做的另一种证明的无限时间域版本。

**命题 2.5**　如果存在一个对称矩阵 $P$,使得 ARE(2.37)成立且 $A-BR^{-1}B^{\mathrm{T}}P$ 为 Hurwitz,则状态反馈控制器(2.38)使闭环系统渐近稳定,并且在所有稳定控制器中是最优的。

**证明:** 考虑任意 $u$,使得 $\lim\limits_{t\to\infty}x(t)=0$。对于 $P$,我们可以记

$$
\begin{aligned}
J(x_0,u) &=\int_0^\infty[x(t)^{\mathrm{T}}Qx(t)+u(t)^{\mathrm{T}}Ru(t)]\mathrm{d}t \\
&=x_0^{\mathrm{T}}Px_0+0-x_0^{\mathrm{T}}Px(t_0)+\int_{t_0}^\infty[x^{\mathrm{T}}Qx+u^{\mathrm{T}}Ru]\mathrm{d}t \\
&=x_0^{\mathrm{T}}P(t_0)x_0+x(t)^{\mathrm{T}}Px(t)\Big|_{t=0}^{t=\infty}+\int_0^\infty[x^{\mathrm{T}}Qx+u^{\mathrm{T}}Ru]\mathrm{d}t \\
&=x_0^{\mathrm{T}}Px_0+\int_0^\infty\frac{\mathrm{d}}{\mathrm{d}t}[x(t)^{\mathrm{T}}Px(t)]\mathrm{d}t+\int_0^\infty[x^{\mathrm{T}}Qx+u^{\mathrm{T}}Ru]\mathrm{d}t
\end{aligned}
$$

$$= x_0^{\mathrm{T}} P x_0 + \int_0^\infty [(Ax + Bu)^{\mathrm{T}} P x + x^{\mathrm{T}} P (Ax + Bu) + x^{\mathrm{T}} Q x + u^{\mathrm{T}} R u] \mathrm{d}t$$

$$= x_0^{\mathrm{T}} P x_0 + \int_0^\infty x(t)^{\mathrm{T}} [A^{\mathrm{T}} P + P A + Q] x(t) \mathrm{d}t + \int_0^\infty (u^{\mathrm{T}} R u + 2 u^{\mathrm{T}} B^{\mathrm{T}} P x) \mathrm{d}t$$

$$= x_0^{\mathrm{T}} P(t_0) x_0 + \int_0^\infty x(t)^{\mathrm{T}} [A^{\mathrm{T}} P + P A + Q] x(t) \mathrm{d}t +$$

$$\int_0^\infty [(u - Kx)^{\mathrm{T}} R(u - Kx) - (Kx)^{\mathrm{T}} R(Kx)] \mathrm{d}t$$

$$= x_0^{\mathrm{T}} P(t_0) x_0 + \int_0^\infty x(t)^{\mathrm{T}} [A^{\mathrm{T}} P + P A + Q - P B R^{-1} B^{\mathrm{T}} P] x(t) \mathrm{d}t +$$

$$\int_0^\infty (u - Kx)^{\mathrm{T}} R(u - Kx) \mathrm{d}t$$

$$= x_0^{\mathrm{T}} P(t_0) x_0 + \int_0^\infty (u - Kx)^{\mathrm{T}} R(u - Kx) \mathrm{d}t \qquad (2.39)$$

其中,$K = -R^{-1} B^{\mathrm{T}} P$。我们利用 $P$ 求解 ARE(2.37)来获得最后的等式,并利用 $\lim_{t \to \infty} x(t) = 0$ 得到第三个等式。其余的步骤是代数操作。由于 $R$ 是正定的,设 $u = Kx = -R^{-1} B^{\mathrm{T}} P x$ 将使 $J(x_0, u)$ 最小化,而 $u = Kx$ 保持稳定,因为 $A + BK = A - B R^{-1} B^{\mathrm{T}} P$ 是 Hurwitz。

ARE 可能有多个解。

**例 2.2** 考虑由 $J(x_0, u) = \int_0^\infty u^2(t) \mathrm{d}t$(即 $A = 1, B = 1, Q = 0, R = 1$)定义的成本函数和系统 $\dot{x} = x + u$。 ARE(2.37)简化为 $2P - P^2 = 0$。解 $P = 0$ 时 $u = 0$,这是不稳定的。解 $P = 2$ 得到 $u = -2x$。闭环系统为 $\dot{x} = -x$,即 $x(t) = \mathrm{e}^{-t} x_0$, $u(t) = -2x(t) = -2\mathrm{e}^{-t} x_0$。成本被验证为 $J(x_0, u) = \int_0^\infty u^2(t) \mathrm{d}t = \int_0^\infty 4\mathrm{e}^{-2t} |x_0|^2 \mathrm{d}t = 2x_0^2$。这与命题2.5 一致。该成本在所有稳定控制器中是最优的。

**注释 2.2** [ARE(2.37)稳定解的存在性的特征]关于 ARE(2.37)的解,以下事实是未经证明的陈述[①]:

1. 如果存在 ARE(2.37)的一个稳定解,则它是对称的、唯一的且半正定的。

2. ARE(2.37)存在一个稳定解且 ARE(2.37)有一个唯一的对称半正定解(在这种情况下必须是稳定解)当且仅当 $(A, B)$ 是可稳定的,即存在一个矩阵 $K$,使得 $A + BK$ 是

---

① 读者可以阅读 Hespanha(2018)作为证明这些事实的参考.

Hurwitz 且$(A,Q)$是可检测的[相当于$(A^T,Q^T)$是可稳定的]。

3. ARE(2.37)的稳定解存在当且仅当$(A,B)$是可稳定的且 Hamiltonian 矩阵 $M$

$$M = \begin{bmatrix} A & -BR^{-1}B^T \\ -Q & -A^T \end{bmatrix}$$

在虚轴上没有特征值。

### 3）微分 Riccati 方程解的收敛性

在 2.3 节 1)中,我们已经证明了 DRE 表征有限时间域 LQR 问题的最优价值函数。更具体地说,令 $P(t)=P(t:t_1,P_1)$ 表示具有终端条件 $P(t_1)=P_1$ 的 DRE(2.28)的解,其中 $P_1 \geqslant 0$。价值函数由 $V(t,x)=x^T P(t)x$ 给出。命题 2.4 确立了 $P(t)$ 对所有 $t<t_1$ 都有定义。由此产生的最优反馈控制器由 $u(t)=-R^{-1}B^T P(t)x(t)$ 提供。

相比之下,无限时间域 LQR 问题通过 ARE(2.37)解决。根据注释 2.2,如果$(A,B)$是可稳定的且$(A,Q)$是可检测的,则 ARE(2.37)有一个唯一的对称半正定解,该解也是稳定的。为了区别于 DRE(2.28)的时变解 $P(t)$,我们用 $\bar{P}$ 表示 ARE(2.37)的唯一稳定解,得到时不变最优价值函数 $V(x)=x^T \bar{P}x$ 和最优反馈控制器 $u=-R^{-1}B^T\bar{P}x$。

一个自然的问题是 $P(t)$ 和 $\bar{P}$ 之间有什么关系?在我们讨论这个问题之前,请注意,由于动态系统(2.22)和成本函数(2.23)是时不变的,我们有 $P(t:t_1,P_1)=P(t-t_1,0,P_1)$。很自然会推测随着 $t \to -\infty$ 或 $t_1 \to \infty$,$P(t:t,P_1)$ 的极限趋近于 $\bar{P}$。

这个推测一般来说是不正确的,即使我们知道 $P(t:t,P_1)$ 对所有 $t<t_1$ 都有定义。下面的例子表明,$P(t)$ 可以在 $t-t_1 \to -\infty$ 时保持振荡。

**例 2.3** 考虑(Callier and Willems,1981)

$$A = \begin{bmatrix} 1 & 1 \\ -1 & 1 \end{bmatrix}, B = \begin{bmatrix} 1 & 0 \\ 0 & 1 \end{bmatrix}, R = \begin{bmatrix} 1 & 0 \\ 0 & 1 \end{bmatrix}, Q = \begin{bmatrix} 0 & 0 \\ 0 & 0 \end{bmatrix}, P_1 = \begin{bmatrix} 1 & 0 \\ 0 & 0 \end{bmatrix}$$

然后可以验证

$$P(t:t,P_1) = \frac{2}{1-e^{2(t-t_1)}} \begin{bmatrix} \cos^2(t_0-t_1) & -\sin(t-t_1)\cos(t-t_1) \\ -\sin(t-t_1)\cos(t-t_1) & \sin^2(t-t_1) \end{bmatrix}$$

因此,随着 $t-t_1 \to -\infty$,$P(t)$ 保持振荡。对于这个例子,$(A,B)$是可控的(因此是稳定的）。也很容易验证,在注释 2.2 中定义的 Hamiltonian 矩阵 $M$ 在虚轴上没有任何特征值。因此,ARE 具有唯一的稳定解,由 $\bar{P}=\begin{bmatrix} 2 & 0 \\ 0 & 2 \end{bmatrix}$ 给出。

然而,我们可以验证 $(A,Q)$ 是不可检测的。根据注释 2.2,这意味着 ARE 有不止一个半正定解。事实上,由于 $Q=0$,零矩阵清楚地解了这个问题的 ARE。

如果我们假设 $(A,B)$ 是可稳定的且 $(A,Q)$ 是可检测的,那么随着 $t-t_1 \to \infty$,$P(t:t,P_1)$ 收敛于 ARE(2.37) 的唯一稳定解。由于 $P(t:t_1,P_1)=P(t-t_1,0,P_1)$,可以不失一般性地假设 $t_1=0$,并用 $P(t)$ 表示该解。我们感兴趣的是 $t \to -\infty$ 时 $P(t)$ 的极限。

**命题 2.6** 假设 $(A,B)$ 是稳定的,$(A,Q)$ 是可检测的。设 $\bar{P}$ 为 ARE(2.37) 的唯一稳定解。设 $P(t)$ 表示 $t_1=0$, $P(0)=P_0 \geqslant 0$ 时 DRE(2.28) 的解。我们有

$$P(t)=\bar{P}+\mathrm{e}^{-\bar{A}^{\mathrm{T}}t}\Theta(-t)\mathrm{e}^{-\bar{A}t}, \forall t \leqslant 0 \tag{2.40}$$

其中,$\bar{A}=A-BR^{-1}B^{\mathrm{T}}\bar{P}$ 是 Hurwitz(因为 $\bar{P}$ 是稳定的),且

$$\Theta(-t)=(P_0-\bar{P})[I+W(-t)(P_0-\bar{P})]^{-1} \tag{2.41}$$

对所有 $t \geqslant 0$ 的情况都有良好的定义。$W(\tau)$ 是由

$$W(\tau)=\int_0^\tau \mathrm{e}^{\bar{A}s}BR^{-1}B^{\mathrm{T}}\mathrm{e}^{\bar{A}^{\mathrm{T}}s}\mathrm{d}s, \tau \geqslant 0$$

定义的闭环可控格拉姆(Grammian)行列式。

因此,$P(t)$ 指数收敛于 $\bar{P}$,即存在某个 $\sigma > 0$ 和某个常数 $c=c(P_0)$,使得

$$\| P(t)-\bar{P} \| \leqslant c\,\mathrm{e}^{\sigma t}, \forall t \leqslant 0 \tag{2.42}$$

命题 2.6 的证明见于 Callier et al.(1994)。对于 $(A,B)$ 可控且 $(A,Q)$ 可观察的简化说明,请参见 Prach et al.(2015)。

设 $\bar{P}$ 为 ARE(2.37) 的稳定解。有 $\bar{A}=A-BR^{-1}B^{\mathrm{T}}\bar{P}$, $S=BR^{-1}B^{\mathrm{T}}$, $\bar{Q}=\bar{P}S\bar{P}+Q \geqslant 0$,我们可以将 ARE(2.37) 重写为

$$\bar{A}^{\mathrm{T}}\bar{P}+\bar{P}\bar{A}=-\bar{Q}=-\bar{Q}^{\frac{1}{2}}\bar{Q}^{\frac{1}{2}} \tag{2.43}$$

我们得到以下结果。

**命题 2.7** 设 $\overline{P}$ 为 ARE(2.37)的稳定解。如果 $(A,Q)$ 是可观察的,那么 $\overline{P}$ 是正定的。

**证明:** 众所周知 $(A,Q)$ 是可观察的当且仅当 $(A,Q^{\frac{1}{2}})$ 是可观察的。从式(2.43)和可观察性 Lyapunov 检验[参见(Hespanha,2018,定理 15.10)]可以得出 $\overline{P}$ 是正定的。

作为一个特例,如果 $Q>0$,那么 $\overline{Q}>0$。注意,式(2.43)是著名的 Lyapunov 方程。因为 $\overline{A}$ 是 Hurwitz,$\overline{P}$ 是式(2.43)的唯一解,它是正定的。当然,$Q>0$ 也简单地意味着 $(A,Q)$ 是可观察的,因此,与命题 2.7 的结论是一样的。

## 4)用于线性二次型调节器的微分 Riccati 方程的前向传播

在命题 2.6 中,$P(t)(t\leqslant0)$ 是 DRE(2.28)的反解,其中 $P(0)=P_0$。令 $\hat{P}(t)=P(-t)$,其中 $t\geqslant0$。然后

$$\dot{\hat{P}}(t)=-\dot{P}(-t)=P(-t)A+A^{\mathrm{T}}P(-t)+Q-P(-t)BR^{-1}B^{\mathrm{T}}P(-t)$$

$$=\hat{P}(t)A+A^{\mathrm{T}}\hat{P}(t)+Q-\hat{P}(t)BR^{-1}B^{\mathrm{T}}P(t),P(0)=P_0$$

换句话说,$\hat{P}(t)$ 求解前向 DRE:

$$\dot{P}(t)=P(t)A+A^{\mathrm{T}}P(t)+Q-P(t)BR^{-1}B^{\mathrm{T}}P(t),P(0)=P_0 \tag{2.44}$$

假设 $(A,B)$ 是稳定的,$(A,Q)$ 是可检测的,命题 2.6 保证前向 DRE(2.44)在 $[0,\infty)$ 上的唯一解 $P(t)$ 满足

$$\parallel P(t)-\overline{P}\parallel\leqslant c\,\mathrm{e}^{\sigma t},\forall\,t\geqslant0 \tag{2.45}$$

当未来动态不一定已知时,DRE 的前向传播更为可取。这将是本书的前提。通过为一个增量学习的动态系统传播一个类 Riccati 微分方程,我们寻求基于该前向 DRE 的解来构造稳定控制器。

在 LQR 控制 LTI 系统的情况下,采用前向传播(2.44)求解 $P(t)$ 定义了形式为

$$u(t)=-R^{-1}B^{\mathrm{T}}P(t)x(t),t\geqslant0 \tag{2.46}$$

的反馈控制器。由于 $t\rightarrow-\infty$ 时 $P(t)\rightarrow\overline{P}$,其中 $\overline{P}$ 为 ARE(2.37)的唯一稳定解,我们有理由推测反馈控制器(2.46)也趋于稳定。我们用下面的定理证明了这一点。

**定理 2.2** 设 $(A,B)$ 是可稳定的,且 $Q$ 是正定的。设 $P(t)$ 表示前向 DRE(2.44) 的解,其初始条件为 $P(0)=P_0\geqslant 0$。考虑反馈控制器 (2.46) 下的闭环系统:

$$\dot{x}=f(t,x):=(A-BR^{-1}B^{\mathrm{T}}P(t))x \tag{2.47}$$

对于闭环系统,其原点是全局一致指数稳定的。

**证明:**注意,$Q>0$ 意味着 $(A,Q)$ 是可观察的(因此是可检测的)。根据命题 2.6,$P(t)$ 收敛于 ARE(2.37) 的唯一稳定解 $\bar{P}$。根据命题 2.7,$\bar{P}>0$。考虑 Lyapunov 函数

$$V(x)=x^{\mathrm{T}}\bar{P}x$$

设 $S=BR^{-1}B^{\mathrm{T}}$。显然,$S$ 是一个常数对称矩阵且 $S\geqslant 0$。更进一步,命题 2.4 表明 $P(t)$ 也是对称的。我们有

$$\begin{aligned}
\dot{V}(x)&=x^{\mathrm{T}}\bar{P}(A-SP(t))x+x^{\mathrm{T}}\bar{P}(A^{\mathrm{T}}-P(t)S)\bar{P}x\\
&=x^{\mathrm{T}}[\bar{P}A+A^{\mathrm{T}}\bar{P}-\bar{P}SP(t)-P(t)S\bar{P}]x\\
&=x^{\mathrm{T}}[\bar{P}A+A^{\mathrm{T}}\bar{P}+Q-\bar{P}S\bar{P}-Q+\bar{P}S\bar{P}-\bar{P}SP(t)-P(t)S\bar{P}]x\\
&=x^{\mathrm{T}}[-Q-\bar{P}S\bar{P}+2\bar{P}S\bar{P}-\bar{P}SP(t)-P(t)S\bar{P}]x\\
&\leqslant -x^{\mathrm{T}}(Q-E(t))x
\end{aligned}$$

其中,$E(t)=2\bar{P}S\bar{P}-\bar{P}SP(t)-P(t)S\bar{P}$,用满足 ARE(2.37) 的 $\bar{P}$ 得到最后一个等式,且用 $\bar{P}S\bar{P}\geqslant 0$ 得到不等式。因为当 $t\to -\infty$ 时 $P(t)\to \bar{P}$,我们有 $t\to -\infty$ 时 $E(t)\to 0$。这可以通过当 $t\to 0$ 时取 $E(t)=\bar{P}S(\bar{P}-P(t))+(\bar{P}-P(t))S\bar{P}$ 的极限看出。存在某个 $T>0$ 和正常数 $u$,使得 $Q(t)-E(t)-\mu I\geqslant 0$。由此得出

$$\dot{V}(x)\leqslant -\mu\|x\|^2,\forall t\geqslant T,\forall x\in\mathbb{R}^n \tag{2.48}$$

遵循类似于证明 Lyapunov 指数稳定性定理(见定理 1.2)的论证,我们可以证明存在某个 $k>0$ 和 $c>0$,使得

$$\|x(t)\|\leqslant k\|x(T)\|\mathrm{e}^{-c(t-T)},t\geqslant T \tag{2.49}$$

通过连续性和 $t\to -\infty$ 时 $P(t)\to \bar{P}$ 的事实,$P(t)$ 在 $[0,\infty)$ 上有界。由 ARE(2.47) 可知存在常数 $C>0$ 和 $M>0$,使得

$$\|x(t)\|\leqslant M\|x_0\|\mathrm{e}^{Ct},t\geqslant 0 \tag{2.50}$$

其中，$x_0 = x(0)$。事实上，一个简单的比较论证就足以说明这一点。我们有

$$\frac{\mathrm{d}}{\mathrm{d}t}\big[\parallel x(t) \parallel^2\big] = 2x(t)^{\mathrm{T}}(A - BR^{-1}B^{\mathrm{T}}P(t))x(t) \leqslant 2C \parallel x(t) \parallel^2$$

其中，由于 $P(t)$ 在 $[0, \infty)$ 上有界，存在常数 $C > 0$，这意味着式(2.50)中 $M = 1$。在 $[0, T]$ 上，我们可以将式(2.50)改写为

$$\parallel x(t) \parallel \leqslant M\mathrm{e}^{(C+c)t} \parallel x_0 \parallel \mathrm{e}^{-ct} \leqslant M\mathrm{e}^{(C+c)T} \parallel x_0 \parallel \mathrm{e}^{-ct}, \forall \in [0, t] \qquad (2.51)$$

对于 $t \geqslant T$，重写式(2.49)如下：

$$\parallel x(t) \parallel \leqslant k\mathrm{e}^{CT} \parallel x(T) \parallel \mathrm{e}^{-ct} \leqslant kM\mathrm{e}^{(C+c)T} \parallel x_0 \parallel \mathrm{e}^{-ct}, \forall t \geqslant T \qquad (2.52)$$

其中，我们使用式(2.50)中的 $x(T) \leqslant M \parallel x_0 \parallel \mathrm{e}^{CT}$。结合式(2.51)和式(2.52)可得

$$\parallel x(t) \parallel \leqslant K \parallel x_0 \parallel \mathrm{e}^{-ct}, \forall t \geqslant 0 \qquad (2.53)$$

其中，$K = kM\mathrm{e}^{(C+c)T}$[注意，$k \geqslant 1$ 对于式(2.49)保持不变]。这证实了闭环系统(2.47)的原点是全局一致指数稳定的。

## 2.4　总结

本章简要介绍了最优控制理论及其与闭环稳定性分析的联系。这里的重点是使用 HJB 方法推导最优反馈控制。对于无限时间域问题，利用 Lyapunov 分析方法来进行在最优反馈控制下的闭环系统的渐近稳定性分析。对于 LTI 系统，我们简要介绍了经典的 LQR 理论，强调了当控制时间趋于无限时，DRE 和 ARE 之间的联系。

撰写本章的主要参考文献包括 Liberzon(2003)，用于最优控制理论；Bernstein(1993)，用于最优反馈控制的 Lyapunov 分析；Callier and Willems(1981)，Callier et al. (1994) 和 Prach et al. (2015)，用于 DRE 收敛性。定理 2.1 重新表述了(Bernstein, 1993, 定理 3.1)关于集合稳定性的问题。定理 2.2 强化了(Prach et al., 2015, 定理 3)在稍弱条件下[(A, B) 的稳定性而不是可控性]的结论(从渐近收敛到全局一致指数稳定)。证明也有所不同，选择了更简单的时不变 Lyapunov 函数[尽管(Prach et al., 2015, 定理 3)中的时变函数同样有效]。DRE 前向传播的思想将在后续章节中再次讨论，用于使用从采样数据中识别出的系统模型来计算在线最优控制器。

# 参考文献

Richard E. Bellman. Dynamic Programming. Princeton University Press, 1957.

Dennis S. Bernstein. Nonquadratic cost and nonlinear feedback control. International Journal of Robust and Nonlinear Control, 3(3):211 - 229, 1993.

Frank M. Callier and Jacques L. Willems. Criterion for the convergence of the solution of the Riccati differential equation. IEEE Transactions on Automatic Control, 26(6): 1232 - 1242, 1981.

Frank M. Callier, Joseph Winkin, and Jacques L. Willems. Convergence of the time-invariant Riccati differential equation and LQ-problem: Mechanisms of attraction. International Journal of Control, 59(4):983 - 1000, 1994.

Joao P. Hespanha. Linear Systems Theory. Princeton University Press, 2018.

Daniel Liberzon. Switching in Systems and Control. Springer, 2003.

Daniel Liberzon. Calculus of Variations and Optimal Control Theory. Princeton University Press, 2011.

Anna Prach, Ozan Tekinalp, and Dennis S. Bernstein. Infinite-horizon linearquadratic control by forward propagation of the differential Riccati equation. IEEE Control Systems Magazine, 35(2):78 - 93, 2015.

# 3

# 强化学习

在本章中,我们介绍一个流行的计算框架,用于求解最优控制问题。虽然它被称为强化学习(RL)(Satton and Barto,2018),但其背后的基本原理是动态规划、最优性原理和著名的 Hamilton-Jacobi-Bellman(HJB)方程。事实上,传统的 RL 领域目前已经与 Richard Bellman 在 20 世纪 50 年代开创的马尔可夫决策过程(MDP)的最优控制相关文献(Bellman,1957)密切相关。然而,我们在求解过程中所关注的连续控制问题是由微分方程建模的。本章旨在介绍用于求解这类问题的标准 RL 技术。我们的重点是连续时间控制系统,我们的目标是为所有技术结果提供自包含证明。

## 3.1　具有二次成本的控制仿射系统

考虑一类具有控制仿射动态的最优控制问题,其形式为

$$\dot{x} = f(x) + g(x)u \tag{3.1}$$

其中,$f:\mathbb{R}^n \to \mathbb{R}^n$ 且 $g:\mathbb{R}^n \to \mathbb{R}^{n \times m}$,$x \in \mathbb{R}^n$ 是状态,$u$ 是控制输入。相关成本在控制中是二次的,定义如下:

$$J(x_0, u) = \int_0^\infty \left[ Q(x(t)) + u(t)^\mathrm{T} R(x(t)) u(t) \right] \mathrm{d}t \tag{3.2}$$

其中,$Q:\mathbb{R}^n \to \mathbb{R}$是关于紧集 $A \subseteq \mathbb{R}^n$[①] 的正定函数,$R:\mathbb{R}^n \to \mathbb{R}$关于 $A$ 是对称正定的。我们

---

　　① 虽然大多数文献都关注以原点为目标集的最优控制和稳定,但从定理 2.1 的角度来看,处理紧集 $A$ 并不难。当然,当 $A = \{0\}$ 时,这将简化为通常的情况。

假设当 $u=0$ 时，$A$ 对于式(3.1)是前向不变的。

令 $V: \mathbb{R}^n \to \mathbb{R}$ 表示价值函数，即

$$V(x) = \inf_{u \in (\mathbb{R}^n)^{[0,\infty)}} J(x,u) \tag{3.3}$$

我们假设价值函数是连续可微的。对于这个问题，HJB 方程(2.12)将变为

$$0 = \inf_{u \in \mathbb{R}^m} \left\{ Q(x) + u^\mathrm{T} R(x) u + \frac{\partial V}{\partial x}(x)(f(x) + g(x)u) \right\}$$

我们可以通过选择如下公式将右侧最小化(在 $u$ 中是二次的)：

$$u = \kappa(x) = -\frac{1}{2} R^{-1} g(x)^\mathrm{T} \left( \frac{\partial V}{\partial x}(x) \right)^\mathrm{T} \tag{3.4}$$

据此，HJB 方程简化为

$$0 = Q(x) + \frac{\partial V}{\partial x}(x) f(x) - \frac{1}{4} \frac{\partial V}{\partial x}(x) g(x) R^{-1}(x) g(x)^\mathrm{T} \left( \frac{\partial V}{\partial x}(x) \right)^\mathrm{T} \tag{3.5}$$

注意，除了 $Q$、$R$、$f$ 和 $g$ 在 $x$ 上的非线性依赖性外，这种推导与 LQR 的推导几乎相同，并不会增加推导的难度，因为关键是成本是二次的，动态在 $u$ 上是线性的。

我们将定理 2.1 重新表述为如下形式，以提供式(3.1)的最优控制和稳定性的充分条件。

**定理 3.1** 假设存在一个二次连续可微函数 $V: \mathbb{R}^n \to \mathbb{R}$ 满足式(3.5)。根据式(3.4)，令 $u = \kappa(x)$。假设 $V$ 关于 $A$ 是正定的，$A$ 对于闭环系统是一致渐近稳定的：

$$\dot{x} = f(x) + g(x)\kappa(x) \tag{3.6}$$

$\kappa$ 在如下公式中是最优的：

$$J(x_0, \kappa(x(\cdot))) = V(x_0) = \min_{u(\cdot) \in \kappa(x_0)} J(x_0, u(\cdot)) \tag{3.7}$$

其中，$\kappa(x_0)$ 是式(3.1)关于 $A$ 的稳定控制器类。此外，如果 $V$ 是径向无界的，则 $A$ 对于式(3.6)是全局一致渐近稳定的。

**证明**：这是定理 2.1 的直接推论。事实上，式(2.14)就是 HJB 方程(3.5)，而式(2.15)则是以下公式的推导：

$$H\left(x,\kappa,-\left(\frac{\mathrm{d}V}{\mathrm{d}x}\right)^{\mathrm{T}}\right)-H\left(x,u,-\left(\frac{\mathrm{d}V}{\mathrm{d}x}\right)^{\mathrm{T}}\right)=-(u-\kappa(x))^{\mathrm{T}}R(u-\kappa(x))\leqslant 0$$

Lyapunov 条件是通过 $V$ 是正定的,以及

$$\frac{\partial V}{\partial x}(f(x)+g(x)\kappa(x))=-Q(x)-\frac{1}{4}\frac{\partial V}{\partial x}(x)g(x)R^{-1}(x)g(x)^{\mathrm{T}}\left(\frac{\partial V}{\partial x}(x)\right)^{\mathrm{T}}$$

是负定的来验证的,因为 $Q(x)$ 是正定的,所有条件都是关于 $A$ 来说的。

**注释 3.1**　我们需要 $V$ 是二次连续可微的,以确保 $\kappa$ 是局部 Lipschitz,这与我们在系统右侧提出的正则性假设一致。如果 $V$ 只是连续可微的,我们只能保证 $\kappa$ 的连续性。在这种情况下,解的唯一性不再得到保证,但使用 Lyapunov 函数的稳定性分析仍然适用。

定理 3.1 表明,如果我们可以获得 HJB 方程(3.5)的解,那么我们不仅可以找到最优控制器,而且可以在一些额外的关于 $V$ 的条件下证明控制器是渐近稳定的。不幸的是,找到式(3.5)的解是一项困难的任务。我们已经看到了线性动态和二次成本是如何通过将问题简化为求解 Riccati 方程来获得更有效的解。一般来说,找到(式 3.5)的精确解几乎是不可能的。这促使人们寻找式(3.5)的近似解。在这方面,有几个主要的考虑因素:

- 我们不仅对找到式(3.5)的近似解感兴趣,而且希望能够从这些近似价值函数中推导出稳定控制器。

- 我们希望近似价值函数收敛到最优价值函数,并且推导出的控制器能收敛到最优控制器。

- 我们希望在没有系统动态方程(3.1)的精确知识或任何知识的情况下计算出这样的近似解,除了它们采用式(3.1)中的形式。

实现这些目标将是本章剩余内容的主要任务。

## 3.2　精确策略迭代

策略迭代(PI)起源于 MDP 的最优控制(Bellman,1957;Howard,1960)[另请参阅近期的文献和专著(Bertsekas,2012,2019)]。

在本节中,我们为具有成本(3.2)的系统(3.1)引入策略迭代的基本形式。该算法可以追

溯到 Leake and Liu(1967)，其收敛性在 Saridis and Lee(1979)中得到了证明。它被称为精确策略迭代，是因为它使用了式(3.1)中 $f$ 和 $g$ 的精确知识。

精确策略迭代算法从初始策略 $u=\kappa_0(x)$ 开始，其被假定为稳定控制器。对于每个 $i\geqslant0$，算法 3.1(精确策略迭代)重复以下两个步骤：

1. (策略评估)通过解算下式来计算策略 $\kappa_i$ 的价值函数 $V_i(x)$：

$$Q(x)+\kappa_i^{\mathrm{T}}(x)R(x)\kappa_i(x)+\frac{\partial V_i}{\partial x}(x)(f(x)+g(x)\kappa_i(x))=0 \qquad (3.8)$$

对于所有的 $x\in A$，使 $V_i(x)=0$。

2. (策略改进)更新策略

$$\kappa_{i+1}(x)=-\frac{1}{2}R^{-1}g(x)^{\mathrm{T}}\left(\frac{\partial V_i}{\partial x}(x)\right)^{\mathrm{T}} \qquad (3.9)$$

---

**算法 3.1　精确策略迭代**

要求：$f,g,\kappa_0$

1：重复
2：　计算 $V_i$，使式(3.8)成立
3：　根据式(3.9)更新 $\kappa_{i+1}$
4：　$i=i+1$
5：直至 $V_i=V_{i-1}$

---

显然，策略迭代可以被视为对 HJB 方程式(3.5)和最优控制器[式(3.4)]的解的连续近似。在一般形式中，出于一些原因，算法 3.1 的计算价值有限。首先，求解式(3.8)仍然很困难。事实上，这至少和找到非线性系统[式(3.6)]的 Lyapunov 函数一样困难，因为 $V_i$ 确实是系统[式(3.6)]在 $\kappa=\kappa_{i+1}$ 时的 Lyapunov 函数。其次，严格来说，算法需要终止。由于连续空间的原因，这种逐次逼近不太可能在有限步骤内收敛。尽管有这些限制，算法 3.1 还是具有相当大的理论价值，并且可以证明会渐近收敛于最优值 $V$ 和最优控制 $\kappa$。这在下面的定理中得到了总结。我们需要以下技术假设。

**假设 3.1　我们假设如下：**

1. 存在关于 $A$ 的全局稳定策略 $\kappa_0$，使得闭环系统

$$\dot{x}=f(x)+g(x)\kappa_0(x),x(0)=x_0$$

的解对于所有的 $x_0 \in \mathbb{R}^n$ 满足 $\| x(t) \|_A \to 0$。我们假设 $\kappa_0$ 是局部 Lipschitz。

2. HJB 方程 (3.5) 有二次连续可微解 $V : \mathbb{R}^n \to \mathbb{R}$，它关于 $A$ 是正定的，并且是径向无界的。

3. 算法 3.1(精确策略迭代)返回的函数序列 $\{ V_i \}$ 在 $\mathbb{R}^n$ 上定义良好，且二次连续可微，并且满足额外条件，即 $\dfrac{\partial V_i}{\partial x_i}$ 在 $\mathbb{R}^n$ 的每一个紧子集上一致收敛。

**注释 3.2**　如果 $\kappa$ 的连续可微性(和局部 Lipschitz 连续性)不需要，那么 $V$ 和 $V_i$ 的二次连续可微性可以用连续可微性来代替。给定满足假设 3.1(2) 的 $V$，并根据定理 3.1，我们知道由式 (3.4) 定义的 $u = \kappa(x)$ 使 $A$ 对于闭环系统[式(3.6)]是全局一致渐近稳定的，并且是最优的，因为

$$J(x_0, \kappa(x(\,\cdot\,))) = V(x_0) = \min_{u(\,\cdot\,) \in \kappa(x_0)} J(x_0, u(\,\cdot\,)) \tag{3.10}$$

其中，$\kappa(x_0)$ 是式 (3.1) 关于 $A$ 的稳定控制器类。由此，我们可以立即看出，满足假设 3.1(2) 的 $V$ 是唯一的。我们用 $V^*$ 和 $\kappa^*$ 来表示这部分。

根据假设 3.1，当 $i \to \infty$ 时，由算法 3.1 返回的 $\{ V_i \}$ 和 $\{ \kappa_i \}$ 分别收敛于 $V^*$ 和 $\kappa^*$。

**定理 3.2**　令假设 3.1 成立，那么算法 3.1(精确策略迭代)返回的序列 $\{ V_i \}$ 和 $\{ \kappa_i \}$ 满足：

1. 每个 $\kappa_i$ 都将集合 $A$ 对于闭环系统是全局一致渐近稳定

$$\dot{x} = f(x) + g(x)\kappa_i(x)$$

此外，我们有

$$J(x_0, \kappa_i(x(\,\cdot\,))) = V_i(x_0), \forall x_0 \in \mathbb{R}^n$$

这意味着对于所有 $x \in \mathbb{R}^n$ 和 $i \geqslant 0$，$V^*(x) \leqslant V_i(x)$。

2. $V_i$ 单调递减，即对于所有 $x \in \mathbb{R}^n$ 和 $i \geqslant 0$，$V_{i+1}(x) \leqslant V_i(x)$ 都成立；另外，对于所有 $x \in \mathbb{R}^n$，当 $i \to \infty$ 时，$V_i(x) \to V^*(x)$，$\kappa_i(x) \to \kappa^*(x)$。收敛性在 $\mathbb{R}^n$ 的每个紧集上是一致的。

**证明：**

1. 我们通过归纳法来证明这一点。假设 $u = \kappa_i(x)$ 是全局稳定的，即当 $i \to \infty$ 时，$\kappa_i$ 下的闭环解接近于 $A$。设 $x(t)$ 为一个这样的解，同时 $V_i$ 满足式 (3.8)。我们有

$$V_i(x(t)) - V(x_0) = \int_0^t \frac{\mathrm{d}V_i}{\mathrm{d}x}(x(s))(f(x(s)) + g(x(s))\kappa_i(x(s)))\mathrm{d}s$$

$$= -\int_0^t [Q(x(s)) + \kappa_i^{\mathrm{T}}(x(s))R(x(s))\kappa_i(x(s))]\mathrm{d}s$$

其中，通过令 $i \to \infty$ 时，有

$$V_i(x_0) = J(x_0, \kappa_i) \tag{3.11}$$

由于 $\kappa_i$ 是全局稳定的，通过式（3.10）和式（3.11），我们有

$$V^*(x_0) = \min_{u(\cdot) \in \kappa(x_0)} J(x_0, u(\cdot)) \leqslant J(x_0, \kappa_i) = V_i(x_0), \forall x_0 \in \mathbb{R}^n$$

由于 $V^*$ 假定是径向无界的和正定的，$V_i$ 也是如此。通过式（3.8），我们有

$$\frac{\partial V_i}{\partial x}(f(x) + g(x)\kappa_i(x)) = -Q(x) - \kappa_i^{\mathrm{T}}(x)R(x)\kappa_i(x) \leqslant -Q(x) \tag{3.12}$$

该式是负定的。因此，通过定理 1.1 可知，在 $u = \kappa_i(x)$ 的前提下，闭环系统中的 $A$ 是全局一致渐近稳定的。

为了完成归纳，我们需要证明 $u = \kappa_{i+1}(x)$ 也是稳定的。在式（3.9）给出的 $u = \kappa_{i+1}(x)$ 条件下，我们同样证明闭环系统中的 $V_i$ 也是一个 Lyapunov 函数。考虑到式（3.12）和 $u = \kappa_{i+1}(x)$ 在 $u$ 上最小化下列二次函数的事实：

$$\frac{\partial V_i}{\partial x}(f(x) + g(x)u) + Q(x) + u^{\mathrm{T}}R(x)u,$$

我们有

$$\frac{\partial V_i}{\partial x}(f(x) + g(x)\kappa_{i+1}(x))$$

$$\leqslant \frac{\partial V_i}{\partial x}(f(x) + g(x)\kappa_i(x)) + \kappa_i(x)^{\mathrm{T}}R(x)\kappa_i(x) - \kappa_{i+1}(x)^{\mathrm{T}}R(x)\kappa_{i+1}(x)$$

$$\leqslant -Q(x) - \kappa_i(x)^{\mathrm{T}}R(x)\kappa_i(x) + \kappa_i(x)^{\mathrm{T}}R(x)\kappa_i(x) - \kappa_{i+1}(x)^{\mathrm{T}}R(x)\kappa_{i+1}(x)$$

$$\leqslant -Q(x) - \kappa_{i+1}(x)^{\mathrm{T}}R(x)\kappa_{i+1}(x)$$

$$\leqslant -Q(x)$$

$$\tag{3.13}$$

该式是负定的。定理 1.1 已证。

2. 对于每个 $i \geqslant 0$，通过式（3.12）和式（3.13），我们有

$$\frac{\partial V_1}{\partial x}(f(x)+g(x)\kappa_{i+1}(x)) \leqslant \frac{\partial V_{i+1}}{\partial x}(f(x)+g(x)\kappa_{i+1}(x)),$$

通过代入在 $u = \kappa_{i+1}(x)$ 的前提下闭环系统的解 $x(t)$，并在 $[0,t]$ 上积分，得到

$$V_i(x(t)) - V_i(x_0) = \frac{\partial V_i}{\partial x}(x(s))(f(x(s))+g(x(s))\kappa_{i+1}(x(s)))$$

$$\leqslant \frac{\partial V_{i+1}}{\partial x}(x(s))(f(x(s))+g(x(s))\kappa_{i+1}(x(s)))$$

$$= V_{i+1}(x(t)) - V_{i+1}(x_0)$$

让 $t \to \infty$，我们得到对于所有 $x_0 \in \mathbb{R}^n$，$V_i(x_0) \geqslant V_{i+1}(x_0)$。由于 $\{V_i(x)\}$ 是单调递减的且在 $V^*$ 有下界，它逐点收敛于极限函数 $\overline{V}$。根据假设 3.1 和一个著名的函数序列一致收敛与微分定理［参见 Rudin(1976) 中关于单变量情况的定理 7.17］，$\{V_i\}$ 在 $\mathbb{R}^n$ 的任意紧集上一致收敛于 $\overline{V}$。此外，我们有

$$\frac{\partial \overline{V}}{\partial x} = \frac{\partial}{\partial x}\lim_{i \to \infty}V_i = \lim_{i \to \infty}\frac{\partial V_i}{\partial x}$$

由式（3.8）和式（3.9）可知，$\overline{V}$ 满足 HJB 方程式（3.5）。此外，$\overline{V}$ 是正定的和径向无界的，因为它是 $V^*$ 的下界。通过注释 3.2，我们通过唯一性论证得到 $\overline{V} = V^*$。

**注释 3.3**　虽然假设 3.1(3) 可能看上去无关紧要，但我们确实需要证明 $V_i$ 的极限的梯度就是 $V_i$ 梯度的极限。这仅由 $V_i$ 收敛（或一致收敛）于一个极限来保证是不够的［参见 Saridis and Lee(1979) 中的分析］。例如，$f_n(x) = \dfrac{\sin(nx)}{n}$ 一致收敛于 $f = 0$。然而 $f'_n(x) = \cos(nx)$ 并不收敛。人们甚至可以构造具有这种性质的单调递减序列，例如，$f_n(x) = \dfrac{\sin(4^n x)+2}{4^n}$。可以通过利用 $V_i$ 是策略 $\kappa_i$ 的价值函数这一事实，即方程（3.11），来移除或弱化假设 3.1(3)，可以显式地写成如下形式：

$$V_i(x_0) = \int_0^\infty [Q(x(s)) + \kappa_i(x(s))^{\mathrm{T}}R(x(s))\kappa_i(x(s))]\mathrm{d}s$$

使用关于初始条件的可微性在积分下对 $x_0$ 进行微分，$x_0$ 可以用来表明 $\left\{\dfrac{\partial V_i}{\partial x}\right\}$ 在 $\mathbb{R}^n$ 的每一个紧子集上一致收敛或直接收敛于 $\dfrac{\partial \bar{V}}{\partial x}$，其中 $\bar{V}$ 是 $\{V_i\}$ 的极限。可能需要对 $Q$ 和 $R$ 进行更强的正则性假设。幸运的是，对于线性系统，验证假设 3.1 很简单，如 3.2 节 1)所示。

## 线性二次型调节器

考虑线性时不变(LTI)系统

$$\dot{x}=Ax+Bu, x(t_0)=x_0, \tag{3.14}$$

其成本函数为

$$J(x_0, u)=\int_0^\infty \left[x(t)^\mathrm{T}Qx(t)+u(t)^\mathrm{T}Ru(t)\right]\mathrm{d}t \tag{3.15}$$

其中，$Q\in\mathbb{R}^{n\times n}$ 与 $R\in\mathbb{R}^{m\times m}$ 都是对称且正定的矩阵。通常，我们用 $Q>0$ 和 $R>0$ 来表示这一点。

精确策略迭代算法可简化为以下特殊情况。从稳定增益矩阵 $K_0\in\mathbb{R}^{n\times m}$ 开始，使得 $A+BK_0$ 是 Hurwitz，对于每个 $i\geq 0$，算法执行以下操作：

1.（策略评估）通过求解下式来计算出对称正定矩阵 $P_i$：

$$Q+K_i^\mathrm{T}RK_i+P_i(A+BK_i)+(A+BK_i)^\mathrm{T}P_i=0 \tag{3.16}$$

2.（策略改进）更新策略

$$K_{i+1}=-R^{-1}B^\mathrm{T}P_i \tag{3.17}$$

我们注意到，式(3.16)和式(3.17)分别暗示了式(3.8)和式(3.9)，其中 $V_i(x)=x^\mathrm{T}P_i x$。假设 3.1 可以通过以下方式轻松验证：第 1 条是由 $K_0$ 是稳定的这一假设得出的。第 2 条可简化为代数 Riccati 方程(ARE)[式(2.37)]的陈述，在此回顾如下：

$$Q+PA+A^\mathrm{T}P-PBR^{-1}B^\mathrm{T}P=0,$$

具有唯一的对称且正定解。根据注释 2.2，这个 ARE 方程有一个唯一的稳定解 $\bar{P}$，它是对称且半正定的，当且仅当 $(A,B)$ 是可稳定的且 $(A,Q)$ 是可检测的。此外，根据命题

2.7,如果$(A,Q)$是可观察的,那么$\overline{P}$也是正定的。当我们假设$Q>0$,$(A,Q)$明显是可观察的。第3条是由式(3.16)简化为著名的 Lyapunov 方程得出的,该方程具有唯一的正定解$P_i$,因为$A+BK_i$是 Hurwitz 且$Q+K_i^{\mathrm{T}}RK_i$是正定的。如果我们能证明$\{P_i\}$收敛,那么假设 3.1(3)就成立。上述算法在算法 3.2(LQR 的精确策略迭代)中进行了总结。受此设置的限制,定理 3.2 应保证当$i\to\infty$时,$P_i\to\overline{P}$且$K_i\to-R^{-1}B^{\mathrm{T}}\overline{P}$。

---

**算法 3.2** LQR 的精确策略迭代

---

要求:$A,B,K_0$

1:重复

2: 计算$P_i$,使式(3.16)成立

3: 根据式(3.17)更新$K_{i+1}$

4: $i=i+1$

5:直至$P_i=P_{i-1}$

---

以上讨论总结为以下结果:

**推论 3.1** 假设$(A,B)$是稳定的,$Q>0$且$R>0$。设存在$K_0$,使得$A+BK_0$为 Hurwitz。令$\{P_i\}$和$\{K_i\}$由算法 3.2 返回。我们有

$$\lim_{i\to\infty}P_i=\overline{P},\lim_{i\to\infty}K_i=-R^{-1}B^{\mathrm{T}}\overline{P}$$

其中,$\overline{P}$是 ARE 式(2.37)的唯一对称正定解。

**证明:**这是定理 3.2 的直接推论,注意到$V_i(x)=x^{\mathrm{T}}P_i x$当且仅当$\{P_i\}$收敛时逐点收敛。然后假设 3.1 得到验证,结论由定理 3.2 得出。

# 3.3 未知动态和函数逼近的策略迭代

要应用算法 3.1 或算法 3.2 中的策略迭代,就需要知道模型,即函数对$(f,g)$或矩阵对$(A,B)$。此外,对于非线性系统,我们可能无法精确表示价值$\{V_i\}$和控制器$\{\kappa_i\}$。在本节和 3.3 节 1)中,我们介绍了通过测量数据计算近似价值和控制的方法(Jiang and Jiang,2012,2014,2017)来克服这些缺点。

为了避免直接使用动态模型$(f,g)$,我们依赖系统的初始稳定控制器$\kappa_0$来生成测量数据,这些数据可用于迭代计算价值函数$\{V_i\}$与控制器$\{\kappa_i\}$的近似值。我们假设$\kappa_0$是局

部 Lipschitz 并使得闭环系统

$$\dot{x} = f(x) + g(x)\kappa_0(x) \tag{3.18}$$

满足假设 3.1(1)，即全局渐近稳定。为了从数据中有效地学习模型，通常需要通过下式向系统注入人工探测噪声 $\xi$：

$$\dot{x} = f(x) + g(x)(\kappa_0(x) + \xi) \tag{3.19}$$

为了通过状态测量来进行函数近似，我们假设探测噪声信号的类别是有界的，并且存在紧集 $\Omega \subseteq \mathbb{R}^n$ 对于系统[式(3.19)]是前向不变的。

实现无需精确模型和精确函数表示的策略迭代的主要技术假设总结如下：

**假设 3.2** 除假设 3.1 外，我们还假设如下：

1. 存在一个紧集 $\Omega \subseteq \mathbb{R}^n$，其对于系统(3.19)在所使用的探测噪声信号类别下是前向不变的。

2. 存在无限序列的基函数 $\{\varphi_j(x)\}$ 和 $\{\psi_j(x)\}$，使得对于 $i \geqslant 0$，每个 $V_i(x)$ 和 $\kappa_{i+1}(x)$ 可以写成如下形式：

$$V_i(x) = \sum_{j=1}^{\infty} v_{i,j}\varphi_j(x), \kappa_{i+1}(x) = \sum_{j=1}^{\infty} c_{i,j}\psi_j(x), \forall x \in \Omega$$

我们假设这两个级数的收敛性在 $\Omega$ 上是一致的。

可以得到一个近似策略迭代算法如下：使用初始控制器 $\kappa_0$ 和探测噪声信号 $\xi$，我们可以在形如 $[t_k, t_k+\tau]$ 的间隔上收集状态观测数据，其中 $k=1,2,3,\cdots,N$。为了避免在策略评估中直接使用模型信息，我们将式(3.8)替换为在 $[t_k, t_k+\tau]$ 上沿轨迹的积分形式：

$$
\begin{aligned}
&V_i(x(t_k+\tau)) - V_i(x(t_k)) \\
&= \int_{t_k}^{t_{k+\tau}} \frac{\partial V_i}{\partial x}(f(x) + g(x)(\kappa_0 + \xi)) \mathrm{d}t \\
&= \int_{t_k}^{t_{k+\tau}} \frac{\partial V_i}{\partial x}(f(x) + g(x)\kappa_i) \mathrm{d}t + \int_{t_k}^{t_{k+\tau}} \frac{\partial V_i}{\partial x} g(x)(\kappa_0 + \xi - u_i) \mathrm{d}t \\
&= \int_{t_k}^{t_{k+\tau}} [-Q(x) - \kappa_i(x)^{\mathrm{T}} R(x)\kappa_i(x)] \mathrm{d}t - 2\int_{t_k}^{t_{k+\tau}} \kappa_{i+1}(x)^{\mathrm{T}} R(x)\mu_i \mathrm{d}t
\end{aligned} \tag{3.20}
$$

其中，$\mu_i = \kappa_0 + \xi - \kappa_i$。在式(3.20)中，我们使用了 $V_i$ 在倒数第二个等式中满足式(3.8)

的事实,并且式(3.9)中的$\dfrac{\partial V_i}{\partial x}g(x)=-2\kappa_{i+1}(x)^{\mathrm{T}}R(x)$。这使我们能够消除对模型信息$(f,g)$的依赖。

我们希望使用式(3.20)计算$V_i$和$\kappa_{i+1}$的近似值。这是通过将$V_i$和$\kappa_{i+1}$替换为以下形式的函数近似来实现的:

$$\hat{V}_i(x)=\sum_{j=1}^{P}\hat{V}_{i,j}\varphi_j(x),\hat{\kappa}_{i+1}(x)=\sum_{j=1}^{q}\hat{c}_{i,j}\psi_j(x) \tag{3.21}$$

其中,系数$\hat{V}_{ij}$和$\hat{c}_{ij}$能够通过式(3.20)确定。设$\hat{\kappa}_i$已知。结合$\hat{V}_i$和$\hat{\kappa}_{i+1}$的定义,我们可以将式(3.20)重写成以下形式:

$$\begin{aligned}
&\sum_{j=1}^{P}\hat{V}_{i,j}\left[\varphi_j(x(t_k+\tau))-\varphi_j(x(t_k))\right]\\
&=\int_{t_k}^{t_k+\tau}\left[-Q(x)-\hat{\kappa}_i^{\mathrm{T}}R(x)\hat{\kappa}_i\right]\mathrm{d}t-\sum_{j=1}^{q}\hat{c}_{i,j}\int_{t_k}^{t_k+\tau}2\psi_j^{\mathrm{T}}R(x)\hat{\mu}_i\mathrm{d}t
\end{aligned} \tag{3.22}$$

其中,$\hat{u}_i=\kappa_0+\xi-\hat{\kappa}_i$。这是一个带有未知数$\{\hat{V}_{ij}\}$和$\{\hat{c}_{ij}\}$的线性方程。由于在$[t_k,t_k+\tau],k=1,2,3,\cdots,N$上收集的数据,我们总共有$N$个这样的方程。它们可以整体被重新表示为矩阵形式,如下所示:

$$\hat{W}_i\Phi_i=\Theta_i \tag{3.23}$$

其中

$$\hat{W}_i=\begin{bmatrix}\hat{V}_{i,1} & \cdots & \hat{V}_{i,p} & \hat{c}_{i,1} & \cdots & \hat{c}_{i,q}\end{bmatrix}$$

$$\Phi_i=\begin{bmatrix}
\varphi_1(x(t_1+\tau))-\varphi_1(x(t_1)) & \cdots & \varphi_1(x(t_N+\tau))-\varphi_1(x(t_N))\\
\vdots & \vdots & \vdots\\
\varphi_p(x(t_1+\tau))-\varphi_p(x(t_1)) & \cdots & \varphi_p(x(t_N+\tau))-\varphi_p(x(t_N))\\
\int_{t_1}^{t_1+\tau}2\psi_1^{\mathrm{T}}R(x)\hat{\mu}_i\mathrm{d}t & \cdots & \int_{t_N}^{t_N+\tau}2\psi_1^{\mathrm{T}}R(x)\hat{\mu}_i\mathrm{d}t\\
\vdots & \vdots & \vdots\\
\int_{t_1}^{t_1+\tau}2\psi_q^{\mathrm{T}}R(x)\hat{\mu}_i\mathrm{d}t & \cdots & \int_{t_N}^{t_N+\tau}2\psi_q^{\mathrm{T}}R(x)\hat{\mu}_i\mathrm{d}t
\end{bmatrix}$$

$$\Theta_i = \left[ \int_{t_1}^{t_1+\tau} [-Q(x) - \hat{\kappa}_i^T R(x) \hat{\kappa}_i] \, dt \quad \cdots \quad \int_{t_k}^{t_k+\tau} [-Q(x) - \hat{\kappa}_i^T R(x) \hat{\kappa}_i] \, dt \right]$$

注意 $W_i \in \mathbb{R}^{1 \times (p+q)}$，$\Phi \in \mathbb{R}^{(p+q) \times N}$ 以及 $\Theta \in \mathbb{R}^{1 \times N}$ 的维度。系数 $W_i$ 可以通过最小二乘法确定，该解法最小化了残差误差：

$$\hat{W}_i = \underset{W \in \mathbb{R}^{1 \times (p+q)}}{\arg\min} \| W\Phi_i - \Theta_i \|^2 \tag{3.24}$$

虽然这可能产生多个解，但任何一个解都足以满足我们最小化残差误差的欧几里得范数的目的。一般来说，一个这样的最小化解由 $\hat{W}_i = \Theta_i \Phi_i^+$ 给出，其中 $\Phi_i^+$ 是 Moore-Penrose 伪逆。如果 $\Phi_i$ 具有完全行秩 $p+q$，则 $\hat{W}_i$ 可以唯一地由 $\hat{W}_i = \Theta_i \Phi_i^T (\Phi_i \Phi_i^T)^{-1}$ 确定，其中 $\Phi_i^T (\Phi_i \Phi_i^T)^{-1}$ 是一个与 Moore-Penrose 伪逆 $\Phi_i^+$ 一致的右逆。下面的假设以稍微更强的形式阐明了这个完全行秩假设。

**假设 3.3**　存在一些 $p > 0$，使得对于任何 $p \geq 1$，$q \geq 1$ 以及 $i \geq 0$，存在一个 $N \geq 1$，使得

$$\frac{1}{N} \Phi_i \Phi_i^T - \rho I_{p+q} \geq 0$$

**定理 3.3**　设假设 3.1、假设 3.2、假设 3.3 均成立。给定 $\kappa_0$，通过式(3.8)和式(3.9)得出 $\{V_i\}_{i=0}^{\infty}$ 和 $\{\kappa_{i+1}\}_{i=0}^{\infty}$。对于任意 $i \geq 0$ 和 $\varepsilon > 0$，我们可以选择足够大的 $p \geq 1$ 和 $q \geq 1$，使得

$$|\hat{V}_i(x) - V_i(x)| \leq \varepsilon, \ |\hat{\kappa}_{i+1}(x) - \kappa_{i+1}(x)| \leq \varepsilon, \ \forall x \in \Omega$$

其中，$\{\hat{V}_i\}$ 和 $\{\hat{\kappa}_{i+1}\}_{i=0}^{\infty}$ 使用具有 $\hat{\kappa}_0 = \kappa_0$ 的式(3.24)更新。

**证明：**我们通过归纳法来证明这一点。对于 $i = 0$，我们有 $\hat{\kappa}_0 = \kappa_0$。令

$$V_0(x) = \sum_{j=1}^{\infty} v_{0,j} \varphi_j(x), \ \kappa_1(x) = \sum_{j=1}^{\infty} c_{0,j} \psi_j(x), \ \forall x \in \Omega$$

对于每个 $k \in \{1, 2, 3, \cdots, N\}$，通过式(3.20)，我们有

$$\sum_{j=1}^{\infty} v_{0,j} [\varphi_j(x(t_k + \tau)) - \varphi_j(x(t_k))]$$

$$= \int_{t_k}^{t_k+\tau} [-Q(x) - \hat{k}_0^T R(x) \hat{\kappa}_0] \, dt - \sum_{j=1}^{\infty} c_{0,j} \int_{t_k}^{t_k+\tau} 2\psi_j^T R(x) \hat{\mu}_0 \, dt \tag{3.25}$$

其中,$\hat{u}_0 = \kappa_0 - \hat{\kappa}_0 + \xi = \xi$,上式还可被改写成以下形式:

$$\sum_{j=1}^{p} v_{0,j}[\varphi_j(x(t_k+\tau)) - \varphi_j(x(t_k))]$$

$$+ \sum_{j=1}^{q} c_{0,j} \int_{t_k}^{t_k+\tau} 2\psi_j^{\mathrm{T}} R(x)\hat{\mu}_0 \mathrm{d}t + \int_{t_k}^{t_k+\tau} [Q(x) + \hat{\kappa}_0^{\mathrm{T}} R(x)\hat{\kappa}_0]\mathrm{d}t$$

$$= \sum_{j=p+1}^{\infty} v_{0,j}[\varphi_j(x(t_k+\tau)) - \varphi_j(x(t_k))] \tag{3.26}$$

$$- \sum_{j=q+1}^{\infty} c_{0,j} \int_{t_k}^{t_k+\tau} 2\psi_j^{\mathrm{T}} R(x)\hat{\mu}_i \mathrm{d}t := \delta_{0,k}$$

采用矩阵形式,可以写成

$$W_0 \Phi_0 - \Theta_0 = \Delta_0$$

其中

$$W_0 = [v_{0,1} \quad \cdots \quad v_{0,p} \quad c_{0,1} \quad \cdots \quad c_{0,q}], \Delta_0 = [\delta_{0,1} \quad \cdots \quad \delta_{0,N}]$$

记作

$$\hat{W}_0 \Phi_0 - \Theta_0 = \Xi_0$$

因为 $\hat{W}_0$ 是由式(3.24)给出的最小二乘解,我们得到 $\|\Xi_0\|^2 \leqslant \|\Delta_0\|^2$。

由此可见

$$\|(W_0 - \hat{W}_0)\Phi_0\|^2 = (W_0 - \hat{W}_0)\Phi_0 \Phi_0^{\mathrm{T}}(W_0 - \hat{W})^{\mathrm{T}} = \|\Delta_0 - \Xi_0\|^2 \leqslant 4\|\Delta_0\|^2$$

根据假设 3.3,这意味着

$$\|(W_0 - \hat{W}_0)\|^2 \leqslant \frac{4\|\Delta_0\|^2}{N\rho} \leqslant \frac{4\max\limits_{1\leqslant k\leqslant N}\delta_{0,k}^2}{\rho}$$

我们得到 $\lim\limits_{p,q\to\infty} \delta_{0,k} = 0$ 在 $k$ 上一致成立,这由以下条件得出:

$$\sum_{j=p+1}^{\infty} v_{0,j}\varphi_j(x) \to 0, \sum_{j=q+1}^{\infty} c_{1,j}\psi_j(x) \to 0$$

当 $p,q \to \infty$ 时,该式在 $\Omega$ 上一致成立。根据上述情况和 $\varphi_j(x)$ 在 $\Omega$ 上一致有界的事实,

可以得出

$$
\begin{aligned}
|V_0(x) - \hat{V}_0(x)| &= \Big| \sum_{j=1}^{p} (v_{0,j} - \hat{V}_{0,j}) \varphi_j(x) + \sum_{j=p+1}^{\infty} v_{0,j} \varphi_j(x) \Big| \\
&\leqslant \sum_{j=1}^{p} |(v_{0,j} - \hat{V}_{0,j})| |\varphi_j(x)| + \Big| \sum_{j=p+1}^{\infty} v_{0,j} \varphi_j(x) \Big| \\
&\leqslant \frac{\varepsilon}{2} + \frac{\varepsilon}{2} = \varepsilon, \, \forall x \in \Omega
\end{aligned}
$$

前提是 $p$ 和 $q$ 选得足够大。同样,我们得到 $|\kappa_1(x) - \hat{\kappa}_1(x)| \leqslant \varepsilon$。

现在,假设这个结论对某些 $i-1 \geqslant 0$ 成立。类似于式(3.25)和式(3.26),我们得到

$$
\begin{aligned}
&\sum_{j=1}^{\infty} v_{i,j} [\varphi_j(x(t_k + \tau)) - \varphi_j(x(t_k))] \\
&= \int_{t_k}^{t_{k+\tau}} [-Q(x) - \hat{\kappa}_i^{\mathrm{T}} R(x) \hat{\kappa}_i] \mathrm{d}t - \sum_{j=1}^{\infty} c_{i+1,j} \int_{t_k}^{t_{k+\tau}} 2\psi_j^{\mathrm{T}} R(x) \hat{\mu}_i \mathrm{d}t + \\
&\quad \int_{t_k}^{t_{k+\tau}} \frac{\partial V_i}{\partial x} g(x) (\hat{\kappa}_i - \kappa_i) \mathrm{d}t + \int_{t_k}^{t_{k+\tau}} [\hat{\kappa}_i^{\mathrm{T}} R(x) \hat{\kappa}_i - \kappa_i^{\mathrm{T}} R(x) \kappa_i] \mathrm{d}t
\end{aligned} \tag{3.27}
$$

其中,$\hat{\mu}_0 = \kappa_0 - \hat{\kappa}_i + \xi$,并且

$$
\begin{aligned}
&\sum_{j=1}^{p} v_{i,j} [\varphi_j(x(t_k + \tau)) - \varphi_j(x(t_k))] + \\
&\sum_{j=1}^{q} c_{i+1,j} \int_{t_k}^{t_{k+\tau}} 2\psi_j^{\mathrm{T}} R(x) \hat{\mu}_0 \mathrm{d}t + \int_{t_k}^{t_{k+\tau}} [Q(x) + \hat{\kappa}_i^{\mathrm{T}} R(x) \hat{\kappa}_i] \mathrm{d}t \\
&= \delta_{i,k} + \gamma_{i,k}
\end{aligned} \tag{3.28}
$$

其中

$$
\delta_{i,k} = \sum_{j=p+1}^{\infty} v_{i,j} [\varphi_j(x(t_k + \tau)) - \varphi_j(x(t_k))] - \sum_{j=q+1}^{\infty} c_{i+1,j} \int_{t_k}^{t_{k+\tau}} 2\psi_j^{\mathrm{T}} R(x) \hat{\mu}_i \mathrm{d}t
$$

$$
\gamma_{i,k} = \int_{t_k}^{t_{k+\tau}} \frac{\partial V_i}{\partial x} g(x) (\hat{\kappa}_i - \kappa_i) \mathrm{d}t + \int_{t_k}^{t_{k+\tau}} [\hat{\kappa}_i^{\mathrm{T}} R(x) \hat{\kappa}_i - \kappa_i^{\mathrm{T}} R(x) \kappa_i] \mathrm{d}t
$$

使用与基本情况相同的论证,我们得到

$$\parallel W_i - \hat{W}_i \parallel^2 \leqslant \frac{4 \parallel \Delta_i + \Gamma_i \parallel^2}{N\rho} \leqslant \frac{8(\max_{1 \leqslant k \leqslant N} \delta_{i,k}^2 + \max_{1 \leqslant k \leqslant N} \gamma_{i,k}^2)}{\rho}$$

其中

$$W_i = [v_{i,1} \quad \cdots \quad v_{i,p} \quad c_{i,1} \quad \cdots \quad c_{i,q}], \Delta_0 = [\delta_{i,1} \quad \cdots \quad \delta_{i,N}], \Gamma_i = [\gamma_{i,1} \quad \cdots \quad \gamma_{i,N}]$$

我们先前根据归纳假设已经得出 $\lim_{p,q\to\infty} \delta_{i,k} = 0$ 在 $k$ 上是一致的，以及 $\lim_{p,q\to\infty} \gamma_{i,k} = 0$ 在 $k$ 上也是一致的。我们现在可以用同样的方法证明这个结论对 $i$ 也成立。

注意，假设 3.2(1)确保所有轨迹数据都收集在紧集 $\Omega$ 内是至关重要的，这样上述证明中的一些极限论证才能进行，因为涉及的所有函数都是有界的。

直观地说，上述定理表明，如果我们选择足够多的基函数，并获得足够丰富的测量数据，使得假设 3.3 成立，那么我们可以以任意精度去近似从精确策略迭代算法 3.1 获得的价值函数 $\{V_i\}$ 和控制器 $\{\kappa_i\}$。

**具有未知动态的线性二次型调节器**

在本节中，我们讨论具有未知动态的线性系统的近似策略迭代的特殊情况（Jiang 和 Jiang，2012）。先让我们回顾一下 LTI 系统

$$\dot{x} = Ax + Bu, x(t_0) = x_0 \tag{3.29}$$

其成本函数为

$$J(x_0, u) = \int_0^\infty [x(t)^\mathsf{T} Q x(t) + u(t)^\mathsf{T} R u(t)] \mathrm{d}t \tag{3.30}$$

其中，$Q > 0, R > 0$。设给定 $K_0$，使得 $A + BK_0$ 为 Hurwitz。

如同 3.2 节 1)所讨论的，在这种情况下 $V_i(x) = x^\mathsf{T} P_i x$ 且 $\kappa(x) = K_i x$，其中，$P_i \in \mathbb{R}^{n \times n}$ 是对称正定矩阵，$K_i \in \mathbb{R}^{n \times m}$。策略迭代可以简化为通过连续求解 Lyapunov 方程(3.16)来计算 $P_i$，并根据式(3.17)更新 $K_i$。

二次函数 $V_i(x) = x^\mathsf{T} P_i x$ 可以使用向量化技巧写成有限线性组合的基函数：

$$V_i(x) = x^\mathsf{T} P_i x = \mathrm{vec}(P_i)^\mathsf{T}(x \otimes x) \tag{3.31}$$

其中，$\mathrm{vec}(\cdot)$ 是矩阵到列向量的向量化，通过按顺序堆叠矩阵的列；$\otimes$ 是 Kronecker 积。

显然，$\mathrm{vec}(P_i)^{\mathrm{T}}$ 是一个行向量，$x \otimes x$ 是一个列向量，它包含由 $x$ 的分量形成的系数为 1 的所有二次项和线性单项式。同样，我们可以写出

$$x^{\mathrm{T}} K_i^{\mathrm{T}} = \mathrm{vec}(K_i)^{\mathrm{T}} (x \otimes I_m) \tag{3.32}$$

结合式（3.31）、式（3.32）和式（3.22），可以写成以下形式：

$$\mathrm{vec}(P_i)^{\mathrm{T}} (x(t_k + \tau) \otimes x(t_k + \tau) - x(t_k) \otimes x(t_k))$$
$$= \int_{t_k}^{t_k+\tau} x^{\mathrm{T}} [-Q - K_i^{\mathrm{T}} R K_i] x \, \mathrm{d}t - \mathrm{vec}(K_{i+1})^{\mathrm{T}} \int_{t_k}^{t_k+\tau} 2(x \otimes I_m) R \mu_i \, \mathrm{d}t \tag{3.33}$$

其中，$\mu_i = (K_0 x - K_i x + \xi)$。注意，由于 $P_i$ 和 $K_{i+1}$ 具有有限数量的未知数，我们的目标是精确求解它们，而不是像在非线性情况下那样近似它们。类似于式（3.23），我们将关于 $\mathrm{vec}(P_i)$ 和 $\mathrm{vec}(K_{i+1})$ 的未知数的 $N$ 个方程写成矩阵形式：

$$[\mathrm{vec}(P_i) \, \mathrm{vec}(K_{i+1})] \Phi_i = \Theta_i \tag{3.34}$$

其中

$$\Phi_i = \begin{bmatrix} x(t) \otimes x(t) \Big|_{t_1}^{t_1+\tau} & \cdots & x(t) \otimes x(t) \Big|_{t_N}^{t_N+\tau} \\ \int_{t_1}^{t_1+\tau} 2(x \otimes I_m) R \mu_i \, \mathrm{d}t & \cdots & \int_{t_N}^{t_N+\tau} 2(x \otimes I_m) R \mu_i \, \mathrm{d}t \end{bmatrix}$$

$$\Theta_i = \begin{bmatrix} \int_{t_1}^{t_1+\tau} x^{\mathrm{T}} [-Q - K_i^{\mathrm{T}} R K_i] x \, \mathrm{d}t & \cdots & \int_{t_k}^{t_k+\tau} x^{\mathrm{T}} [-Q - K_i^{\mathrm{T}} R K_i] x \, \mathrm{d}t \end{bmatrix}$$

注意 $\Phi_i$ 的维数为 $(n^2 + mn) \times N$。显然，如果 $\mathrm{rank}(\Phi) = n^2 + mn$，有 $n^2 + mn$ 个未知数的 $\mathrm{vec}(P_i)$ 和 $\mathrm{vec}(K_{i+1})$ 可以被唯一确定。仔细观察方程会发现，由于 $P_i$ 的对称性，实际上只有 $\dfrac{n(n+1)}{2} + mn$ 个未知数。$\mathrm{vec}(P_i)$ 中重复未知数的位置正好对应于 $\Phi_i$ 中的重复行。因此，有意义的秩条件为 $\mathrm{rank}(\Phi_i) = \dfrac{n(n+1)}{2} + mn$。一旦满足了这个条件，我们就知道式（3.34）有一组唯一的解 $(P_i, K_{i+1})$。不一致性不会发生，因为我们知道 $P_i$ 可以由 Lyapunov 方程（3.16）唯一解出，而 $K_{i+1}$ 可以由式（3.17）确定。

这总结在以下结果中，它直接来自推论 3.1。

**推论 3.2** 设存在 $K_0$，使得 $A + BK_0$ 是 Hurwitz。假设对于每个 $i \geqslant 0$，式（3.34）中的 $\Phi_i$

满足 $\mathrm{rank}(\Phi_i)=\dfrac{n(n+1)}{2}+mn$。那么对于每个 $i\geqslant0$，$(P_i,K_{i+1})$ 是唯一确定的。此外，

$$\lim_{i\to\infty}P_i=\overline{P},\lim_{i\to\infty}K_i=-R^{-1}B^{\mathrm{T}}\overline{P}$$

其中，$\overline{P}$ 是 ARE(2.37)的唯一对称正定解。

# 3.4　总结

策略迭代是一种流行的 RL 技术。在本章中，我们讨论了用于连续控制问题的策略迭代方法。我们证明了对于控制项是仿射的且具有控制项二次成本的系统，可以使用 HJB 方程来设计策略迭代算法，该算法可迭代地提高稳定控制器相对于成本函数的性能。在非线性情况下，每次策略评估迭代时，非线性 HJB 方程被简化为线性偏微分方程(PDE)。这一结果可以追溯到 Milshtein(1964)、Vaisbord(1963)、Leake and Liu(1967)以及 Saridis and Lee(1979)的工作。Beard(1995)提出了一个计算框架。在线性情况下，HJB 方程被简化为 ARE。通过迭代求解 Lyapunov 方程来逐渐改进二次价值函数，可以得到 ARE 的解。这种算法被称为 Kleinman 算法(Kleinman,1968)。3.3 节基于 Jiang and Jiang(2012)、Jiang and Jiang(2014)以及 Jiang and Jiang(2017)的近期工作，其中，通过从测量数据中同时确定 $(V_i,K_{i+1})$ 或 $(P_i,K_{i+1})$ 来规避早期算法(Milshtein,1964；Vaisbord,1963；Leake and Liu,1967；Kleinman,1968；Saridis and Lee,1979)中对模型信息的依赖。这扩展了 Vrabie and Lewis(2009)以及 Bhasin et al. (2013)的早期工作，这些工作部分需要模型信息(更具体地说是 $g$ 和 $B$)。我们并不试图为连续控制问题提供 RL 的全面概述。读者可以参考 Jiang and Jiang（2017）、Kamalapurkar et al. (2018)、Vamvudakis et al. (2021)、Lewis et al. (2012)、Busoniu et al. (2017)、Lewis and Liu (2013)以及其中引用的参考文献。

# 参考文献

Randal Winston Beard. Improving the Closed-Loop Performance of Nonlinear Systems.

PhD thesis，Rensselaer Polytechnic Institute，1995.

Richard E. Bellman. Dynamic Programming. Princeton University Press，1957.

Dimitri P. Bertsekas. Dynamic Programming and Optimal Control: Volume I. volume 1. Athena Scientific, 2012.

Dimitri P. Bertsekas. Reinforcement Learning and Optimal Control. Athena Scientific, 2019.

Shubhendu Bhasin, Rushikesh Kamalapurkar, Marcus Johnson, Kyriakos G. Vamvoudakis, Frank L. Lewis, and Warren E. Dixon. A novel actor-critic-identifier architecture for approximate optimal control of uncertain nonlinear systems. Automatica, 49(1):82 - 92, 2013.

Lucian Busoniu, Robert Babuska, Bart De Schutter, and Damien Ernst. Reinforcement Learning and Dynamic Programming Using Function Approximators. CRC Press, 2017.

Ronald A. Howard. Dynamic Programming and Markov Process. MIT Press, 1960.

Yu Jiang and Zhong-Ping Jiang. Computational adaptive optimal control for continuous-time linear systems with completely unknown dynamics. Automatica, 48(10):2699 - 2704, 2012.

Yu Jiang and Zhong-Ping Jiang. Robust adaptive dynamic programming and feedback stabilization of nonlinear systems. IEEE Transactions on Neural Networks and Learning Systems, 25(5):882 - 893, 2014.

Yu Jiang and Zhong-Ping Jiang. Robust Adaptive Dynamic Programming. John Wiley & Sons, 2017.

Rushikesh Kamalapurkar, Patrick Walters, Joel Rosenfeld, andWarren Dixon. Reinforcement Learning for Optimal Feedback Control. Springer, 2018.

David Kleinman. On an iterative technique for Riccati equation computations. IEEE Transactions on Automatic Control, 13(1):114 - 115, 1968.

R. J. Leake and Ruey-Wen Liu. Construction of suboptimal control sequences. SIAM Journal on Control, 5(1):54 - 63, 1967.

Frank L. Lewis and Derong Liu. Reinforcement Learning and Approximate Dynamic Programming for Feedback Control. John Wiley & Sons, 2013.

Frank L. Lewis,Draguna Vrabie, and Vassilis L Syrmos. Optimal Control. JohnWiley & Sons, 2012.

G. N. Milshtein. Successive approximations for solution of one optimal problem. Automation and Remote Control, 25(3):298 – 306, 1964.

Walter Rudin. Principles of Mathematical Analysis. McGraw-Hill, 3rd edition, 1976.

George N. Saridis and Chun-Sing G. Lee. An approximation theory of optimal control for trainable manipulators. IEEE Transactions on Systems, Man, and Cybernetics, 9 (3):152 – 159, 1979.

Richard S. Sutton and Andrew G. Barto. Reinforcement Learning: An Introduction. MIT Press, 2018.

E. M. Vaisbord. Concerning an approximate method for optimum control synthesis. Avtomatika i Telemekhanika, 24(12):1626 – 1632, 1963.

Kyriakos G. Vamvoudakis, Yan Wan, Frank L. Lewis, and Derya Cansever. Handbook of Reinforcement Learning and Control. Springer, 2021.

Draguna Vrabie and Frank L. Lewis. Neural network approach to continuous-time direct adaptive optimal control for partially unknown nonlinear systems. Neural Networks, 22(3):237 – 246, 2009.

# 4

# 动态模型的学习

我们将在后面的章节讨论的基于模型的强化学习(MBRL)技术依赖于识别系统的动态模型。系统识别可以定义为一系列技术,用于根据观察和我们对系统的先验知识来获取动态系统的模型。在实践中,所获得的模型几乎总是只代表实际系统的近似值。在本章中,我们将简要介绍这种近似技术。

## 4.1 简介

### 1) 自主系统

考虑如下自主系统:

$$\dot{x}=f(x) \tag{4.1}$$

其中,$x\in D\subseteq\mathbb{R}^n$ 且 $f:D\rightarrow\mathbb{R}^n$。假设有一系列在$\{t_k\}$时刻采集的状态测量值(或采样状态)$\{x_k\}$可用,其中 $k=0,1,\cdots,N_s$,$\{N_s\}$表示样本总数。

### 2) 控制系统

本章我们主要介绍自主系统(4.1)的学习算法,类似的技术也可以用于来识别控制系统,其中一些考虑将在第 4.3 节 3)中进行更详细的讨论。为此,我们考虑一般控制仿射系统

$$\dot{x}=f(x)+g(x)u \tag{4.2}$$

其中,$u\in U\subseteq\mathbb{R}^n$,$f:D\rightarrow\mathbb{R}^n$,$g:D\rightarrow\mathbb{R}^{n\times m}$。我们假设在不同时间$\{t_k\}$采样的控制

$\{u_k\}$ 以及状态测量 $\{x_k\}$ 是可用的。

本章的目标是学习一个能最佳拟合训练数据的模型,更重要的是,能够用于高效预测系统对未见数据点的行为。实现这一目标有两个重要因素:数据收集和模型选择。尽管这两个要素的作用及其相互关系可能看起来微不足道,但确定有效学习现实世界过程所需的属性是一项具有挑战性的任务。应用程序中的各种约束可能会使选择合适的模型变得复杂。在强化学习(RL)环境中,这项任务变得更加具有挑战性,因为数据一开始就不直接提供,还需要额外获得数据。

在 4.2 节中,我们强调了模型选择和数据收集中的主要关注点。此外,我们还对文献中存在的主要技术进行了讨论和比较。

# 4.2　模型选择

根据数据和计算资源的可用性,在选择合适的模型时存在不同的选择。在本节中,我们将对不同的模型进行分类,并讨论它们的优点和缺点。

## 1) 灰盒与黑盒

在白盒方法中,物理定律用于直接推导出定义系统的方程组。识别技术可以大致分为两组。一方面,在灰盒识别中,只有模型的结构是已知的,存在一些未知或不确定的参数,需要通过观察来估计。因此,假设的结构可能是一个具有不确定参数的白盒识别的结果。另一方面,黑盒技术利用了一个通用的参数化方法,该方法的选择是独立于系统的物理定律和关系的(Keesman,2011)。

## 2) 参数化与非参数化

动态系统的学习采用了各种监督学习方法。一般来说,它们可以分为具有根本差异的两组技术。

在参数化方法中,参数被认为对于建立模型是至关重要的。因此,首先需要决定如何对模型进行参数化。然后提出一种更新参数的技术,以最好地描述数据。这种技术通常包括模型中有限数量的参数。因此,它可以被视为实时学习的轻量级候选项。因此,它们是大多数自适应控制技术的首选。线性和非线性回归技术是参数化学习类型的一些例子。

另一个参数化模型更合适的因素是它们的可解释性。这是模型简洁化的结果,与人类无法直接阅读和解释相当多的非参数化模型形成了对比。这一优势也为基于学习模型的分析框架的开发提供了机会。

另一方面,非参数化模型直接依赖于数据去学习未知过程。要么是使用任何单一样本作为模型的基础,要么使用的参数数量极其庞大,以至于无法跟踪。高斯过程是一个很好的例子,它使用数据来获得贝叶斯推断。这种模型的概率特征有助于更有效的预测,人们还可以从中获得预测可信度的信息。这种方法的另一个优点是,它们允许通过在不同情况下选择各种核函数来合并用户知识。然而,随着数据量的增加,几乎所有的非参数化技术都遇到了困难。因此,如果需要考虑大量的数据点,这种方法就不能很好地扩展。

事实上,若可以假设一系列模型,小型参数化模型和大型非参数化模型构成了极端情况。在这个范围内,不同的神经网络(NN)大多位于中间,这取决于它们的大小。一般来说,神经网络通常包括许多权重和偏差,这些权重和偏差在决定计算复杂度方面起着主要作用。然而,考虑到它们的复杂性不会随着所用样本的数量增加而增加,人们仍然可以将它们视为参数模型。另一方面,它们增长得越深、越宽,权重和偏差的数量就会变得越大,直到从参数角度来看模型不再有优势。在这种情况下,可以选择将它们视为非参数化模型。

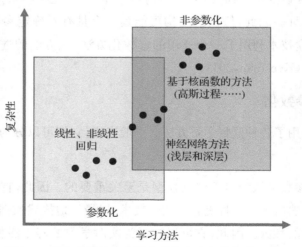

图 4.1　从复杂性的角度看参数化和非参数化学习方法

图 4.1 展示了模型的主要类别和一些例子。此外,我们对这些技术的复杂性进行了一般性比较,公平起见,还需要考虑数据的规模。

在下文中,我们将回顾一些众所周知的通过观察来更新参数化模型的技术。

# 4.3 参数模型

考虑自主系统(4.1)。给定测量值 $x_k$,可通过沿序列的数值微分技术获得 $\tilde{\dot{x}}_k$ 作为 $\dot{x}_k$ 的近似值。为此,文献中存在不同的方法,使用等间隔或不等间隔的数据序列来获得准确的导数,例如,参见 Li(2005)。

有了 $N_s$ 个 $x_k$ 样本和相应的 $\tilde{\dot{x}}_k$,我们现在可以选择一个参数化模型来拟合收集到的数据:

$$\dot{x} = \hat{f}_w(x) + e \tag{4.3}$$

其中,$w$ 表示要训练的参数集,$\hat{f}_w(x)$ 是 $f(x)$ 的近似值,$e$ 是预测误差。

## 1) 基于基函数的模型

通过一些可微基函数的线性组合,得到了该模型的一种流行配置。这是因为对参数的线性依赖性提供了训练参数的灵活性。此外,所获得的模型可以很容易地被处理以用于进一步的系统设计和分析:

$$\dot{x} = w\Phi(x) + e \tag{4.4}$$

其中,$w \in \mathbb{R}^{n \times p}$ 是一个权重矩阵,$\Phi: D \to \mathbb{R}^p$ 是基函数的向量,$e$ 是预测误差。

## 2) 数据收集

本章讨论的学习技术与通常的机器学习技术的一个显著区别在于动态数据的特性。因此,如果学习算法需要一批输入-输出样本,我们最多只能逐步增加数据集的大小,因为样本会随着时间的推移逐渐变得可用。

为此,我们将由状态测量时评估的采样导数和基函数组成的数据保存如下:

$$\dot{X} = \begin{bmatrix} \dot{x}_1 & \dot{x}_2 & \cdots & \dot{x}_{N_s} \end{bmatrix}_{n \times N_s}$$

$$\Psi = \begin{bmatrix} \Phi(x_1) & \Phi(x_2) & \cdots & \Phi(x_{N_s}) \end{bmatrix}_{p \times N_s} \tag{4.5}$$

其中,每列对应于单个样本,$N_s$ 表示样本的总数。

### 3) 控制系统的学习

为了 RL 的目的,我们需要学习一个控制系统,而不是自主系统(4.1)。因此,不能直接使用参数化模型(4.4)以及基于它开发的算法。

因此,我们需要在模型更新过程中引入控制的测量值。在参数模型更新中,这可以通过在控制输入中包含基函数来实现。假设控制仿射系统(4.2),可以选择的基函数向量为

$$\Phi^u(x,u) = \begin{bmatrix} \Phi_0(x) \\ \Phi_1(x)u_1 \\ \vdots \\ \Phi_m(x)u_m \end{bmatrix}$$

其中,$u_j \in \mathbb{R}$ 和 $\Phi_j(x)$ 分别是 $j = 1, \cdots, m$ 时,控制输入和关于 $x$ 选择的一些基函数向量。然后,假设控制输入也可以在任何时候以与状态相同的方式进行采样,现在可以按以下顺序存储数据:

$$\dot{X}^u = \begin{bmatrix} \dot{x}_1 & \dot{x}_2 & \cdots & \dot{x}_{N_s} \end{bmatrix}_{n \times N_s}$$

$$\Psi^u = \begin{bmatrix} \Phi(x_1, u_1) & \Phi(x_2, u_2) & \cdots & \Phi(x_{N_s}, u_{N_s}) \end{bmatrix}_{p \times N_s}$$

其中,每列对应一个样本。

通过在基函数向量中以及相应地在数据集(4.5)中使用这样的修改,我们可以实现用所提算法来获得控制系统的估计。然而,在实践中,系统的有效估计还取决于数据质量,这将在 4.4 节中讨论。

# 4.4 参数化学习算法

## 1) 最小二乘法

考虑误差的平方,假设以下损失:

$$J(w) = \frac{1}{2} \sum_{i=1}^{N_s} e_i^\mathsf{T} e_i$$

其中，$e_i$ 表示每个样本产生的误差。根据式(4.4)，$J$ 是 $w$ 的一个二次函数。让我们考虑关于误差的第 $j$ 个分量的问题。然后，为了最小化损失，我们计算参数第 $j$ 行的梯度，表示为 $w_j$，如下所示：

$$
\begin{aligned}
\frac{\partial}{\partial w_j} J(w_j) &= \frac{\partial}{\partial w_j} \left( \frac{1}{2} \sum_{i=1}^{N_s} e_{ij}^\mathsf{T} e_{ij} \right) = \frac{\partial}{\partial w_j} \left( \frac{1}{2} \sum_{i=1}^{N_s} (\dot{x}_{ij} - w_j \Phi(x_i))^\mathsf{T} (\dot{x}_{ij} - w_j \Phi(x_i)) \right) \\
&= \sum_{i=1}^{N_s} (w_j \Phi(x_i) - \dot{x}_{ij}) \Phi(x_i)^\mathsf{T} = w_j \sum_{i=1}^{N_s} \Phi(x_i) \Phi(x_i)^\mathsf{T} - \sum_{i=1}^{N_s} \dot{x}_{ij} \Phi(x_i)^\mathsf{T} \\
&= 0
\end{aligned}
$$

其中，应该注意的是，由于 $e_{ij}$ 对参数的线性依赖，关于参数矩阵的偏导数是以回归向量 $\Phi(x)$ 的形式给出。现在，通过求解参数方程，我们可以实现对式(4.4)中动态 $\dot{x}_j$ 对应的第 $j$ 行参数估计如下：

$$\hat{W}_j = \left( \sum_{i=1}^{N_s} \dot{x}_{ij} \Phi(x_i)^\mathsf{T} \right) \left( \sum_{i=1}^{N_s} \Phi(x_i) \Phi(x_i)^\mathsf{T} \right)^{-1}$$

现在，如果我们同时考虑所有的行 $j=1,\cdots,n$，可以写出参数矩阵 $w$ 的估计关系如下：

$$\hat{W} = \left( \sum_{i=1}^{N_s} \dot{x}_i \Phi(x_i)^\mathsf{T} \right) \left( \sum_{i=1}^{N_s} \Phi(x_i) \Phi(x_i)^\mathsf{T} \right)^{-1} \tag{4.6}$$

相应地，对于参数的任何更新，都需要处理所有收集到的批量数据。或者，如果数据按照式(4.5)准备好了，则所有这些计算都可以以矩阵形式完成。这样，可以简单地通过矩阵乘法和伪逆 $\Psi^\dagger = \Psi^\mathsf{T} (\Psi \Psi^\mathsf{T})^{-1}$ 来获得权重，即 $\hat{W} = \dot{X} \Psi^\dagger$。

然而，由于计算复杂度是由样本数量决定的，计算复杂度仍然没有改进。

---

**算法 4.1**　最小二乘回归

1：数据：$\Psi, \dot{X}$

2：输出：$\hat{W}$

3：$\hat{W} \leftarrow \dot{X} \Psi^\mathsf{T} (\Psi \Psi^\mathsf{T})^{-1}$

---

## 2) 递归最小二乘

最小二乘(LS)回归是批量提供数据时拟合模型的一种有效技术。然而,这不是 RL 环境中的选项,因为在 RL 环境中样本是逐个在线收集的。或者,可以构建一个从第一个样本到第 $N_s$ 个样本不断增长的样本列表,其中对于每个步骤,都批量运行 LS 来更新参数。当 $N_s$ 不大时,此技术可能适用。否则,每次观察都会使计算复杂度快速增长,从而令计算无法实时进行。

另一种选择是,在每个样本都可以单独处理时获得递归参数更新。这样,在初始化参数之后,每次观测都可以独立地更新参数。因此,学习的每一步的复杂度都将保持不变。稍后,在仿真结果中,将通过比较来证明这些算法的差异。

为了实现一个递归算法,让我们从式(4.6)给出的批量模式的公式开始。这一次,我们不假设一开始就有样本列表。相反,我们考虑步骤 $k \in \{1,2,3,\cdots,N_s\}$,并获得式(4.6)的逐步变体,如下所示:

$$\hat{W}_k = \left(\sum_{i=1}^{k} \dot{x}_i \Phi(x_i)^\mathsf{T}\right)\left(\sum_{i=1}^{k} \Phi(x_i)\Phi(x_i)^\mathsf{T}\right)^{-1} \tag{4.7}$$

然后,通过定义 $R_k$,我们获得了式(4.7)中第二项的递归关系如下:

$$\begin{aligned}
R_k &= \sum_{i=1}^{k} \Phi(x_i)\Phi(x_i)^\mathsf{T} \\
&= \sum_{i=1}^{k-1} \Phi(x_i)\Phi(x_i)^\mathsf{T} + \Phi(x_k)\Phi(x_k)^\mathsf{T} \\
&= R_{k-1} + \Phi(x_k)\Phi(x_k)^\mathsf{T}
\end{aligned} \tag{4.8}$$

因此,我们可以将式(4.7)中的第一项重写为

$$\begin{aligned}
\sum_{i=1}^{k} \dot{x}_i \Phi(x_i)^\mathsf{T} &= \sum_{i=1}^{k-1} \dot{x}_i \Phi(x_i)^\mathsf{T} + \dot{x}_k \Phi(x_k)^\mathsf{T} \\
&= \hat{W}_{k-1} R_{k-1} + \dot{x}_k \Phi(x_k)^\mathsf{T} \\
&= \hat{W}_{k-1}(R_k - \Phi(x_k)\Phi(x_k)^\mathsf{T}) + \dot{x}_k \Phi(x_k)^\mathsf{T} \\
&= \hat{W}_{k-1} R_k + (\dot{x}_k - \hat{W}_{k-1}\Phi(x_k))\Phi(x_k)^\mathsf{T}
\end{aligned}$$

插入式(4.7)会产生参数的递归关系如下:

$$\hat{W}_k = \hat{W}_{k-1} + (\dot{x}_k - \hat{W}_{k-1}\Phi(x_k))\Phi(x_k)^{\mathrm{T}}R_k^{-1} \tag{4.9}$$

然而，$R_k$ 的计算仍然需要所有的样本。考虑到 $R_k$ 可以根据其先前的值写成式(4.8)，可以使用以下引理。

**引理 4.1** ［**Sherman-Morrison 公式(Sherman，1949；Bartlett，1951)**］

设 $A \in \mathbb{R}^{n \times n}$，$u, v \in \mathbb{R}^n$。此外，我们假设存在逆矩阵 $A^{-1}$，使得 $1 + v^{\mathrm{T}}A^{-1}u \neq 0$。表示 $\bar{A} = A + uv^{\mathrm{T}}$。则下式成立：

$$\bar{A}^{-1} = A^{-1} - \frac{A^{-1}uv^{\mathrm{T}}A^{-1}}{1 + v^{\mathrm{T}}A^{-1}u} \tag{4.10}$$

**证明：**易证明得到

$$\bar{A}\,\bar{A}^{-1} = (A + uv^{\mathrm{T}})\left(A^{-1} - \frac{A^{-1}uv^{\mathrm{T}}A^{-1}}{1 + v^{\mathrm{T}}A^{-1}u}\right) = I_n$$

因此，式(4.10)确实是 $\bar{A}$ 的逆。然而，这也可以通过下式证明得到：

$$
\begin{aligned}
\bar{A}^{-1} &= (A + uv^{\mathrm{T}})^{-1} = A^{-1}(1 + uv^{\mathrm{T}}A^{-1})^{-1} \\
&= A^{-1}(1 - uv^{\mathrm{T}}A^{-1} + uv^{\mathrm{T}}A^{-1}uv^{\mathrm{T}}A^{-1} - \cdots) \\
&= A^{-1} - A^{-1}uv^{\mathrm{T}}A^{-1}(1 - v^{\mathrm{T}}A^{-1}u + (v^{\mathrm{T}}A^{-1}u)^2 - \cdots) \\
&= A^{-1} - \frac{A^{-1}uv^{\mathrm{T}}A^{-1}}{1 + v^{\mathrm{T}}A^{-1}u}
\end{aligned}
$$

现在，通过这个引理和式(4.8)，我们得到

$$R_k^{-1} = R_{k-1}^{-1} - \frac{R_{k-1}^{-1}\Phi(x_k)\Phi(x_k)^{\mathrm{T}}R_{k-1}^{-1}}{1 + \Phi(x_k)^{\mathrm{T}}R_{k-1}^{-1}\Phi(x_k)} \tag{4.11}$$

定义 $P_k = R_k^{-1}$，这个关系与式(4.9)一起构成了递归最小二乘(RLS)算法。

如果修改损失，使得先前数据的错误与近期数据的错误相比不那么重要，则可以获得非常不同的结果。这可以通过一个正常数 $\lambda < 1$ 来调节，即遗忘因子，其中接近 1 的值会阻碍遗忘，而较小的值有助于遗忘旧数据(Ljung and Söderström，1983)：

$$J(w) = \frac{1}{2}\sum_{i=1}^{k}\lambda^{k-1}e_i^{\mathrm{T}}e_i$$

在算法 4.2 中,我们总结了 RLS 算法。

---

**算法 4.2   递归最小二乘**

1：数据：$\Psi, \dot{X}$                                       ▷在每个迭代 $k$ 时只访问列 $\Phi(x_k)$

2：输出：$\hat{W}$

3：初始化：

4：   $P_0 \leftarrow \kappa I_{p \times p}$                                    ▷$\kappa \leftarrow$ 一个大的正值

5：   $w_0 \leftarrow 0_{n \times p}$

6：   $\lambda \leftarrow 0.99$                                         ▷建议 $\lambda \in [0.95, 1)$

7：(for 循环)对于 $k \leftarrow 1$ 到 $N_s$,执行

8：   $P_k \leftarrow \dfrac{1}{\lambda}\left( P_{k-1} - \dfrac{P_{k-1}\Phi(x_k)\Phi(x_k)^{\mathrm{T}}P_{k-1}}{\lambda + \Phi(x_k)^{\mathrm{T}}P_{k-1}\Phi(x_k)} \right)$

9：   $\hat{W}_k \leftarrow \hat{W}_{k-1} + (\dot{x}_k - \hat{W}_{k-1}\Phi(x_k))\Phi(x_k)^{\mathrm{T}}P_k$

10：结束 for 循环

---

## 3) 梯度下降

梯度下降(GD)是一种迭代优化算法,可用于获得模型参数的估计。假设一个可微目标 $J(w)$ 如下所示:

$$J(w) = \frac{1}{2}e^{\mathrm{T}}e \tag{4.12}$$

然后,通过向梯度最大的方向移动,如下所示:

$$
\begin{aligned}
\hat{W}_k &= \hat{W}_{k-1} - \gamma \left( \frac{\partial J(w)}{\partial w} \right) \Big|_{\hat{w}_{k-1}, \Phi(x_k), \dot{x}_k} \\
&= \hat{W}_{k-1} - \gamma e \frac{\partial e}{\partial w}^{\mathrm{T}} \Big|_{\hat{w}_{k-1}, \Phi(x_k), \dot{x}_k} \\
&= \hat{W}_{k-1} - \gamma(\hat{W}_{k-1}\Phi(x_k) - \dot{x}_k)\Phi(x_k)^{\mathrm{T}}
\end{aligned}
$$

对于足够小的 $\gamma \in \mathbb{R}^{+}$,我们有 $J(w_{k-1}) \leqslant J(w_k)$。因此,我们希望由此产生的单调序列能导致期望的最小值。考虑到使用单个点来估计梯度,这种方法在随机波动的情况下往往表现出较差的收敛性。类似的想法也用于自适应滤波,即众所周知的最小均方(LMS)技术。算法 4.3 中给出了该过程。

---

**算法 4.3　梯度下降**

---

1:数据:$\Psi,\dot{X}$　　　　　　　　　　　　　　　　▷在每个迭代 $k$ 时只访问列 $\Phi(x_k)$

2:输出:$\hat{W}$

3:初始化:

4:　$w_0 \leftarrow 0_{n \times p}$

5:　将 $\gamma$ 设置得足够小

6:(for 循环)对于 $k \leftarrow 1$ 到 $N_s$,执行

7:　$\hat{W}_k \leftarrow \hat{W}_{k-1} - \gamma(\hat{W}_{k-1}\Phi(x_k) - \dot{x}_k)\Phi(x_k)^{\mathrm{T}}$

8:结束 for 循环

---

## 4) 稀疏回归

在稀疏识别技术中,除了最小化预测误差外,我们还根据如下定义的损失来最小化参数的大小:

$$J(w) = \sum_{i=1}^{N_s} e_i^{\mathrm{T}} e_i + \lambda \|w\|_1 \tag{4.13}$$

其中,$\lambda > 0$ 是一个权重因子。这种损失的选择激发了模型中的稀疏性。为了解决这样的优化问题,我们采用了一种迭代 LS 技术,该技术使用用户设置的阈值来消除 $\hat{W}$ 中出现的小值,正如 Brunton et al. (2016)提出的那样。算法 4.4 中提供了该过程。

# 4.5　持续激励

让我们再次考虑损失(4.12)。这一次,我们假设该过程可以连续测量。因此,可以获得一个耦合的微分方程来更新 $\hat{W}$。使用连续 GD 更新规则,我们推导出

$$\dot{w} = -\gamma \frac{\partial}{\partial w} J(w) = -\gamma e \Phi(x)^{\mathrm{T}}$$

令 $w^*$ 表示最优参数。接着,将 $w_e = w^* - \hat{W}$ 作为估计误差,我们得到

$$\begin{aligned}
\dot{w}_e = \dot{w} &= -\gamma(\dot{x} - \hat{W}\Phi(x))\Phi(x)^{\mathrm{T}} \\
&= -\gamma(w^*\Phi(x) - \hat{W}\Phi(x))\Phi(x)^{\mathrm{T}} \\
&= -\gamma w_e \Phi(x)\Phi^{\mathrm{T}}(x)
\end{aligned}$$

**算法 4.4　稀疏回归**

---

1：数据：$\Psi, \dot{X}, \lambda$　　　　　　　　　　　　　　　　　　　▷$\lambda$：用户设置的阈值

2：输出：$\hat{W}$

3：初始化：

4：　$\hat{W} \leftarrow \dot{X} \Psi^{\dagger}$　　　　　　　　　　　　　　　　　　▷使用 LS 回归获得初始参数

5：　$k \leftarrow 0$

6：(while 循环)当未收敛时,执行

7：　$k++$

8：　$I_{\text{small}} \leftarrow \text{where}(|\hat{W}| < \lambda)$　　　　　　　　　▷找到含有小分量 $\hat{W}$ 的索引

9：　$\hat{W}[I_{\text{small}}] \leftarrow 0$　　　　　　　　　　　　　　▷将相应的参数设置为零

10：　(for 循环)对于 $j \leftarrow 1$ 到 $n$,执行

11：　　$I_{\text{big}} \leftarrow \neg I_{\text{small}}[j,:]$

12：　　$\hat{W}[j, I_{\text{big}}] \leftarrow \dot{X}[j,:] \Psi[I_{\text{big}},:]^{\dagger}$

13：　结束 for 循环

14：结束 while 循环

---

显然,$\Phi(x)\Phi(x)^{\mathrm{T}}$ 是一个半正定矩阵,且 $\gamma > 0$。因此,该方程不能保证指数收敛,因为 $\Phi(x)$ 可能变为零,而收敛未完成,即 $w_e \neq 0$。因此,需要一个额外的条件来确保 $\Phi(x)$ 在一段时间内保持非零,从而使估计误差收敛于零。这被称为自适应控制中的持续激励(PE)条件[参见 Nguyen(2018)]。因此,可以证明,如果

$$\int_{t}^{t+T} \Phi(x)\Phi(x)^{\mathrm{T}} \mathrm{d}\tau \geqslant \alpha_0 I$$

对于所有的 $t \geqslant t_0$ 和一些 $\alpha_0 \geqslant 0$ 成立,则保证了最优参数的渐近收敛性。

# 4.6　Python 工具箱

在实现了所讨论的模型更新算法后,我们开发了一个 Python 工具箱,访问网址见 Farsi and Liu(2022)。

在这个工具箱中,用户可以选择具有不同设置的各种技术,以便在它们之间进行比较。可以根据模型的准确性及其计算复杂度来比较这些算法。此外,使用 Python 数据可视化库 Seaborn(Waskom,2021)对比较结果进行可视化。

本节我们将详细介绍该工具箱的主要功能。

## 1）配置

为了建立仿真，我们首先为不同的系统选择不同的样本数量、基函数集和学习算法。此外，我们选择不同类型的图表来可视化结果，包括均方根误差（RMSE）、权重、运行时间等。然后，我们在系统的不同配置之间进行迭代，并记录结果以便稍后进行比较。下面的 Python 脚本对此进行了说明。

```python
# Choose the learning algorithms by setting to 1.
select_ID_algorithm = {'SINDy': 1, 'RLS': 0,
    'Gradient Descent': 0, 'Least Squares':1}
# Choose different plots by setting to 1.
select_output_graphs= {'Error':0,'Runtime':0,
    'Weights':0,'Residuals':0,
    'Runtime vs.num of Bases':0,
    'Runtime vs.num of Samples':1}
# Choose different set of bases to be compared.
List_of_chosen_bases = [['1', 'x', 'x∧2', 'x∧3'],
    ['1', 'x', 'sinx', 'cosx'],
    ['1', 'x', 'x∧2', 'xx']]
# Choose different set of samples to be compared.
List_of_db_dim = [500,2000,4000]
List_of_systems= [Vehicle,Pendulum,Quadrotor,Lorenz]
# Use 4 nested loops to iterate among
# all configurations of systems.
for db_dim in List_of_db_dim:
  for index, Model in enumerate(List_of_systems):
    for chosen_bases in List_of_chosen_bases:
      for id in[i for i in select_ID_algorithm.keys()
        if select_ID_algorithm[i]= = 1]:
      ("...the main body of code...")
```

## 2）模型更新

为了定义和更新模型的参数，我们开发了三个 Python 类：Library、Database 和 SysID。我们使用 Library 来处理与基函数相关的操作，例如对基函数向量及其偏导数求值。然后，在学习算法需要随时保存数据历史的情况下，可以使用 Database。此外，在 SysID 中，我们实现了 4.4 节中讨论的模型更新算法。

这些类将在第 10 章中作为结构化在线学习（SOL）工具箱的一部分进行详细解释。

## 3）模型验证

要想分析学习到的模型的准确性，首选的方法是使用获得的模型进行预测，并将其与原始系统的输出进行比较。因此，对于给定数量的样本，我们在状态空间和控制空间的不同点随机对系统进行采样。通常，这些数据的不同部分被用来训练和测试模型。这个过程被称为交叉验证，我们只使用训练数据来拟合模型。然后，使用测试数据来衡量模型的性能。将数据分为两部分的主要原因是为了捕获独立数据集的性能，这些数据集在模型学习中不可见。这模拟了这样一个事实，即在实践中，我们是对之前无法访问的新样本进行预测。

**数据准备**

训练和测试数据集的生成如下：

```python
# Randomly, sample the space of states and controls.
X = np.random.uniform(Domain[::2],
     Domain[1::2], size= (db_dim, n))
U = np.random.uniform(u_lim[::2],
     u_lim[1::2], size= (db_dim, m))
# Evaluate the dynamics.
for i in range(db_dim):
    X_dot[i,:]= Model.dynamics(0,X[i,:],U[i,:])
# Set the portion of training data.
# chosen from the dataset.
frac= 0.8
# Separate the data into test and training sets.
X_dot_train,X_dot_test= X_dot[:int(frac* db_dim),:],
     X_dot[int(frac* db_dim):,:]
X_train,X_test= X[:int(frac* db_dim),:],
     X[int(frac* db_dim):,:]
U_train,U_test= U[:int(frac* db_dim),:],
     U[int(frac* db_dim):,:]
```

**RMSE 计算**

为了计算误差，我们考虑 RMSE 定义如下：

$$E_{\text{RMSE}} = \sqrt{\frac{1}{nN_s} \sum_{i=1}^{N_s} e_i^{\text{T}} e_i} \tag{4.14}$$

其中,我们除以 $n$,得到动态的所有维度之间误差的均匀平均值。

因此,我们有以下代码块:

```
for i in range(len(X_train)):
    (...)
    # Upadate the model with a single training data.
    W,runtime[i,:] = SysID.update(X_train[i, :],
            X_dot_train[i, :], U_train[i, :])
    # Compute RMSE for the current model
    for j in range(len(X_test)):
      sum+ = np.sum(np.power(X_dot_test[j,:]-
            SysID.evaluate(X_test[j, :],
          U_test[j, :]),2))
    # Keep a record of error to be plotted later on.
    error_hist[i,:]= np.sqrt(sum/(n* len(X_test)))
```

应该注意的是,外循环遍历所有训练样本。这意味着每当模型被新的训练样本更新时,我们都会重新计算 RMSE。通过这种方式,我们捕捉到在学习过程中误差的变化。

# 4.7　对比结果

在接下来的内容中,我们将回顾第 4.6 节中介绍的工具箱生成的一些基准测试结果。需要注意的是,由于涉及不同因素,如感兴趣的系统特征、可用数据和所选模型,进行公平的比较并非易事。因此,在这里,我们只进行一般性比较,以突出算法的主要特征。然而,使用所提出的工具,可以在不同的配置中运行仿真,以获得特定情况下的更多结果。

在数值结果中,我们分析了算法在 Lorenz 系统(5.24)和车辆系统(7.25)这两种非线性动态系统上的性能。这些系统的定义和细节分别见 5.5 节和 7.6 节。

在接下来的部分,我们通过为不同系统选择多种学习模型来比较和分析参数收敛性、误差和运行时间结果。

## 1）参数收敛性

在这部分的仿真中,为了研究参数收敛性,我们在 5.5 节给出的 Lorenz 系统(5.24)上实现了梯度下降、递归最小二乘、最小二乘和非线性动态的识别稀疏(SINDy)算法。

我们考虑了两种情况来展示所选基函数对模型的影响，即已知基函数和未知基函数。在第一种情况下，我们假设系统的基函数是已知的。因此，它们可以被包含在模型中。在这种情况下，可以潜在地学习到系统的精确模型。在另一种情况下，我们假设真实的基函数是未知的。因此，我们在模型中包括各种基函数，以获得系统的近似值。图 4.2 和 4.3 展示了这两种不同情况的参数评估。

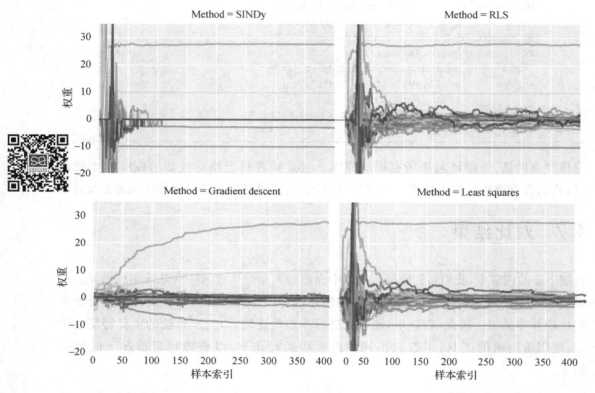

**图 4.2** 我们假设模型的精确基函数是未知的。因此，所选基函数向量中可能只包含其中的一部分。所以，模型是通过各种基函数来近似的。在学习过程中显示了不同算法的参数演变。

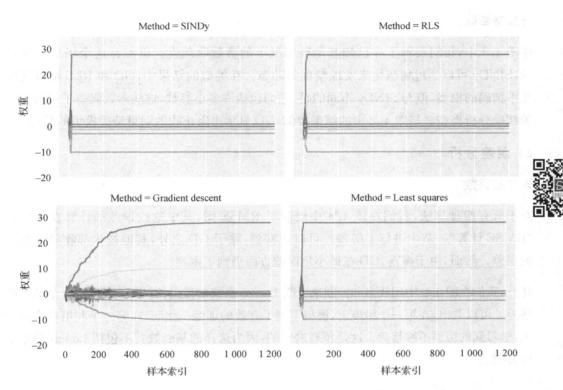

图 4.3 假设模型中包括了精确的基函数集合,我们展示了在学习过程中不同算法的参数演变。与图 4.2 相比,收敛质量有了显著提高。

**未知基函数**

在图 4.2 中,可以观察到所有算法的参数几乎接近相同的结果。应该注意的是,基函数的选择方式使得无法学习到精确模型。因此,在最佳情况下,我们的目标是获得一个近似模型。因此,参数不是唯一估计的。

在所有技术中,GD 清楚地表现出最慢的收敛结果。这是预料之中的,因为选择的学习率足够小。这样做是为了技术的稳定性,GD 容易受到扰动,因为只有单点用于计算梯度。这可以通过使用该算法的归一化版本调整参数更新增益来改进。

此外,值得一提的是,SINDy 可以如预期的那样有效地稀疏化参数。可以观察到,随着时间的推移,小价值被消除,而其他技术则估计了许多具有小价值的参数。

### 已知基函数

在图 4.3 中,我们展示了在已知基函数情况下的参数收敛性。正如在这个场景中看到的,SINDy 可以通过稀疏化来发现精确的动态。在类似的结果中,GD 和 RLS 可以获得几乎精确的模型,但与 SINDy 不同的是,它们包括许多小参数,这些参数阻碍了获得系统的精确分析模型。与图 4.2 中的结果类似,GD 显示出阻止收敛到更精确模型的振荡。

## 2) 误差分析

### 未知基函数

对于所有四种算法,我们在图 4.4 中绘制了 RMSE 图,其中这些误差的计算在前面的"RMSE 计算"一节中进行了解释。可以观察到,除了 GD 之外,其他技术都收敛到类似的误差。然而,由于振荡,GD 在最小化误差方面遇到了困难。

此外,我们在图 4.5 中用状态和控制来说明 Lorenz 系统的残差,其中 $e_i$ 表示第 $i$ 个动态的残差。可以看出,在第一个维度上,模型得到了有效的训练。然而,在第二个和第三个维度上,学习到的模型不够精确。这是预料之中的,因为选择的基函数并不包括 Lorenz 动态的所有项。

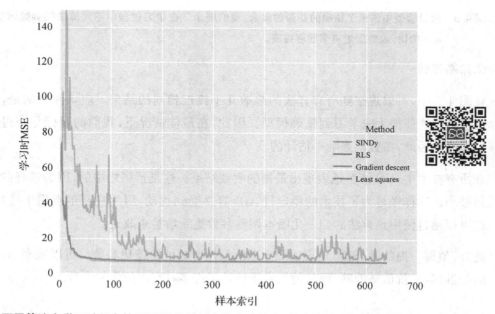

图 4.4　不同算法在学习过程中的 RMSE 比较。在这个比较中,精确的基函数只有部分包含在模型中。

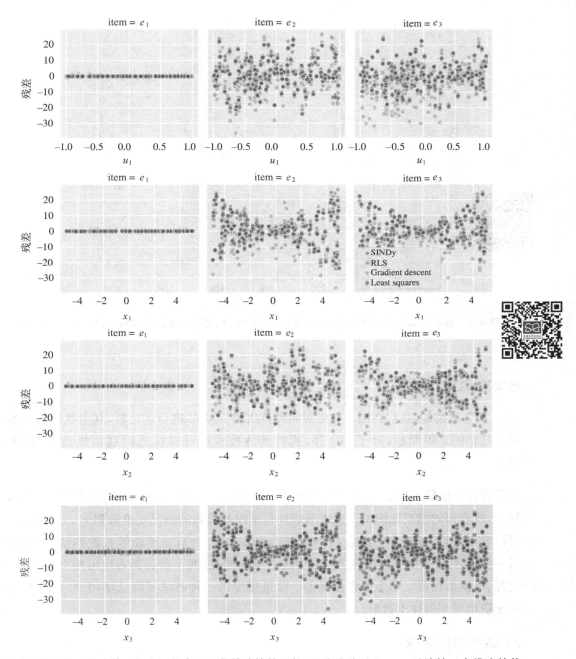

**图 4.5** 我们假设所选基函数中只包含了一些精确的基函数,因此残差以 Lorenz 系统的三个维度的状态和控制来说明,其中 $e_i$ 表示动态的第 $i$ 个分量的残差。

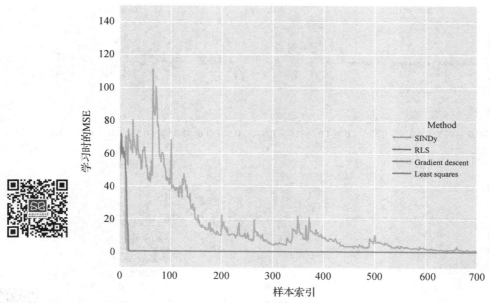

**图 4.6** 假设已知精确的基函数,并且包含在模型中,比较不同算法在学习过程中的 RMSE 值。

### 已知基函数

与 4.7 节 2)类似,我们在图 4.6 中对四种算法的 RMSE 进行了比较,其中我们假设基函数是已知的。很明显,除了 GD 外,所有其他技术都可以快速识别系统动态,几乎零误差。

为了更详细地研究模型,考虑图 4.7 中所示的残差。可以验证的是,使用精确的基函数集合,所获得的模型比图 4.5 中所示的具有未知基函数的情况要准确得多。从图 4.7 中可以看出,由于残差几乎为零,SINDy、GD 和 RLS 三种算法都能够收敛到精确的系统。另一方面,GD 应在第一和第二动态中进一步改进,这两个动态都表现出相当大的方差。此外,该模型在第二动态中存在偏差。改进模型的一种方法是降低学习率,而不是增加用于更新模型的样本数量。

### 3) 运行时间结果

我们在图 4.8 中对四种算法的计算复杂度进行了比较。这是通过绘制模型更新时的运行时间的核密度估计(KDE)来完成的。很明显,GD 和 RLS 比其他两种技术要快得多。

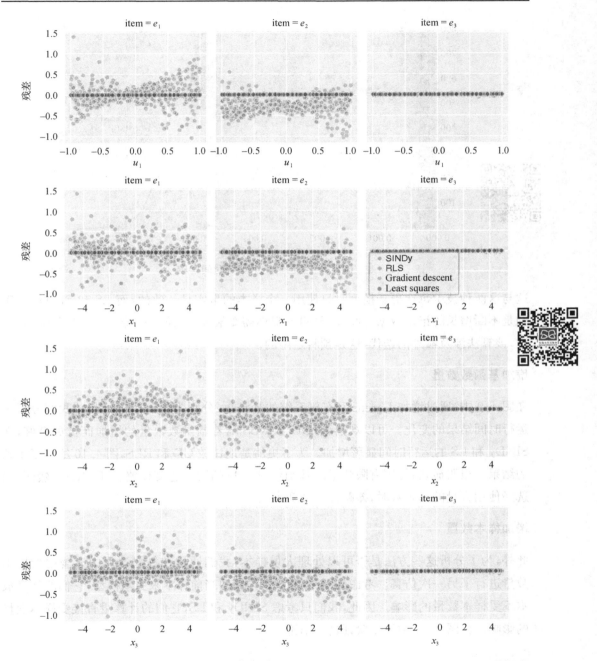

**图 4.7** 假设精确的基函数包含在所选的基函数集合中,我们展示了从 Lorenz 系统的三个维度的状态和控制所获得的残差,其中 $e_i$ 表示动态第 $i$ 个分量的残差。

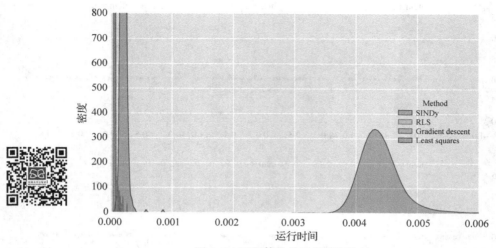

图 4.8　不同算法的运行时间比较

这与这两种技术每次更新模型时只使用一个样本的事实是一致的,而 LS 和 SINDy 使用的是不断增长的记录数据。此外,SINDy 显然需要最长的时间来更新参数,因为与 LS 相比,该算法涉及额外的迭代,这是预料之中的。

**增加基函数数量**

在图 4.9 中,通过增加 Lorenz 和车辆系统的基函数(分别为 $n=3$ 和 $n=5$),我们分析了运行时间结果的变化。可以观察到,GD 和 RLS 随着基函数数量的增加而扩展良好,而 SINDy 和 LS 的运行时间显著增加。为了更清楚地比较 GD 和 RLS,图 4.10 给出了单独的结果。很明显,当使用有限数量的基函数时,GD 的运行速度仅略快于 RLS。然而,当选择使用大量的基函数时,差距往往会变大。

**增加样本数量**

此外,为了分析这些方法是否可以处理大量样本,我们通过在每次迭代中显著增加样本数量进行了另一次仿真。考虑到 RLS 和 GD 只使用当前样本来更新模型,它们的计算成本不受样本数量的影响。因此,我们只考虑 SINDy 和 LS,它们的计算量直接受样本数量的影响。在图 4.11 中可以验证这一结论。

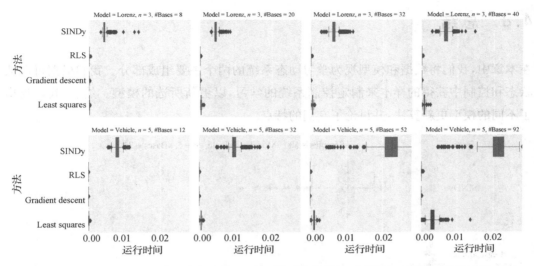

**图 4.9** 针对 Lorenz 系统和车辆系统，研究了基函数的增加对不同算法运行时间的影响。

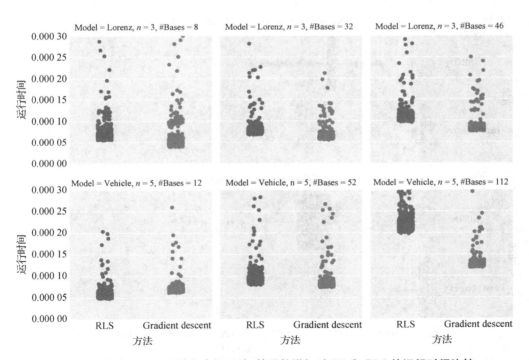

**图 4.10** 针对 Lorenz 系统和车辆系统，基函数增加时 GD 和 RLS 的运行时间比较。

# 4.8 总结

在本章中,我们将数据和模型视为学习动态系统的两个主要组成部分。我们根据可以从状态和控制中获得的样本来制定控制系统的学习,以更新所选的模型。然后,我们提出了不同的模型更新算法,并讨论了它们的特点。

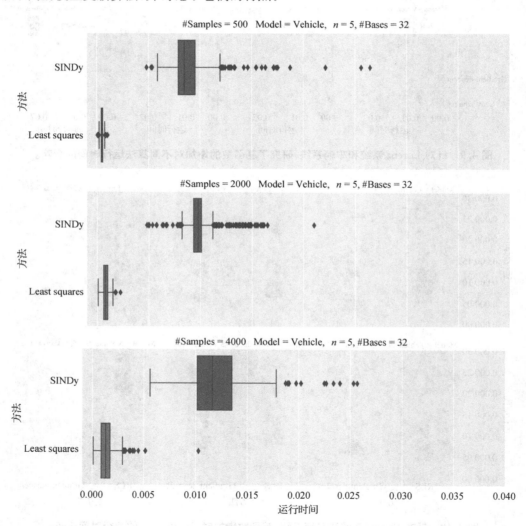

**图 4.11** 对于 Lorenz 系统和车辆系统,随着样本数量的增加,比较 SINDy 和 LS 的运行时间。

根据我们对系统的先验知识,学习可以用灰盒或黑盒的方式进行。如果问题的假设允许使用灰盒模型,那么与黑盒情况相比,可以更有效地进行学习。但是,此选择并不常见。因此,采取黑盒方法是不可避免的。

可以使用参数化和非参数化模型来近似未知系统。尽管这些技术在应用中提供了更大的灵活性,但应根据模型考虑特定的注意事项。它们的效率通常取决于模型的简单性和准确性之间的权衡。在这方面,参数化模型可以随样本数量的增加而有效地扩展,并且可以适应不同的非线性。因此,我们考虑一类特定的参数化模型,这些模型线性地依赖于它们的参数来学习动态系统。

假设系统样本可用,可以找到不同的算法来学习线性参数化模型。讨论了 LS 和 SINDy 作为两种在批处理模式下应用的参数更新方法。这些技术可以有效地学习参数,其中 SINDy 是专门设计用于发现一类系统的潜在动态的。由于这些技术的复杂性随着样本数量的增加而显著增加,它们通常是在离线状态下实现的。然而,对于不太复杂的系统,通过将样本限制在一个可以抽象出动态的短列表中,这些技术仍然可以在线应用。仿真结果表明,RLS 和 GD 作为在线技术,其复杂性不取决于样本数量。与 RLS 相比,GD 的计算效率更高,而 RLS 的结果更稳定。

# 参考文献

Maurice S. Bartlett. An inverse matrix adjustment arising in discriminant analysis. The Annals of Mathematical Statistics,22(1):107 – 111,1951.

Steven L. Brunton, Joshua L. Proctor, and J. Nathan Kutz. Discovering governing equations from data by sparse identification of nonlinear dynamical systems. Proceedings of the National Academy of Sciences of the United States of America,113(15):3932 – 3937,2016.

Milad Farsi and Jun Liu. Python toolbox for structured online learning-based(SOL)control. https://github. com/Miiilad/SOL-Python-toolbox,2022. [Online; accessed 4-June-2022].

Karel J. Keesman. System Identification: An Introduction. Springer,2011.

Jianping Li. General explicit difference formulas for numerical differentiation. Journal of Computational and Applied Mathematics，183(1):29 - 52，2005.

Lennart Ljung and Torsten Söderström. Theory and Practice of Recursive Identification. MIT Press，1983.

Nhan T. Nguyen. Model-reference adaptive control. In Model-Reference Adaptive Control，Michael J. Grimble，Michael A. Johnson，and Linda Bushnell（eds.），pages 83 - 123. Springer，2018.

Jack Sherman. Adjustment of an inverse matrix corresponding to changes in the elements of a given column or a given row of the original matrix. Annals of Mathematical Statistics，20(4): 621，1949.

Michael L. Waskom. Seaborn: Statistical data visualization. Journal of Open Source Software，6(60):3021，2021.

# 5

# 基于结构化在线学习的
# 连续时间非线性系统控制

## 5.1 简介

在本章中,我们介绍了一种基于模型的强化学习(MBRL)技术,用于控制具有未知动态的非线性连续时间系统。本章主要讨论平衡点的稳定问题。在5.2节,我们提出了一种基于特定动态结构的最优控制方法,并根据微分方程获得的参数矩阵来表征最优反馈控制。5.4节概述了基于所获得的结果设计的结构化在线学习(SOL)算法。在5.5节中,我们给出了该算法在几个基准示例上实现的数值结果。本章内容发表在 Farsi and Liu (2020)。

## 5.2 结构化近似最优控制框架

考虑非线性仿射控制系统

$$\dot{x} = F(x, u) = f(x) + g(x)u \tag{5.1}$$

其中,$x \in D \subseteq \mathbb{R}^n$ 和 $u \in \Omega \subseteq \mathbb{R}^m$ 分别是状态和控制输入。此外,$f: D \rightarrow \mathbb{R}^n, g: D \rightarrow \mathbb{R}^{n \times m}$。

从初始条件 $x_0 = x(0)$ 开始,沿轨迹最小化的成本函数考虑为如下线性二次型:

$$J(x_0, u) = \lim_{T \to \infty} \int_0^T e^{-\gamma t}(x^T Q x + u^T R u) \mathrm{d}t \tag{5.2}$$

其中,$Q \in \mathbb{R}^{n \times n}$ 是半正定的,$\gamma \geq 0$ 是折扣因子,并且 $R \in \mathbb{R}^{m \times m}$ 是由设计准则给出的一个

只有正值的对角矩阵。当 $\gamma > 0$ 时,定义了一个折扣最优控制问题,该问题在 Postoyan et al.(2014)和 Gaitsgory et al.(2015)中进行了讨论。此外,它被广泛用于强化学习(RL),以确定最小化目标所考虑的时间范围(Lewis and Liu,2013)。

对于闭环系统,假设反馈控制律 $u = \omega(x(t)), t \in [0, \infty)$,则最优控制由下式给出:

$$\omega^* = \arg \min_{u(\cdot) \in \Gamma(x_0)} J(x_0, u(\cdot)) \tag{5.3}$$

其中,$\Gamma$ 是容许控制的集合。

**假设 5.1** 对于 $i = 1, 2, \cdots, p$,$f$ 和 $g$ 的每个分量都可以通过一些基函数 $\varphi_i \in C^1 : D \rightarrow \mathbb{R}$ 的线性组合在感兴趣的域内被识别或有效近似。

因此,将式(5.1)改写如下:

$$\dot{x} = W\Phi(x) + \sum_{j=1}^{m} W_j \Phi(x) u_j \tag{5.4}$$

其中,$W$ 和 $W_j \in \mathbb{R}^{n \times p}$ 为 $j = 1, 2, \cdots, m$ 时得到的系数矩阵,$\Phi(x) = [\varphi_1(x) \quad \cdots \quad \varphi_p(x)]^T$。此外,选择的基函数使得第一个元素包括常数项和线性项,$\Phi = [1 x_1 \quad \cdots \quad x_n \varphi_{n+2}(x) \quad \cdots \quad \varphi_p(x)]^T$。

下文中,在不失一般性的前提下,将式(5.2)中定义的成本转换为基函数空间 $\Phi(x)$,如下所示:

$$J(x_0, u) = \lim_{T \to \infty} \int_0^T e^{-\gamma t} (\Phi(x)^T \bar{Q} \Phi(x) + u^T R u) dt \tag{5.5}$$

其中,$\bar{Q} = \mathrm{diag}(0, Q, 0_{(p-n-1) \times (p-n-1)})$ 是一个分块对角矩阵,除对应于线性基函数 $x$ 的第二个块 $Q$ 以外,其余部分都是零,遵从假设 5.1 中的 $\Phi$。

那么对应的 Hamilton-Jacobi-Bellman(HJB)方程为

$$-\frac{\partial}{\partial t}(e^{-\gamma t} V) = \min_{u(\cdot) \in \Gamma(x_0)} H \tag{5.6}$$

其中,Hamiltonian $H$ 定义如下:

$$H = e^{-\gamma t} (\Phi(x)^T \bar{Q} \Phi(x) + u^T R u) + e^{-\gamma t} \frac{\partial V}{\partial x} \left( W\Phi(x) + \sum_{j=1}^{m} W_j \Phi(x) u_j \right) \tag{5.7}$$

一般来说,没有一种解析方法可以求解这样的偏微分方程并得到最优价值函数。然而,已有文献表明,可以通过数值技术计算近似解(Wang et al.,2009;Lewis and Vrabie,2009;Balakrishnan et al.,2008;Kharroubi et al.,2014;McEneaney,2007;Kang and Wilcox,2017)。

我们假设最优价值函数的参数化形式如下:

$$V = \Phi(x)^{\mathrm{T}} P \Phi(x) \tag{5.8}$$

其中,$P \in \mathbb{R}^{p \times p}$ 是对称的。

**注释 5.1** 与文献中的其他近似最优方法不同,如 Zhang et al.(2011)、Bhasin et al.(2013)和 Kamalapurkar et al.(2016a),这些方法使用基函数的线性组合来参数化价值函数,我们假设了一个二次形式。因此,在乘积空间 $\Lambda := \Phi \times \Phi$ 中定义价值函数。因此,期望得到的二次项更有助于在 $x = 0$ 附近建立一个正值函数。此外,由于基函数向量 $\Phi$ 本身的函数逼近性质,可以通过在 $\Phi$ 中包含常数基函数 $c$ 来将它们附加到 $\Lambda$ 中。因此,与其他方法相比,式(5.8)中使用的结构提出了一种更紧凑的问题表述方法,其中通过 $\Phi$ 中有限数量的基函数,可以获得一个更丰富的集合 $\Lambda$ 来参数化价值函数。

给出 Hamiltonian

$$
\begin{aligned}
H = {}& \mathrm{e}^{-\gamma t} (\Phi(x)^{\mathrm{T}} \overline{Q} \Phi(x) + u^{\mathrm{T}} R u) + \\
& \mathrm{e}^{-\gamma t} \Phi(x)^{\mathrm{T}} P \frac{\partial \Phi(x)}{\partial x} \Big( W \Phi(x) + \sum_{j=1}^{m} W_j \Phi(x) u_j \Big) + \\
& \mathrm{e}^{-\gamma t} \Big( \Phi(x)^{\mathrm{T}} W^{\mathrm{T}} + \sum_{j=1}^{m} u_j^{\mathrm{T}} \Phi(x)^{\mathrm{T}} W_j^{\mathrm{T}} \Big) \frac{\partial \Phi(x)^{\mathrm{T}}}{\partial x} P \Phi(x)
\end{aligned}
$$

此外,根据 $R$ 的结构,将 $u$ 的二次项改写成其分量的形式:

$$
\begin{aligned}
H = {}& \mathrm{e}^{-\gamma t} \Big( \Phi(x)^{\mathrm{T}} \overline{Q} \Phi(x) + \sum_{j=1}^{m} r_j u_j^2 + \Phi(x)^{\mathrm{T}} P \frac{\partial \Phi(x)}{\partial x} W \Phi(x) + \Phi(x)^{\mathrm{T}} P \frac{\partial \Phi(x)}{\partial x} \Big( \sum_{j=1}^{m} W_j \Phi(x) u_j \Big) + \\
& \Phi(x)^{\mathrm{T}} W^{\mathrm{T}} \frac{\partial \Phi(x)^{\mathrm{T}}}{\partial x} P \Phi(x) + \Big( \sum_{j=1}^{m} u_j \Phi(x)^{\mathrm{T}} W_j^{\mathrm{T}} \Big) \frac{\partial \Phi(x)^{\mathrm{T}}}{\partial x} P \Phi(x) \Big)
\end{aligned}
\tag{5.9}
$$

其中,$r_j \neq 0$ 是矩阵 $R$ 对角线上的第 $j$ 个分量。为了最小化得到的 Hamiltonian,我们需要

$$\frac{\partial H}{\partial u_j} = 2r_j u_j + 2\Phi(x)^{\mathrm{T}} P \frac{\partial \Phi(x)}{\partial x} W_j \Phi(x)$$
$$= 0, j = 1, 2, \cdots, m \tag{5.10}$$

因此,得到第 $j$ 个最优控制输入如下:

$$u_j^* = -\Phi(x)^{\mathrm{T}} r_j^{-1} P \frac{\partial \Phi(x)}{\partial x} W_j \Phi(x) \tag{5.11}$$

代入最优控制和式(5.6)中的价值函数,得到

$$-\mathrm{e}^{-\gamma t} \Phi(x)^{\mathrm{T}} \dot{P} \Phi(x) + \gamma \mathrm{e}^{-\gamma t} \Phi(x)^{\mathrm{T}} P \Phi(x)$$

$$= \mathrm{e}^{-\gamma t} \Big( \Phi(x)^{\mathrm{T}} \bar{Q} \Phi(x) + \Phi(x)^{\mathrm{T}} P \frac{\partial \Phi(x)}{\partial x} \Big( \sum_{j=1}^{m} W_j \Phi(x) r_j^{-1} \Phi(x)^{\mathrm{T}} W_j^{\mathrm{T}} \Big) \frac{\partial \Phi(x)^{\mathrm{T}}}{\partial x} P \Phi(x) -$$

$$2\Phi(x)^{\mathrm{T}} P \frac{\partial \Phi(x)}{\partial x} \Big( \sum_{j=1}^{m} W_j \Phi(x) r_j^{-1} \Phi(x)^{\mathrm{T}} W_j^{\mathrm{T}} \Big) \frac{\partial \Phi(x)^{\mathrm{T}}}{\partial x} P \Phi(x) +$$

$$\Phi(x)^{\mathrm{T}} P \frac{\partial \Phi(x)}{\partial x} W \Phi(x) + \Phi(x)^{\mathrm{T}} W^{\mathrm{T}} \frac{\partial \Phi(x)^{\mathrm{T}}}{\partial x} P \Phi(x) \Big)$$

重写如下:

$$-\Phi^{\mathrm{T}} \dot{P} \Phi(x) + \gamma \Phi(x)^{\mathrm{T}} P \Phi(x)$$

$$= \Phi(x)^{\mathrm{T}} \bar{Q} \Phi(x) - \Phi(x)^{\mathrm{T}} P \frac{\partial \Phi(x)}{\partial x} \Big( \sum_{j=1}^{m} W_j \Phi(x) r_j^{-1} \Phi(x)^{\mathrm{T}} W_j^{\mathrm{T}} \Big) \frac{\partial \Phi(x)^{\mathrm{T}}}{\partial x} P \Phi(x) +$$

$$\Phi(x)^{\mathrm{T}} P \frac{\partial \Phi(x)}{\partial x} W \Phi(x) + \Phi(x)^{\mathrm{T}} W^{\mathrm{T}} \frac{\partial \Phi(x)^{\mathrm{T}}}{\partial x} P \Phi(x) \tag{5.12}$$

其中,这个方程成立的充分条件是

$$-\dot{P} = \bar{Q} + P \frac{\partial \Phi(x)}{\partial x} W + W^{\mathrm{T}} \frac{\partial \Phi(x)^{\mathrm{T}}}{\partial x} P - \gamma P -$$

$$P \frac{\partial \Phi(x)}{\partial x} \Big( \sum_{j=1}^{m} W_j \Phi(x) r_j^{-1} \Phi(x)^{\mathrm{T}} W_j^{\mathrm{T}} \Big) \frac{\partial \Phi(x)^{\mathrm{T}}}{\partial x} P \tag{5.13}$$

这个方程必须向后求解,以得到 $P$ 值,该值表征最优价值函数(5.8)和最优控制(5.11)。然而,已经证明,只要不是非常接近初始时间,即在稳态模式下,该方程的前向积分会收敛到类似的解[Prach et al. (2015);参见定理 2.2]。

**注释 5.2** 虽然不能否认所推导出的最优控制与线性二次型调节器(LQR)问题之间的

相似性,但两者存在实质性差异。值得注意的是,矩阵微分方程(5.13)是用 $\Phi$ 推导出来的,其维数为 $p$,而 LQR 公式只包含维数为 $n$ 的状态的线性项。

**注释 5.3**　由于在推导式(5.13)时所考虑的一般情况下,$\Phi$ 包含状态的任意基函数,似乎无法摆脱该方程中的状态依赖性,除非如前所述的线性情况。因此,我们需要式(5.13)沿着系统的轨迹求解。

# 5.3　局部稳定性与最优性分析

在本节中,我们将介绍该方法的稳定性分析及其与 2.3 节讨论的线性系统的前向传播 Riccati 方程(FPRE)的联系(Weiss et al.，2012;Prach et al.,2015)。为此,我们首先为式(5.4)的线性化模型制定 LQR 问题。然后我们将证明,一旦我们足够接近原点,式(5.13)的积分将由线性化系统的前向传播解主导,作为主要部分。

开始之前,我们需要对系统进行一些重新表述,以确保不失一般性。考虑结构化系统(5.4),我们假设原点为平衡点。此外,我们需要使用以下引理来重新定义基函数:

**引理 5.1**　假设常数基函数 $\varphi_1(x)=1$ 包含在 $\Phi$ 中,我们总是可以重新定义 $\Phi$,使得当 $i=1,2,\cdots,p$ 时,$\varphi_i(0)=0$。为了保持这些属性,我们重新定义了 $\varphi_i(x):=\varphi_i(x)-\varphi_i(0),i=1,2,\cdots,p$。相应地,我们也将在对应于基函数 1 的项中将 $W$ 设为 0。例如,系统 $\dot{x}=1-\cos x=\begin{bmatrix} 1 & -1 \end{bmatrix}\begin{bmatrix} 1 \\ \cos x \end{bmatrix}$ 可以等价地重写成 $\dot{x}=\begin{bmatrix} 0 & -1 \end{bmatrix}\begin{bmatrix} 1 \\ \cos x-1 \end{bmatrix}$。

因此,我们构造基函数向量为 $\Phi=\begin{bmatrix} 1 & x^{\mathrm{T}} & \Gamma(x)^{\mathrm{T}} \end{bmatrix}^{\mathrm{T}}$,其中 $\Gamma$ 包含所有的非线性基函数。然后,根据引理 5.1,系统(5.4)用一些分块结构矩阵表示如下:

$$\dot{x}=\begin{bmatrix} 0 & W_2 & W_3 \end{bmatrix}\begin{bmatrix} 1 \\ x \\ \Gamma(x) \end{bmatrix}+\begin{bmatrix} W_{j1} & W_{j2} & W_{j3} \end{bmatrix}\begin{bmatrix} 1 \\ x \\ \Gamma(x) \end{bmatrix}u \qquad (5.14)$$

**1) 线性二次型调节器**

通过定义 $\Gamma_1=\dfrac{\partial \Gamma(x)}{\partial x}\big|_{x=0}$,在平衡点处式(5.14)的线性化得到

$$\dot{x} = Ax + \sum_{j=1}^{m} B_j u_j \tag{5.15}$$

其中，$A = W_2 + W_3\Gamma_1$，$B_j = W_{j1}$。

现在，考虑线性化系统(5.15)的二次型成本(5.2)和 $\gamma = 0$ 的 LQR 问题，则给出最优控制 $u_j = -r_j^{-1}B_j^{\mathrm{T}}\overline{S}x$，其中 $\overline{S}$ 为著名的代数 Riccati 方程(ARE)的解：

$$Q + \overline{S}A + A^{\mathrm{T}}\overline{S} - \overline{S}\left(\sum_{j=1}^{m} B_j r_j^{-1} B_j^{\mathrm{T}}\right)\overline{S} = 0 \tag{5.16}$$

或者，我们考虑下面的微分 Riccati 方程(DRE)的前向解，其中我们用任意 $t \in [0, \infty)$ 处的解 $S(t)$ 来更新反馈控制器：

$$u_j = -r_j^{-1}B_j^{T}Sx$$

$$\dot{S} = Q + SA + A^{\mathrm{T}}S - S\left(\sum_{j=1}^{m} B_j r_j^{-1} B_j^{\mathrm{T}}\right)^{\mathrm{T}}S \tag{5.17}$$

通过替换 $A$ 和 $B$，我们得到

$$u_j = -r_j^{-1}W_{j1}^{\mathrm{T}}Sx \tag{5.18}$$

$$\dot{S} = Q + S(W_2 + W_3\Gamma_1) + (W_2^{\mathrm{T}} + \Gamma_1^{\mathrm{T}}W_3^{\mathrm{T}})S - S\left(\sum_{j=1}^{m} W_{j1} r_j^{-1} W_{j1}^{\mathrm{T}}\right)S \tag{5.19}$$

下面的引理是定理 2.2 的重述，它基于 Prach et al. (2015)中的定理 1 和定理 4，但在稍弱的假设[其中$(A, B)$是可稳定的而不是可控的]下加强了结论(从渐近收敛到全局一致指数稳定性)。

**引理 5.2** 假设$(A, B)$是稳定的，且 $Q$ 是正定的。考虑具有控制律(5.17)的系统 (5.15)，其中，对于所有的 $t \in [0, \infty)$，$S(t)$ 是 FPRE(5.17)的半正定解且 $S(0) \geqslant 0$。那么，闭环系统的原点是全局一致指数稳定的。此外，当 $t \to \infty$ 时，$S(t)$收敛于 $\overline{S}$。

## 2) SOL 控制

基于所提出的最优控制框架，对于式(5.14)形式的已知结构化非线性系统，最优控制由式 (5.11)给出。此外，价值由式(5.13)中参数的演变来更新。因此，我们对闭环系统稳定性的保证作出以下注释。

**注释 5.4**　令 $\overline{D}_r = \{x \in D : \| x \| < r\}$。假设从 $P(0) = 0$ 开始的式(5.13)的解 $P(t)$ 建立了一个控制器,使闭环系统的解保持(或渐近保持)在 $D_r$ 中。我们可以进行渐近分析来证明 $P(t)$ 将导致非线性闭环系统的稳定控制器。参见附录 A.1 了解更多细节。然而,通过在线计算 $P(t)$ 在理论上建立这种控制不变性似乎具有挑战性。在引理 5.2 的证明中,使用了 FPRE 的显式解。然而,为了分析其在非线性系统上的性能,我们需要分析 FPRE 的一个扰动版本,这似乎从根本上更具挑战性。这个挑战也是意料之中的,因为我们在第 3 章介绍的强化学习方法[主要是策略迭代(PI)算法]中,总是假设存在一个初始稳定策略。在这里,我们不假设有这样的初始策略。

假设我们可以证明闭环系统在平衡点附近的某个区域内的渐近稳定性,则进一步对控制器的最优性作如下评论。

**注释 5.5**　假设注释 5.4 的条件成立,得到一个局部稳定控制器,且折扣因子的选择足够小,$\gamma \to 0$。那么,反馈控制规则收敛到由式(5.16)给出的线性系统的 LQR 控制。因此,所得到的控制器的局部最优性是渐近保证的。参见附录 A.2 了解更多细节。

在 5.4 节,我们将基于所提出的最优控制框架建立一个在线学习算法。

## 5.4　SOL 算法

通过考虑如式(5.4)所示的由一些基函数表示的非线性输入-仿射系统的一般描述,我们得到一个结构化的最优控制框架,该框架建议使用状态相关矩阵微分方程(5.13)来实现非线性反馈控制的参数。接下来,我们利用这个框架提出了 SOL 算法。因此,本节的重点将放在 SOL 的算法和 SOL 的实际特性上。

学习过程按以下顺序完成:首先,用零矩阵初始化 $P(0)$。然后,在控制循环中:

- 获取任意时间步 $t_k$ 的状态样本,并相应地对基函数集进行求值。

- 采用系统识别技术对结构化系统模型进行更新。

- 利用测量值和更新的模型系数,对式(5.13)进行积分来更新 $P(t_k)$。

- 我们使用 $P(t_k)$ 根据式(5.11)为下一步 $t_{k+1}$ 计算控制值。

- $k{+}{+}$。

接下来,我们将更详细地讨论所涉及的步骤,重点讨论非线性动态的稀疏识别(SINDy)算法。

## 1)ODE 求解器和控制更新

在这种方法中,我们从某个 $x_0 \in D$ 运行系统,然后沿着系统的轨迹求解矩阵微分方程(5.13)。已经开发出了不同的求解器,可以有效地对微分方程进行积分。在仿真中,我们使用 Runge-Kutta 求解器对系统的动态进行积分。在实际应用中,可以用从真实系统状态的测量中获得的近似值来代替。虽然求解器可能会采取较小的时间步,但我们只允许在时间步 $t_k = kh$ 时进行测量和控制更新,其中 $h$ 为采样时间,$k = 0, 1, 2, \cdots$。为了在连续时间内求解方程(5.13),我们使用具有类似设置的 Runge-Kutta 求解器,其中该方程中的权重和状态分别由系统识别算法和控制循环每次迭代时的测量值 $x_k$ 来更新。推荐选择 $P_0$ 为一个元素为零或非常小的值的矩阵。

微分方程(5.13)还需要在任意时间步对 $\partial \Phi / \partial x_k$ 求值。由于事先选择了基函数 $\Phi$,偏导数可以被解析计算并作为函数存储。因此,它们可以用与 $\Phi$ 本身类似的方式对任意 $x_k$ 进行求值。通过求解方程(5.13),我们可以根据式(5.11)计算任意时间步 $t$ 的控制更新。虽然,在学习的最初几步中,控制不会如期望的那样朝着控制目标采取有效的步骤,但它可以帮助探索状态空间,并通过学习更多的动态来逐步改进。

**注释 5.6** 通过方程(5.13)更新参数的计算复杂度取决于 $p$ 维矩阵乘法的复杂度,即 $O(p^3)$。此外,需要注意的是,考虑到参数矩阵 $P$ 的对称性,该方程更新了 $L = (p^2 + p)/2$ 个参数,与价值函数中使用的基函数的数量对应。因此,就参数数量而言,所提出的技术的复杂度为 $O(L^{3/2})$。但是,如果使用具有相同数量参数的递归最小二乘(RLS)技术,则计算由 $O(L^3)$ 限制。结果表明,所提出的参数更新方案是可行的且比类似的基于模型的技术[如 Kamalapurkar et al.(2016b)和 Bhasin et al.(2013)]快得多。在另一项研究中,Kamalapurkar et al.(2016a)减少了使用的基函数数量,以提高计算效率,而复杂度仍然保持在 $O(L^3)$。

## 2)已识别模型更新

我们考虑假设 5.1 中给定的结构化非线性系统。因此,有了系统的控制和状态样本,我们需要一种算法来更新系统权重的估计。Brunton et al.(2016)和 Kaiser et al.(2018)的研究表明,SINDy 是一种数据高效的工具,用于提取采样数据的潜在稀疏动态。因此,我

们使用 SINDy 来更新待学习系统的权重。在这种方法中,除了识别之外,还通过最小化

$$[\hat{W} \quad \hat{W}_1 \quad \cdots \quad \hat{W}_m]_k = \underset{W}{\arg\min} \parallel \dot{x}_k - \overline{W}\Theta_k \parallel_2^2 + \lambda \parallel \overline{W} \parallel_1 \tag{5.20}$$

来提高权重的稀疏性,其中,$k$ 为时间步;$\lambda > 0$;$\Theta_k$ 包含一个样本矩阵,对于第 $s$ 个样本,其列为 $\Theta_k^s = [\Phi(x^s)^T \quad \Phi(x^s)^T u_1^s \quad \cdots \quad \Phi(x^s)^T u_m^s]_k^T$。同样地,$\dot{X}_k$ 保留一个采样状态导数表。

基于样本历史更新 $\hat{W}_k$ 可能并不理想,因为所需的样本数量往往很大。特别是,由于计算引起的延迟,可能无法实时实现。还有其他技术可以在不同的情况下使用,例如神经网络、非线性回归以及其他函数近似和系统识别方法。对于实时控制应用,考虑到式 (5.4) 中对系统权重的线性依赖,可以选择只使用系统的最新样本和 $\hat{W}_{k-1}$ 的 RLS 更新规则,其运行速度会快得多。

### 3）数据库更新

对于使用 SINDy 算法,需要一个样本数据库用于在每个时间步递归地执行回归。这些权重对应于 $\Phi$ 中给定的函数库。系统在时刻 $k$ 的任意样本存储在数据库中,包括 $\Theta_k^s$ 和由

$$\dot{\hat{x}}_k = (x_k - x_{k-1})/h$$ 近似的状态导数。

为了获得更好的结果,可以使用状态导数的高阶近似,这些近似可能包括状态的未来样本,例如,$x_{k+1}, x_{k+2}$。为了实现这一点,识别应该比控制器更新滞后几步。滞后几步的影响很小,从长远来看可以安全地忽略。

我们采用 SINDy 进行在线学习任务,这意味着数据库必须随着探索和控制而逐步建立。在选择样本和在线构建数据库时可以采用不同的方法。Kivinen et al. (2004) 和 Van Vaerenbergh and Santamaría(2014)对这些技术进行了比较。

在本章完成的 SOL 实现中,我们假设数据库最大大小为 $N_d$,然后我们不断向数据库中添加具有较大预测误差的样本。我们比较预测误差 $\dot{e}_k = \parallel \dot{x}_k - \dot{\hat{x}}_k \parallel$ 与平均值 $\bar{e}_k = \sum_{i=1}^k \dot{e}_k/k$。如果条件 $\dot{e}_k > \eta \bar{e}_k$ 成立,我们将样本添加到数据库中,其中常数 $\eta > 0$ 调整阈值。选择较小的 $\eta$ 值将增加向数据库添加样本的速率。

这个过程与更新控制一起循环进行,直到得到一个平均预测误差的界限,使得控制器能够将系统调节到给定的参考状态。如果数据库中样本数量达到最大值,我们将忘记最旧的样本,并用最近的样本替换它。因此,$\eta$ 不应该设置得太低,以避免快速忘记旧的有用样本。

## 4) 限制和实现的注意事项

在本节中,我们将讨论在运行算法之前应该考虑的一些事项:

- 值得注意的是,尽管学习方法仅在仿真环境中得到验证,但 SOL 算法被建议用于解决现实问题。因此,训练意味着要在真实系统上实时进行,这要求算法具有计算和数据效率。

- 假设环境在一个感兴趣的区域中是安全的,且系统状态达到区域边界时存在一个复位机制。这允许在有限的次数内进行试错,直到可以保持稳定性而不会对系统造成重大损害。

- 考虑到控制问题的表述、控制和状态空间以及时间范围很难受到限制。但是,可以通过使用用户在目标[式(5.2)]中指定的参数对其进行调整,包括 $R$、$Q$、和 $\gamma$。

- 根据所实现的系统识别技术,通常存在一些需要调优的参数。对系统有初步的了解可以在设置这些参数,以及选择基函数集时大有帮助。

## 5) 近似动态的渐近收敛

考虑系统结构如下:

$$\dot{x} = W\Phi + \sum_{j=1}^{m} W_j \Phi \hat{u}_j + \varepsilon \tag{5.21}$$

式中,$\hat{u}_j = -\Phi^T r_j^{-1} \hat{P} \Phi_x \hat{W}_j \Phi$ 为根据系统$(\hat{W}, \hat{W}_j)$估计得到的反馈控制规则,$\varepsilon$ 为 $D$ 中的有界近似误差。通过假设 $W = \hat{W} + \widetilde{W}, W_j = \hat{W}_j + \widetilde{W}_j$,上式可重写为

$$\dot{x} = \hat{W}\Phi + \sum_{j=1}^{m} \hat{W}_j \Phi \hat{u}_j + \Delta(t) \tag{5.22}$$

其中,未识别的动态被归集为 $\Delta(t)$。通过假设反馈控制 $u_j$ 在 $D$ 中有界,我们有 $\| \Delta(t) \| \leqslant \overline{\Delta}$。为了实现渐近收敛,也为了提高控制器的鲁棒性,需要考虑不确定性的影

响。因此,我们用一个辅助向量 $\rho$ 来得到

$$\dot{x} = \hat{W}\Phi + \sum_{j=1}^{m} \hat{W}_j \Phi \hat{u}_j + \Delta(t) + \rho - \rho = \hat{W}_\rho \Phi + \sum_{j=1}^{m} \hat{W}_j \Phi \hat{u}_j + \Delta(t) - \rho$$

其中,假设 $\Phi$ 也包含常数基函数,我们调整系统矩阵中相应的列得到 $\hat{W}_\rho$。在 $\bar{\Delta} = 0$ 的情况下,利用注释 5.4 可以得到控制器 $\hat{u}$,使得闭环系统局部渐近稳定。对于 $\bar{\Delta} > 0$ 的情况,虽然系统在足够小的 $\bar{\Delta}$ 内将保持稳定,但它可能不会渐近收敛于零。然后,与 Xian et al.(2004)和 Qu and Xu(2002)类似,我们得到如下的 $\rho$,以帮助将系统状态滑向零:

$$\rho = \int_0^t \left[ k_1 x(\tau) + k_2 \text{sign}(x(\tau)) \right] d\tau$$

其中,$k_1$ 和 $k_2$ 是正标量。可以证明,随着时间的推移,$\| \Delta(t) - \rho \| \to 0$,因此,系统将渐近收敛于原点。

## 5.5　仿真结果

我们已经在四个例子中实现了所提出的方法,考虑到假设 5.1,这些例子分为两类:(ⅰ)动态可以准确地用某些选择的基函数来表示,(ⅱ)动态包括一些需要在某些给定基函数空间中近似的项。

如前所述,在这些数值示例中,我们利用 SINDy 算法进行识别。然而,考虑到 SINDy 作为一种离线识别算法已经在 Brunton et al.(2016)和 Kaiser et al.(2018)中得到了广泛的研究,显然,这里仿真的重点是所提出的控制方案的性质,而不是识别部分。这里所采用的 SINDy 算法是一种强大的工具,可以以良好精度获得系统动态的。然而,这在很大程度上取决于我们如何有效地近似状态的导数。因此,在不同的实现中,可能需要更高的采样率或更高阶的导数近似。出于同样的原因,在提出的示例中,可能会进一步调整使用的样本数量和获得的系统,以匹配 Brunton et al.(2016)和 Kaiser et al.(2018)中报告的质量水平。

仿真是在 Python 中完成的,我们使用 Vpython 模块(Scherer et al.,2000)来生成图形。除非另有明确说明,否则所有示例的采样率设置为 200 Hz($h = 5$ ms)。控制输入值每两个时间步更新一次,这意味着更新率为 100 Hz。如果轨迹到达 $D$ 的边界或在没有满足目标的情况下超时,则停止仿真。此外,如果调节目标是达到除原点($x \equiv 0$)以外的点,我

们通过重新定义 $x:=x-x_{\text{ref}}$ 来考虑成本函数(5.2)、价值函数(5.8)和得到的价值参数的微分方程(5.13)。

## 1）根据给定基函数集可识别的系统

在下面的两个例子中,我们假设构成系统动态的基函数在 $\Phi$ 中。运行所提出的学习算法并获得价值函数后,系统识别显然取决于所使用的识别算法及其调优参数。

在表5.1中,我们通过使用精确的 $\dot{x}$ 和一阶导数近似实现所提出的 SOL 算法来说明所识别系统和相应价值函数的变化。可以观察到,在摆的例子中,得到的两个方程都以良好的精度与精确系统(5.23)相匹配。另一方面,Lorenz 系统是一个更具挑战性的系统。因此,通过 $\dot{x}$ 的一阶近似,当 $h=5$ ms 时,只能得到动态的近似,而如果使用精确的 $\dot{x}$,则可以识别出精确系统(5.24)。如图5.1和图5.2所示,虽然使用近似状态变量获得的 Lorenz 系统模型与精确动态并不密切匹配,但只要预测误差保持有界,所得到的控制器就可以成功地解决调节问题。

**表 5.1** 通过所提出的方法获得的系统动态及相应的价值函数,其中在不同情况下使用了状态变量的精确导数和近似导数

| 用精确 $\dot{x}$ 获得 | 用 $\dot{x}\approx(x_{k+1}-x_k)/h$ 获得,$h=5$ ms |
|---|---|
| Pendulum($\Phi=\{1,x,\sin x\}$) | |
| $\dot{x}_1=-1.000x_2$ | $\dot{x}_1=-1.011x_2$ |
| $\dot{x}_2=-1.000x_2-19.600\sin(x_1)+40.000u$ | $\dot{x}_2=-0.995x_2-19.665\sin(x_1)+40.098u$ |
| $V(x)=1.974x_1^2-0.058x_2x_1+0.036x_2^2-2.2\sin(x_1)x_1-0.077\sin(x_1)x_2+1.548\sin^2(x_1)$ | $V(x)=2.049x_1^2-0.058x_2x_1+0.036x_2^2-2.371\sin(x_1)x_1-0.077\sin(x_1)x_2+1.630\sin^2(x_1)$ |
| Chaotic Lorenz system($\Phi=\{1,x,x^2,x^3,x_ix_j\}$, $\quad i,j\in\{1,\cdots,n\},i\neq j$) | |
| $\dot{x}_1=-10.000x_1+10.000x_2+1.000u$ | $\dot{x}_1=-10.070x_1+9.973x_2+0.989u$ |
| $\dot{x}_2=28.000x_1-1.000x_2-1.000x_1x_3$ | $\dot{x}_2=0.993x_1-0.997x_2+8.483x_3-1.000x_1x_3$ |
| $\dot{x}_3=-2.667x_3+1.000x_1x_2$ | $\dot{x}_3=-8.483x_1-8.483x_2-2.666x_3+1.000x_1x_2$ |
| | $V(x)=11.193x_1^2+8.389x_2x_1+42.855x_2^2-20.950x_3x_1+28.441x_3x_2+32.045x_3^2-$ |
| $V(x)=30.377x_1^2+48.939x_2x_1+25.311x_2^2+1.500x_3^2-1.873x_1x_2x_3+4.719x_1^2x_2^2-3.291x_1^2x_3+1.469x_1x_3^2-0.012x_1^2x_2x_3$ | $1.899x_1^2x_2-4.777x_1x_2^2-0.456x_1x_2x_3+5.064x_1^2x_2^2+2.953x_2^2x_3-8.168x_1x_3^2-2.633x_1^2x_3x_2+1.353x_1^2x_3^2$ |

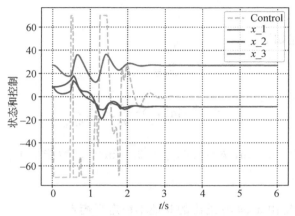

图 5.1　通过使用表 5.1 所示的近似状态导数来学习 Lorenz 系统,其中从一个平衡点开始,我们将系统调节到另一个不稳定平衡点

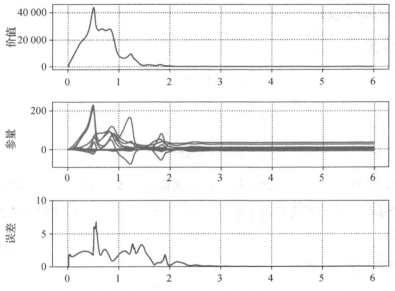

图 5.2　分别为对应于图 5.1 的 $P$ 值、$P$ 分量和预测误差

**例 1（钟摆）**

系统的状态空间描述如下：

$$\dot{x}_1 = -x_2$$

$$\dot{x}_2 = -\frac{g}{l}\sin(x_1) - \frac{k}{m}x_2 + \frac{1}{ml^2}u \qquad (5.23)$$

其中，$m = 0.1$ kg，$l = 0.5$ m，$k = 0.1$，$g = 9.8$ m/s$^2$。性能标准由 $Q = \mathrm{diag}([1,1])$，$R = 2$ 的选择来定义。

**目标：** 控制系统以稳定由 $x_{\mathrm{ref}} \equiv 0$ 给出的其他不稳定平衡点。

表 5.1 列出了精确和近似的 $\dot{x}$ 的学习动态和价值函数。

**例 2（混沌 Lorenz 系统）**

系统动态定义为

$$\dot{x}_1 = \sigma(x_2 - x_1) + u$$

$$\dot{x}_2 = -x_2 + x_1(\rho - x_3)$$

$$\dot{x}_3 = x_1 x_2 - \beta x_3 \qquad (5.24)$$

其中，$\sigma = 10$，$\rho = 28$，$\beta = 8/3$。此外，我们将性能标准设置为 $Q = \mathrm{diag}([160, 160, 12])$，$R = 1$。这个系统有两个不稳定的平衡点 $(\pm\sqrt{72}, \pm\sqrt{72}, 27)$，系统的轨迹围绕这些点振荡。

**目标：** 通过随机设置初始状态

$$x_0 \in \{x \mid -40 \leqslant x_i \leqslant 40, i = 1, 2, 3\}$$

我们在不稳定平衡点 $(-\sqrt{72}, -\sqrt{72}, 27)$ 附近稳定系统。

## 2）通过给定基函数集近似的系统

接下来，我们将提出的学习方案应用于另外两个基准示例。与前面的例子不同，这些系统的动态包括一些不能用基函数表示的有理项。然而，可以在局部获得一个近似值，足以成功解决调节问题,如图5.3—图5.10所示。

此外,如图5.11所示,还包含了以下基准示例的图形化仿真视频。

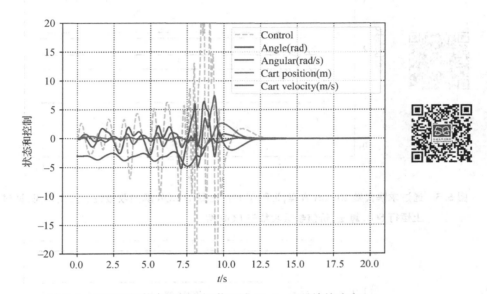

图 5.3　使用近似状态导数进行学习时,Cartpole 系统的响应

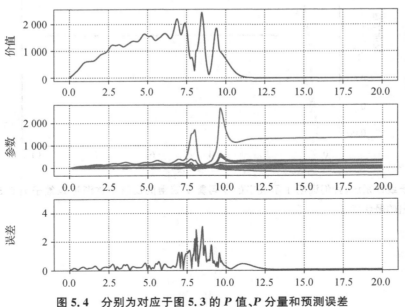

图 5.4　分别为对应于图 5.3 的 $P$ 值、$P$ 分量和预测误差

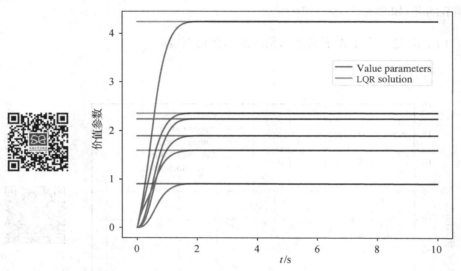

**图 5.5** 通过求解代数 Riccati 方程,证明了 $P$ 的分量对 LQR 解的收敛性。由此可见,通过在线性系统上运行 SOL 算法,价值参数收敛于 LQR 解

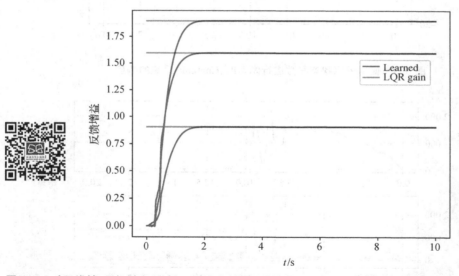

**图 5.6** 对于线性系统,我们证明了所提出的学习算法获得的反馈增益渐近收敛于图 5.5 中 LQR 解给出的最优增益

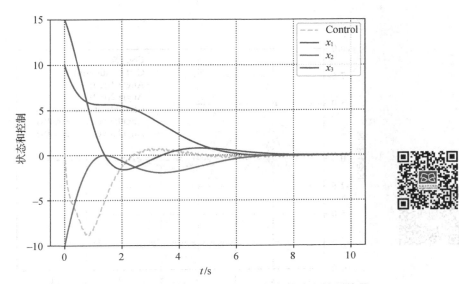

图 5.7 学习过程中与图 5.5 和图 5.6 相对应的状态轨迹和控制信号

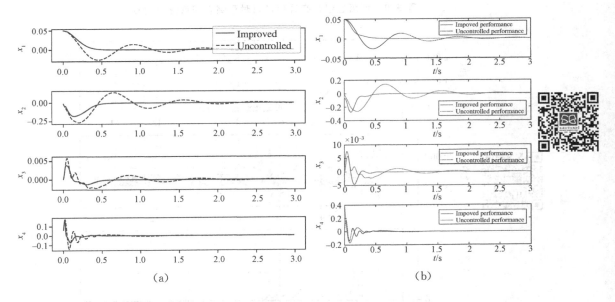

图 5.8 (a)采用 SOL 算法学习控制的悬挂系统的受控和未受控轨迹,(b)使用 Jiang and Jiang(2017)/ John Wiley &Sons 提出的技术得到的未受控和受控轨迹。通过比较两个学习控制器的性能, 可以验证结果具有可比性。因此,SOL 可以作为替代方法用于近似未知系统的最优控制

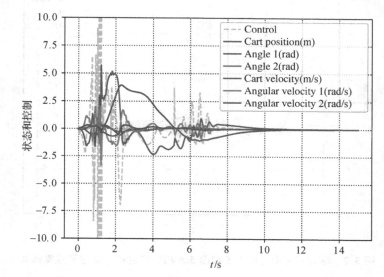

图 5.9　利用近似状态导数学习时双倒立摆系统的响应

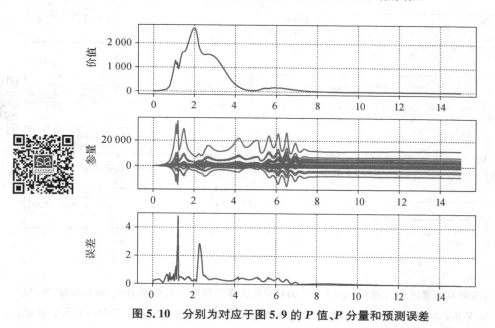

图 5.10　分别为对应于图 5.9 的 $P$ 值、$P$ 分量和预测误差

**图 5.11**　基准小车摆杆和双倒立摆示例的图形仿真视图。视频链接：**https://youtu. be/-j0vaHE9MZY**

**例 3(倒立摆外摆)**

动态给出如下：

$$\dot{x}_1 = x_2$$

$$\dot{x}_2 = \frac{-u\cos(x_1) - mLx_2^2\sin(x_1)\cos(x_1) + (M+m)g\sin(x_1)}{L(M+m\sin(x_1)^2)}$$

$$\dot{x}_3 = x_4$$

$$\dot{x}_4 = \frac{u + m\sin(x_1)(Lx_2^2 - g\cos(x_1))}{M + m\sin(x_1)^2} \tag{5.25}$$

其中,状态向量由摆杆与垂直位置的夹角、角速度以及小车的位置和速度组成,$m = 0.1$ kg,$M = 1$ kg,$L = 0.8$ m,$g = 9.8$ m/s$^2$。此外,我们选择 $Q = \mathrm{diag}([60, 1.5, 180, 45])$,$R = 1$。

**目标:**从接近摆杆稳定角($\pm\pi$)的初始角度开始,小车使摆杆摆动并上升到不稳定平衡点,且在该不稳定平衡点附近保持,该平衡点给定为 $x_{\mathrm{ref}} \equiv 0$。

通过运行学习方案,识别出系统的近似模型如下：

$$\dot{x}_1 = 1.000x_2$$
$$\dot{x}_2 = 12.934\sin(x_1) + 0.230\sin(x_3) - 1.234\cos(x_1)u$$
$$\dot{x}_3 = 0.995x_4 \tag{5.26}$$
$$\dot{x}_4 = 0.926\sin(x_1) + 0.953u$$

其中,$\Phi=\{1,x,x^2,x^3,\sin x,\cos x\}$。此外,考虑到假定的基函数,我们得到如下最优价值函数:

$$
\begin{aligned}
V(x)=\ &59.712x_1^2+9.855x_2x_1+134.855x_2^2+9.587x_3x_1+\\
&241.295x_3x_2+223.389x_3^2+4.418x_4x_1+222.022x_4x_2+\\
&226.646x_4x_3+100.417x_4^2-63.050\sin(x_1)x_1+\\
&1098.765\sin(x_1)x_2+2294.259\sin^2(x_1)+\\
&984.786\sin(x_1)x_3+909.030\sin(x_1)x_4-1.712\sin(x_3)x_1+\\
&18.102\sin(x_3)x_2+15.812\sin(x_3)x_3+0.806\sin^2(x_3)+\\
&75.231\sin(x_3)\sin(x_1)+15.072\sin(x_3)x_4
\end{aligned}
\tag{5.27}
$$

**例 4(小车上的双倒立摆)**

通过定义 $y:=\begin{bmatrix}q & \theta_1 & \theta_2\end{bmatrix}^{\mathrm{T}}$ 作为小车位置和双摆从顶部平衡点出发的摆角向量,系统动态可以表示为

$$
\dot{x}=\begin{bmatrix} \dot{y} \\ M^{-1}f(y,\dot{y}) \end{bmatrix}
\tag{5.28}
$$

其中

$$
M=\begin{bmatrix}
m+m_1+m_2 & l_1(m_1+m_2)\cos(\theta_1) & m_2l_2\cos(\theta_2) \\
l_1(m_1+m_2)\cos(\theta_1) & l_1^2(m_1+m_2) & l_1l_2m_2\cos(\theta_1-\theta_2) \\
l_2m_2\cos(\theta_2) & l_1l_2m_2\cos(\theta_1-\theta_2) & l_2^2m_2
\end{bmatrix}
$$

$$
f(y,\dot{y})=\begin{bmatrix}
l_1(m_1+m_2)\dot{\theta}_1^2\sin(\theta_1)+m_2l_2\dot{\theta}_2^2\sin(\theta_2)-d_1\dot{q}+u \\
-l_1l_2m_2\dot{\theta}_2^2\sin(\theta_1-\theta_2)+g(m_1+m_2)l_1\sin(\theta_1)-d_2\theta_1 \\
l_1l_2m_2\dot{\theta}_1^2\sin(\theta_1-\theta_2)+gl_2m_2\sin(\theta_2)-d_3\theta_2
\end{bmatrix}
$$

$m=6\ \mathrm{kg}, m_1=3\ \mathrm{kg}, m_2=1\ \mathrm{kg}, l_1=1\ \mathrm{m}, l_2=2\ \mathrm{m}, d_1=10, d_2=1, d_3=0.5$。

**目标**:我们在由 $\theta_1=0$ 和 $\theta_2=0$ 给出的摆的顶部不稳定平衡位置周围从随机角度开始运行系统,控制器必须学会将系统调节到 $x_{\mathrm{ref}}\equiv 0$。

我们选择基函数为 $\Phi=\{1,x,x^2\}$。性能标准由 $Q=\mathrm{diag}([15,15,15,1,1,1]),R=1$ 定

义。所获得的近似动态的一个样本为

$$\dot{x}_1 = 0.998x_4$$

$$\dot{x}_2 = 0.997x_5$$

$$\dot{x}_3 = 0.996x_6$$

$$\dot{x}_4 = 0.238x_1 - 4.569x_2 + 1.245x_3 - 1.891x_4 - 0.908x_6$$
$$\qquad - 0.105x_2^2 + 5.0131u - 2.824x_2^2u \tag{5.29}$$

$$\dot{x}_5 = 16.718x_2 - 2.328x_3 + 1.558x_4 - 0.598x_5 + 0.130x_6$$
$$\qquad - 0.114x_2^2 - 4.9911u + 5.777x_2^2u - 0.690x_3^2u$$

$$\dot{x}_6 = 0.123x_1 - 6.721x_2 + 9.032x_3 + 0.191x_5 - 0.358x_6$$
$$\qquad + 0.969x_3^2 + 0.184x_6^2 - 1.898x_2^2u + 1.431x_3^2u$$

值得注意的是,由于随机初始条件和数据库中的不同样本,在任何学习过程中都可能获得系统的不同近似。此外,考虑到系统的维数和所识别系统中的项数[式(5.29)],获得的价值函数包含了许多预期的多项式项。因此,为简洁起见,将得到的最优价值函数省略。

## 3) 对比结果

在本节中,我们比较了 SOL 与文献中其他技术获得的结果。给出了两个示例的比较结果。在第一个例子中,我们考虑一个未知的线性系统。然后,将得到的价值参数与同一系统的 LQR 解进行比较。在第二个例子中,我们将学习非线性系统与文献中提出的另一种学习技术进行比较。

**例 5(线性系统)**

考虑以下线性系统:

$$\dot{x} = \begin{bmatrix} 0 & 1 & 0 \\ 0 & 0 & 1 \\ -0.1 & -0.5 & -0.7 \end{bmatrix} x + \begin{bmatrix} 0 \\ 0 \\ 1 \end{bmatrix} u \tag{5.30}$$

取自 Jiang and Jiang(2017)。通过选择 $Q = I_3$ 和 $R = 1$ 来定义目标。

通过这个例子,我们研究了 SOL 算法对最优控制的收敛性。考虑到系统是线性的,可以通过求解 ARE 来计算最优解。我们将得到的解与通过 SOL 得到的价值参数 $P$ 进行比较,其中所选的基函数向量仅包括常数项和线性项,即 $\Phi=\begin{bmatrix} 1 & x^{\mathrm{T}} \end{bmatrix}$。在图 5.5 中可以清楚地看到,式(5.13)的解收敛于求解 ARE 得到的最优参数。

此外,在图 5.6 中,我们将通过 SOL 获得的反馈增益与最优反馈增益进行了比较。可以验证,由于系统是线性的,反馈控制规则[式(5.11)]转换为恒增益的线性反馈。在图 5.6 中,我们将该增益与通过求解 LQR 问题获得的最优增益进行比较,显然收敛到了最优增益。

最后,在图 5.7 中,状态轨迹和控制信号证明了在学习策略下系统的渐近稳定性。

**例 6(汽车悬架系统)**

在这个例子中,我们将所提出的学习算法与 Jiang and Jiang(2017)在非线性系统上使用的强化学习技术进行比较。考虑以下非线性悬架系统:

$$\dot{x}_1 = x_2$$

$$x_2 = -\frac{k_s(x_1-x_3)+k_n(x_1-x_3)^3+b_s(x_2-x_4)-cu}{m_b}$$

$$\dot{x}_3 = x_3$$

$$\dot{x}_4 = \frac{k_s(x_1-x_3)+k_n(x_1-x_3)^3+b_s(x_2-x_4)-k_t x_3-cu}{m_\omega}$$

其中,系数为 $k_s=16\,000, k_n=\dfrac{k_s}{10}, k_t=190\,000, c=10\,000, m_b=300, m_\omega=60, b_s=1\,000$。LQR 目标定义为 $Q=\mathrm{diag}([100,1,1,1]), R=1$。

为了实现 SOL 算法,我们选择最高三阶的多项式基。此外,我们在学习控制中添加了一个小幅度的周期性探索信号 $u_e=0.01\sin(50t)$,使系统识别器收敛。

在 Jiang and Jiang(2017)中,作者采用了基于平方和(SOS)编程的强化学习方法来学习该非线性系统的最优控制。为了和 Jiang and Jiang(2017)提出的 MBRL 技术进行比较,我们在图 5.8(b)中展示了在相同初始条件下,系统在两种学习控制器下的轨迹。未受控悬架系统本身是渐近稳定的。但是,使用控制器可以改善收敛结果。从图 5.8(b)可以明显看出,这两种技术都可以有效地学习到类似的改进控制策略。

# 5.6 小结

考虑到控制调节问题,结构化动态帮助我们分析性地计算出迭代更新规则,以改进最优价值函数。在基于模型的学习框架中,我们根据最新识别的模型来更新值。我们将提出的学习算法应用于不同的基准示例。此外,对比结果表明了学习到的控制在向最优控制收敛。基于在数值和图形仿真中观察到的计算复杂度和性能,我们展示了将 SOL 算法用作基于模型的在线学习技术的一些潜在机会。

# 参考文献

S. N. Balakrishnan, Jie Ding, and Frank L. Lewis. Issues on stability of ADP feedback controllers for dynamical systems. IEEE Transactions on Systems, Man, and Cybernetics, Part B (Cybernetics), 38(4):913–917, 2008.

Shubhendu Bhasin, Rushikesh Kamalapurkar, Marcus Johnson, Kyriakos G. Vamvoudakis, Frank L. Lewis, and Warren E. Dixon. A novel actor-critic-identifier architecture for approximate optimal control of uncertain nonlinear systems. Automatica, 49(1):82–92, 2013

Steven L. Brunton, Joshua L. Proctor, and J. Nathan Kutz. Discovering governing equations from data by sparse identification of nonlinear dynamical systems. Proceedings of the National Academy of Sciences of the United States of America, 113 (15):3932–3937, 2016.

Vladimir Gaitsgory, Lars Grüne, and Neil Thatcher. Stabilization with discounted optimal control. Systems & Control Letters, 82:91–98, 2015.

Yu Jiang and Zhong-Ping Jiang. Robust Adaptive Dynamic Programming. John Wiley & Sons, 2017.

Eurika Kaiser, J. Nathan Kutz, and Steven L. Brunton. Sparse identification of nonlinear dynamics for model predictive control in the low-data limit. Proceedings of the Royal Society A, 474(2219):20180335, 2018.

Rushikesh Kamalapurkar, Joel A. Rosenfeld, and Warren E. Dixon. Efficient model-based reinforcement learning for approximate online optimal control. Automatica, 74: 247 – 258, 2016a.

Rushikesh Kamalapurkar, Patrick Walters, and Warren E. Dixon. Model-based reinforcement learning for approximate optimal regulation. Automatica, 64(C): 94 – 104, 2016b.

Wei Kang and Lucas C. Wilcox. Mitigating the curse of dimensionality: Sparse grid characteristics method for optimal feedback control and HJB equations. Computational Optimization and Applications, 68(2): 289 – 315, 2017.

Idris Kharroubi, Nicolas Langrené, and Huyên Pham. A numerical algorithm for fully nonlinear HJB equations: An approach by control randomization. Monte Carlo Methods and Applications, 20(2): 145 – 165, 2014.

Jyrki Kivinen, Alexander J. Smola, and Robert C. Williamson. Online learning with kernels. IEEE Transactions on Signal Processing, 52(8): 2165 – 2176, 2004.

Frank L. Lewis and Derong Liu. Reinforcement Learning and Approximate Dynamic Programming for Feedback Control. John Wiley & Sons, 2013.

Frank L. Lewis and Draguna Vrabie. Reinforcement learning and adaptive dynamic programming for feedback control. IEEE Circuits and Systems Magazine, 9(3): 32 – 50, 2009.

William M. McEneaney. A curse-of-dimensionality-free numerical method for solution of certain HJB PDEs. SIAM Journal on Control and Optimization, 46(4): 1239 – 1276, 2007.

Romain Postoyan, L. Busoniu, D. Nesic, and Jamal Daafouz. Stability of infinite-horizon optimal control with discounted cost. In 53rd IEEE Conference on Decision and Control, pages 3903 – 3908. IEEE, 2014.

Anna Prach, Ozan Tekinalp, and Dennis S. Bernstein. Infinite-horizon linear-quadratic control by forward propagation of the differential Riccati equation. IEEE Control

Systems Magazine，35(2):78 - 93，2015.

Zhihua Qu and Jian-Xin Xu. Model-based learning controls and their comparisons using Lyapunov direct method. Asian Journal of Control，4(1):99 - 110，2002.

David Scherer，Paul Dubois，and Bruce Sherwood. VPython：3D interactive scientific graphics for students. Computing in Science & Engineering，2(5):56 - 62，2000.

Steven Van Vaerenbergh and Ignacio Santamaría. Online regression with kernels. In Regularization，Optimization，Kernels，and Support Vector Machines，Johan A. K. Suykens，Marco Signoretto，and Andreas Argyriou（eds.），pages 495 - 521. CRC Press，2014.

Fei-Yue Wang，Huaguang Zhang，and Derong Liu. Adaptive dynamic programming：An introduction. IEEE Computational Intelligence Magazine，4(2):39 - 47，2009.

Avishai Weiss，Ilya Kolmanovsky，and Dennis S. Bernstein. Forward-integration Riccati-based output-feedback control of linear time-varying systems. In Proceedings of the American Control Conference，pages 6708 - 6714. IEEE，2012.

Bin Xian，Darren M. Dawson，Marcio S. de Queiroz，and Jian Chen. A continuous asymptotic tracking control strategy for uncertain nonlinear systems. IEEE Transactions on Automatic Control，49(7):1206 - 1211，2004.

Huaguang Zhang，Lili Cui，Xin Zhang，and Yanhong Luo. Data-driven robust approximate optimal tracking control for unknown general nonlinear systems using adaptive dynamic programming method. IEEE Transactions on Neural Networks，22 (12):2226 - 2236，2011.

# 6

# 结构化在线学习方法
# 在未知动态非线性跟踪中的应用

动态系统控制中最常见的问题之一是跟踪期望的参考轨迹，这在各种实际应用中都有发现。在本章中，我们将结构化在线学习(SOL)框架扩展到未知动态的跟踪问题。与调节问题类似，跟踪控制的应用可以从基于模型的强化学习(MBRL)中受益，它可以更有效地处理参数更新。本章展示的结果发表在 Farsi and Liu(2021)上。

## 6.1 简介

跟踪期望的参考轨迹是动态系统控制中最经典的目标之一，在许多实际应用中很常见。然而，通过传统方法设计一个有效的跟踪控制器通常需要对模型有足够的了解，并且对于任何特定的应用都涉及大量的计算和考虑。而强化学习(RL)技术提出了一种适应性更强的框架，它对系统动态知识的要求较少。

本章中，我们将第 5 章中获得的结果扩展到未知连续动态系统的跟踪问题。在 6.2 节中，我们提出了一个基于特定非线性动态结构的近似最优跟踪控制框架，其中假设了一个线性二次折扣成本。6.3 节提供了所获得的框架作为基于学习的方法的实现细节。在 6.4 节中，报告了两个基准示例的两个数值结果，展示了所提方法的应用。

## 6.2 跟踪控制的结构化在线学习

考虑非线性控制仿射系统

$$\dot{x} = f(x) + g(x)u \tag{6.1}$$

其中,$x \in D \subseteq \mathbb{R}^n$ 和 $u \in U \subseteq \mathbb{R}^m$ 分别表示状态和控制输入。此外,$f: D \rightarrow \mathbb{R}^m$,$g: D \rightarrow \mathbb{R}^{n \times m}$。

**假设 6.1**　函数 $f$ 和 $g$ 的每个分量都可以通过一些基函数 $\varphi_i \in C^1: D \rightarrow \mathbb{R}$,$i = 1, 2, \cdots, p$ 的线性组合在感兴趣的紧域内被识别或有效地近似。

因此,将式(6.1)改写如下:

$$\dot{x} = W\Phi(x) + \sum_{j=1}^{m} W_j \Phi(x) u_j \tag{6.2}$$

其中,$W$ 和 $W_j \in \mathbb{R}^{n \times p}$ 为 $j = 1, 2, \cdots, m$ 时得到的系数矩阵,且

$$\Phi(x) = \begin{bmatrix} x^{\mathrm{T}} & \varphi_{n+1}(x) & \cdots & \varphi_p(x) \end{bmatrix}^{\mathrm{T}}$$

**注释 6.1**　式(6.2)采用的结构的动机是,基函数的线性组合提供了获得分析控制方法的机会。同时,我们可以从各种适用的识别技术中获益。

**注释 6.2**　关于假设 6.1,在本章中,我们不会对任何特定的识别方法进行收敛性分析。相反,我们将专注于控制器设计过程,以便于问题表述和设计能够灵活地利用不同的识别方法。因此,本节将介绍给定 $W$ 和 $W_j$ 的控制技术。然而,在实现中,将使用这些权重的估计,这将在 6.3 节中讨论。

**假设 6.2**　给定参考轨迹 $y_{\mathrm{ref}}(t): \mathbb{R} \rightarrow \mathbb{R}^d$ 是形如下式的动态系统的一个特定解:

$$\dot{y}_{\mathrm{ref}} = M\Psi(y_{\mathrm{ref}}) \tag{6.3}$$

其中

$$\Psi(y_{\mathrm{ref}}) = \begin{bmatrix} y_{\mathrm{ref}}^{\mathrm{T}} & \psi_{d+1}(y_{\mathrm{ref}}) & \cdots & \psi_q(y_{\mathrm{ref}}) \end{bmatrix}^{\mathrm{T}}$$

是一个基函数集,$M \in \mathbb{R}^{d \times q}$ 为系数矩阵。这个系统可以看作虚拟指令生成器,通过选择不同的基函数可以支持广泛的信号范围,从简单的斜坡或正弦信号到更复杂的信号。

在最优跟踪问题中,假设用一个成本函数来衡量性能。从初始条件 $x_0 = x(0)$ 开始,沿着轨迹最小化如下折扣线性二次成本:

$$J(x_0, u) = \lim_{T \rightarrow \infty} \int_o^T e^{-\gamma t} ((Cx - y_{\mathrm{ref}})^{\mathrm{T}} Q(Cx - y_{\mathrm{ref}}) + u^{\mathrm{T}} Ru) \mathrm{d}t \tag{6.4}$$

其中，$Q \in \mathbb{R}^{d \times d}$ 是半正定的，$\gamma \geqslant 0$ 是折扣因子，并且 $R \in \mathbb{R}^{m \times m}$ 是由设计准则给出的一个只有正值的对角矩阵。此外，对应于 $y_{\mathrm{ref}}$ 的维度，通过使用 $C \in \mathbb{R}^{d \times n}$ 选择状态的一个子集，这包括与测量状态相对应的项 1，而其他为 0。

对于闭环系统，通过假设一个反馈控制律

$$u = \omega(x(t), y_{\mathrm{ref}}(t))$$

$t \in [0, \infty)$，最优控制由下式给出：

$$\omega^* = \arg \min_{u(\cdot) \in \Gamma(x_0)} J(x_0, u(\cdot)) \tag{6.5}$$

其中，$\Gamma(x_0)$ 为允许的控制信号集合。

**引理 6.1** 通过最小化

$$J(x_0, u) = \lim_{T \to \infty} \int_0^T e^{-\gamma t} (\overline{\Phi}^{\mathrm{T}} \overline{Q} \overline{\Phi} + u^{\mathrm{T}} R u) \mathrm{d}t \tag{6.6}$$

获得的最优跟踪控制等价于假设式（6.4）条件下式（6.5）的解，其中，

$$\overline{\Phi}(x, y_{\mathrm{ref}}) = \left[ (Cx)^{\mathrm{T}} \quad y_{\mathrm{ref}}^{\mathrm{T}} \quad \varphi_{d+1}(x) \quad \cdots \quad \varphi_{(p)}(x) \quad \psi_{d+1}(y_{\mathrm{ref}}) \quad \cdots \quad \psi_q(y_{\mathrm{ref}}) \right] \tag{6.7}$$

且

$$\overline{Q} = \mathrm{diag}\left( \begin{bmatrix} Q & -Q \\ -Q & Q \end{bmatrix}, \left[ 0_{(p+q-2d) \times (p+q-2d)} \right] \right) \tag{6.8}$$

是一个分块对角矩阵，除对应于线性基函数 $Cx$ 和 $y_{\mathrm{ref}}$ 的第一个块之外，其余部分都是零。

**证明：**可以直接将性能度量式（6.4）重写为基函数向量的形式 $[(Cx)^{\mathrm{T}} \quad y_{\mathrm{ref}}^{\mathrm{T}}]$，其中定义了一个半正定矩阵作为式（6.8）中的非零块。随后，获得的成本再次转化到基函数空间 $\Phi$，形式为式（6.6）。

**注释 6.3** 在某些特定的应用中，当跟踪给定轨迹时，我们可能需要同时惩罚一些不在跟踪状态列表 $y_{\mathrm{ref}}$ 中的其他状态的增长，这种情况仍然可以通过块对角矩阵[式（6.8）]来处理，即在式（6.8）的第二个块的对角线上分配一个非零值，对应于该特定状态。

现在，考虑一下系统动态[式（6.2）]和指令生成器[式（6.3）]。我们定义如下增广系统：

$$\dot{z} = \begin{bmatrix} \dot{x} \\ \dot{y}_{\text{ref}} \end{bmatrix} = F\bar{\Phi} + \sum_{j=1}^{m} G_j \bar{\Phi} u_j \qquad (6.9)$$

其中,将式(6.2)、式(6.3)的系数矩阵的分块项按 $\bar{\Phi}$ 中项的顺序重新排列,得到系统矩阵 $F$、$G_j$。

通过定义 Hamiltonian,得到式(6.6)对应的 Hamilton-Jacobi-Bellman(HJB)方程如下:

$$-\frac{\partial}{\partial t}(\mathrm{e}^{-\gamma t}V) = \min_{u(\cdot) \in \Gamma(x_0)} \left\{ H = \mathrm{e}^{-\gamma t}(\bar{\Phi}^{\mathrm{T}}\bar{Q}\bar{\Phi} + u^{\mathrm{T}}Ru) + \mathrm{e}^{-\gamma t}\frac{\partial V}{\partial z}\left(F\bar{\Phi} + \sum_{j=1}^{m} G_j\bar{\Phi}u_j\right) \right\}$$
$$(6.10)$$

然后,我们采用一种近似方式来估计满足上述偏微分方程的参数化价值函数 $V: D \times [0, \infty) \to \mathbb{R}$。

与文献中的其他近似最优控制方法[如 Zhang et al. (2011)、Bhasin et al. (2013)、Kamalapurkar et al. (2016a)和 Zhu et al. (2016)]不同,我们使用二次型来参数化价值函数,如下所示:

$$V = \bar{\Phi}^{\mathrm{T}}P\bar{\Phi} \qquad (6.11)$$

其中,$P$ 是一个对称矩阵。

正如 Farsi and Liu(2020)所建议并在第 5 章中讨论的那样,在乘积空间 $\Lambda := \bar{\Phi} \times \bar{\Phi}$ 中定义 $V$ 提供了参数化价值函数的紧凑形式,并且通过仅在 $\bar{\Phi}$ 中包含有限数量的基函数,可以在乘积空间 $\Lambda$ 中产生各种基。应该注意的是,在 SOL 中以矩阵形式更新参数将大大减少更新参数所需的计算量,其中涉及的矩阵乘法将保持与 $\bar{\Phi}$ 一样低的维数。另一方面,在替代的参数更新方法中,如梯度下降法,涉及集合 $\Lambda$ 中元素数量的维数的矩阵乘法,与 $\bar{\Phi}$ 相比,这是一个大得多的集合。

假设式(6.11)成立,则 Hamiltonian 可写为

$$H = \mathrm{e}^{-\gamma t}(\bar{\Phi}^{\mathrm{T}}\bar{Q}\bar{\Phi} + u^{\mathrm{T}}Ru) + \mathrm{e}^{-\gamma t}\left(\frac{\partial \bar{\Phi}^{\mathrm{T}}}{\partial z}P\bar{\Phi}\right)^{\mathrm{T}}\left(F\bar{\Phi} + \sum_{j=1}^{m} G_j\bar{\Phi}u_j\right) +$$
$$\mathrm{e}^{-\gamma t}\left(F\bar{\Phi} + \sum_{j=1}^{m} G_j\bar{\Phi}u_j\right)^{\mathrm{T}}\left(\frac{\partial \bar{\Phi}^{\mathrm{T}}}{\partial z}P\bar{\Phi}\right)$$

下面,我们根据它的分量重写 $u$ 的二次项,假设 $r_j \neq 0$ 是 $R$ 对角线上的第 $j$ 个分量:

$$H = \mathrm{e}^{-\gamma t} \Big( \bar{\Phi}^{\mathrm{T}} \bar{Q} \bar{\Phi} + \sum_{j=1}^{m} r_j u_j^2 + \bar{\Phi}^{\mathrm{T}} P \frac{\partial \bar{\Phi}}{\partial z} F \bar{\Phi} + \bar{\Phi}^{\mathrm{T}} P \frac{\partial \bar{\Phi}}{\partial z} \big( \sum_{j=1}^{m} G_j \bar{\Phi} u_j \big) + $$

$$\bar{\Phi}^{\mathrm{T}} F^{\mathrm{T}} \frac{\partial \bar{\Phi}^{\mathrm{T}}}{\partial z} P \bar{\Phi} + \big( \sum_{j=1}^{m} u_j \bar{\Phi}^{\mathrm{T}} G_j^{\mathrm{T}} \big) \frac{\partial \bar{\Phi}^{\mathrm{T}}}{\partial z} P \bar{\Phi} \Big) \tag{6.12}$$

对于第 $j$ 个系统输入,如果得到的 Hamiltonian 是最小的,我们有

$$\frac{\partial H}{\partial u_j} = 2 r_j u_j + 2 \bar{\Phi}^{\mathrm{T}} P \frac{\partial \bar{\Phi}}{\partial z} G_j \bar{\Phi} = \tag{6.13}$$

$$0, j = 1, 2, \cdots, m$$

据此,最优控制输入计算如下:

$$u_j^* = -\bar{\Phi}^{\mathrm{T}} r_j^{-1} P \frac{\partial \bar{\Phi}}{\partial z} G_j \bar{\Phi} \tag{6.14}$$

然后,将得到的最优反馈控制律和价值函数代入式(6.10),得到

$$-\mathrm{e}^{-\gamma t} \bar{\Phi}^{\mathrm{T}} \dot{P} \bar{\Phi} + \gamma \mathrm{e}^{-\gamma t} \bar{\Phi}^{\mathrm{T}} P \bar{\Phi} = \mathrm{e}^{-\gamma t} \bar{\Phi}^{\mathrm{T}} \bar{Q} \bar{\Phi} + \bar{\Phi}^{\mathrm{T}} P \frac{\partial \bar{\Phi}}{\partial z} F \bar{\Phi} + \bar{\Phi}^{\mathrm{T}} F^{\mathrm{T}} \frac{\partial \bar{\Phi}^{\mathrm{T}}}{\partial z} P \bar{\Phi} + $$

$$\bar{\Phi}^{\mathrm{T}} P \frac{\partial \bar{\Phi}}{\partial z} \big( \sum_{j=1}^{m} G_j \bar{\Phi} r_j^{-1} \bar{\Phi}^{\mathrm{T}} G_j^{\mathrm{T}} \big) \frac{\partial \bar{\Phi}^{\mathrm{T}}}{\partial z} P \bar{\Phi} - $$

$$2 \bar{\Phi}^{\mathrm{T}} P \frac{\partial \bar{\Phi}}{\partial z} \big( \sum_{j=1}^{m} G_j \bar{\Phi} r_j^{-1} \bar{\Phi}^{\mathrm{T}} G_j^{\mathrm{T}} \big) \frac{\partial \bar{\Phi}^{\mathrm{T}}}{\partial z} P \bar{\Phi}$$

通过推导,我们得到

$$-\bar{\Phi}^{\mathrm{T}} \dot{P} \bar{\Phi} + \gamma \bar{\Phi}^{\mathrm{T}} P \bar{\Phi} = \bar{\Phi}^{\mathrm{T}} \bar{Q} \bar{\Phi} - \bar{\Phi}^{\mathrm{T}} P \frac{\partial \bar{\Phi}}{\partial z} \big( \sum_{j=1}^{m} G_j \bar{\Phi} r_j^{-1} \bar{\Phi}^{\mathrm{T}} G_j^{\mathrm{T}} \big) \frac{\partial \bar{\Phi}^{\mathrm{T}}}{\partial z} P \bar{\Phi} + $$

$$\bar{\Phi}^{\mathrm{T}} P \frac{\partial \bar{\Phi}}{\partial z} F \bar{\Phi} + \bar{\Phi}^{\mathrm{T}} F^{\mathrm{T}} \frac{\partial \bar{\Phi}^{\mathrm{T}}}{\partial z} P \bar{\Phi}$$

最后,得到满足该方程的充分条件为

$$-\dot{P} = \bar{Q} + P \frac{\partial \bar{\Phi}}{\partial z} F + F^{\mathrm{T}} \frac{\partial \bar{\Phi}^{\mathrm{T}}}{\partial z} P - \gamma P - P \frac{\partial \bar{\Phi}}{\partial z} \big( \sum_{j=1}^{m} G_j \bar{\Phi} r_j^{-1} \bar{\Phi}^{\mathrm{T}} G_j^{\mathrm{T}} \big) \frac{\partial \bar{\Phi}^{\mathrm{T}}}{\partial z} P \tag{6.15}$$

解这类方程的标准方法是向后积分,这需要对系统有完整的了解,包括所有时间范围内

的权重 $F$ 和 $G_j$。从而得到一个 $P$ 值,实现了最优价值函数[式(6.11)],并得到最优控制[式(6.14)]。回顾注释 6.2,可以采用所提出的方法来设计已知系统的跟踪控制。然而,在本章中,我们关注的是学习问题,其中准确的系统模型可能一开始就是未知的。因此,我们将得到的微分方程向前传播。这将提供一个机会,让我们能够在任何步骤在线更新对系统动态的估计以及控制规则。

## 线性情况下的稳定性和最优性

在本节中,我们将对所提出的控制框架在虚拟目标和跟踪系统都是线性的特殊情况下进行分析。

第 5 章详细讨论了基于前向传播 Riccati 微分方程的最优控制方法的最优性和稳定性。因此,利用引理 5.2,我们可以利用微分 Riccati 方程的前向解来获得一个稳定控制器,并且当 $t \to \infty$ 时,期望会收敛到线性二次型调节器(LQR)控制。

因此,在下文中,以线性系统为例,并通过与经典 LQR 公式建立联系,我们将证明对于作为特例的线性系统,所提出的方法变得等价于 LQR 框架。这使我们能够为线性情况下所提出的跟踪控制方法提供保证。

**命题 6.1** 考虑可控线性系统 $\dot{x} = Ax + Bu_1$ 和线性指令生成器 $\dot{y}_{ref} = Ay_{ref} + Bu_d$,其中 $u_d$ 为给定的期望输入。此外,跟踪性能度量由式(6.4)给出,其中 $C = I_{n \times n}$。然后,当 $\gamma \to 0$ 时,由式(6.15)的解构造的最优反馈控制(6.14)和选择 $\bar{\Phi} = \begin{bmatrix} x & y_{ref} & 1 \end{bmatrix}^T$ 时的最优价值(6.11),将接近于广义误差系统的 LQR 反馈控制,其增益为 $k = r_1^{-1} S\tilde{B}$:

$$\frac{d}{dt} \begin{bmatrix} x \\ e \\ 1 \end{bmatrix} = \tilde{A} \begin{bmatrix} x \\ e \\ 1 \end{bmatrix} + \tilde{B}u_1 \tag{6.16}$$

其中

$$\tilde{A} = \begin{bmatrix} A & 0 & 0 \\ 0 & A & Bu_d \\ 0 & 0 & 0 \end{bmatrix}$$

$\tilde{B} = \begin{bmatrix} B & -B & 0 \end{bmatrix}^T$,$e$ 是跟踪误差,并且 $S$ 在任意 $t \in [0, \infty)$ 处由著名的连续时间微分 Riccati 方程的解给出:

$$\dot{S} = \bar{Q} - S\tilde{B}r_1^{-1}\tilde{B}^{\mathrm{T}}S + S\tilde{A} + \tilde{A}^{\mathrm{T}}S \tag{6.17}$$

**证明:** 在这种情况下,每个跟踪器和目标动态的线性基函数,加上一个常数基函数 1 就足以实现所提出的方法。因此,我们选择 $\bar{\Phi} = [x \quad y_{\mathrm{ref}} \quad 1]^{\mathrm{T}}$。请注意,这不会影响通用性,并且包含额外的基函数只会在计算中添加更多的零列。然后增广系统(6.9)变成

$$\dot{z} = \begin{bmatrix} \dot{x} \\ \dot{y}_{\mathrm{ref}} \end{bmatrix} = \underbrace{\begin{bmatrix} A & 0 & 0 \\ 0 & A & Bu_d \end{bmatrix}}_{F} \bar{\Phi} + \underbrace{\begin{bmatrix} 0 & 0 & B \\ 0 & 0 & 0 \end{bmatrix}}_{G_1} \bar{\Phi}u_1 \tag{6.18}$$

与 6.2 节中给出的过程类似,最优控制应满足 HJB 方程

$$\bar{\Phi}^{\mathrm{T}}\dot{P}\bar{\Phi} + \gamma\bar{\Phi}^{\mathrm{T}}P\bar{\Phi} = \bar{\Phi}^{\mathrm{T}}\begin{bmatrix} Q & -Q & 0 \\ -Q & Q & 0 \\ 0 & 0 & 0 \end{bmatrix}\bar{\Phi} + u_1^{*\mathrm{T}}r_1u_1^* +$$
$$\left(\bar{\Phi}^{\mathrm{T}}P\frac{\partial\bar{\Phi}}{\partial z}\right)\dot{z} + \dot{z}^{\mathrm{T}}\left(\frac{\partial\bar{\Phi}^{\mathrm{T}}}{\partial z}P\bar{\Phi}\right) \tag{6.19}$$

其中

$$P = \begin{bmatrix} P_1 & P_2 & P_3 \\ P_2^{\mathrm{T}} & P_4 & P_5 \\ P_3^{\mathrm{T}} & P_5^{\mathrm{T}} & P_6 \end{bmatrix}$$

在这一步中,我们在式(6.19)中替换 $y_{\mathrm{ref}} = x + e$。相应地,我们重新定义 $z := [x \quad e]^{\mathrm{T}}$ 和 $\bar{\Phi} := [x \quad e \quad 1]$。因此,增广系统(6.18)可以用新的定义重写,其中增广系统矩阵变为

$$G_1 := \begin{bmatrix} 0 & 0 & B \\ 0 & 0 & -B \end{bmatrix}$$

$F$ 保持不变。

现在,通过代入最优控制(6.14)并考虑变量的变化,式(6.19)等价于

$$\bar{\Phi}^{\mathrm{T}}\dot{S}\bar{\Phi} + \gamma\bar{\Phi}^{\mathrm{T}}S\bar{\Phi} = \bar{\Phi}^{\mathrm{T}}\tilde{Q}\bar{\Phi} - \bar{\Phi}^{\mathrm{T}}S\frac{\partial\bar{\Phi}}{\partial z}G_1\bar{r}_j^{-1}\bar{\Phi}^{\mathrm{T}}G_1^{\mathrm{T}}\frac{\partial\bar{\Phi}^{\mathrm{T}}}{\partial z}S\bar{\Phi} +$$
$$\bar{\Phi}^{\mathrm{T}}S\frac{\partial\bar{\Phi}}{\partial z}F\bar{\Phi} + \bar{\Phi}^{\mathrm{T}}F^{\mathrm{T}}\frac{\partial\bar{\Phi}^{\mathrm{T}}}{\partial z}S\bar{\Phi} \tag{6.20}$$

其中,$\widetilde{Q}=\operatorname{diag}([0,Q,0])$。为简洁起见,我们省略了详细的计算,可以通过使用引理 6.1
和 $S=\begin{bmatrix} P_1+P_4+P_2+P_2^{\mathrm{T}} & P_2+P_4 & P_3+P_5 \\ P_2^{\mathrm{T}}+P_4^{\mathrm{T}} & P_4 & P_5 \\ P_3^{\mathrm{T}}+P_5^{\mathrm{T}} & P_5^{\mathrm{T}} & P_6 \end{bmatrix}$ 来检验它的等效性。

通过插入

$$\frac{\partial \overline{\Phi}}{\partial z}=\begin{bmatrix} I & 0 \\ 0 & I \\ 0 & 0 \end{bmatrix}$$

并定义

$$\widetilde{A}=\frac{\partial \overline{\Phi}}{\partial z}F=\begin{bmatrix} A & 0 & 0 \\ 0 & A & Bu_d \\ 0 & 0 & 0 \end{bmatrix}$$

$$\widetilde{B}=\frac{\partial \overline{\Phi}}{\partial z}G_1\overline{\Phi}=\begin{bmatrix} B & -B & 0 \end{bmatrix}^{\mathrm{T}}$$

由式(6.20)可以得出结论:

$$\dot{S}=\widetilde{Q}-S\widetilde{B}r_1^{-1}\widetilde{B}^{\mathrm{T}}S+S\widetilde{A}+\widetilde{A}^{\mathrm{T}}S-\gamma S \tag{6.21}$$

当 $\gamma \to 0$,这就得到了众所周知的广义误差系统(6.16)的连续时间微分 Riccati 方程
(6.17)。此外,利用 $\widetilde{B}$ 的定义,可以得到 LQR 反馈增益 $k=r_1^{-1}S\widetilde{B}$。

对于线性时不变系统,式(6.17)的稳态解实现了最优反馈控制,保证了误差的渐近稳定
性和解的最优性。然而,在 RL 环境中,以及在时变系统中,我们只能依赖于对系统的现
有知识,因此依赖于微分 Riccati 方程的连续演化。在这种类型的线性情况下,闭环系统
的稳定性得到保证[参见引理 5.2,其中通过扩展 Prach et al. (2015)的结果提供了收敛
性分析]。

6.3 节将讨论将作为 MBRL 方法实现非线性最优跟踪控制的细节。

## 6.3　使用 SOL 的基于学习的跟踪控制

最初,SOL 方法被提出用于解决稳定和调节问题(Farsi and Liu,2020)。我们在第 5 章详细讨论了用于调节问题的 SOL 方法。在 6.2 节中,我们展示了通过扩展 SOL 的基本思想可以获得一个跟踪控制器,该思想以某种方式统一了动态和最优控制目标,从而在解决最优控制问题时有一定的灵活性。因此,我们得到一个状态相关矩阵微分方程(6.15),其解给出了与参考轨迹和状态轨迹有关的非线性最优跟踪控制的参数。下面,我们将简要回顾一下基于模型的学习框架。

我们从某个 $x_0 \in D$ 开始运行系统,时间步长为 $h$。然后,通过输入、系统状态和参考轨迹进行采样,我们估计 $\bar{\Phi}$,它与增广状态导数 $\dot{z}$ 的近似一起用于更新我们对增广系统的估计,包括系统和指令动态系数。然后,估计的权重和当前测量的状态被用来在某个时间步内对式(6.15)进行积分。紧接着,使用(6.14)更新控制循环中下一次迭代的控制值。

考虑系统权重更新如下:

$$\begin{bmatrix} \hat{f} & \hat{G}_1 & \cdots & \hat{G}_j \end{bmatrix}_k = \underset{\begin{bmatrix} F & G_1 & \cdots & G_j \end{bmatrix}_k}{\arg\min} E(\dot{z}_k, \begin{bmatrix} F & G_1 & \cdots & G_j \end{bmatrix}_k, \Theta(z_k, u_k))$$

其中,$k$ 为时间步长,$E(\cdot)$ 为所采用识别技术的定义成本。此外,我们通过使用从系统和参考轨迹在 $t_k$ 时刻获得的测量值来构造

$$\Theta(z_k, u_k) = \begin{bmatrix} \bar{\Phi}(z_k)^T & \bar{\Phi}(z_k)^T u_{1k} & \cdots & \bar{\Phi}(z_k)^T u_{mk} \end{bmatrix}^T \tag{6.22}$$

为了求解式(6.22),可以在各种应用中交替利用不同的方法,例如非线性动态的稀疏识别(SINDy)(Brunton et al.,2016)、递归最小二乘、神经网络,每种方法都有自己的优点和缺点。

**注释 6.4**　需要注意的是,用式(6.22)估计真实动态不是一项简单的任务。然而,对于任何特定的估计技术来说,这在系统识别的文献中都是一个研究得非常透彻的主题。众所周知,输入信号的持续激励是常见的要求之一,可以通过在控制中添加探测信号来满足。

**注释 6.5**　根据应用的不同,指令动态[式(6.3)]可能是已知的,也可能是未知的。在提供动态的情况下,我们在考虑增广系统时,初始化相关系数将加快识别过程。

在控制更新过程中,初始条件 $P_0$ 的推荐选择是一个适当维数的零方矩阵。然后,可以使用现成的求解器对式(6.15)进行有效的积分。这也需要在任何时间步对 $\partial \Phi / \partial z_k$ 进行估

计。由于事先选择了基函数 $\bar{\varPhi}$，偏导数可以解析计算并存储为函数。因此，它们可以用与 $\bar{\varPhi}$ 本身类似的方式对任意 $z_k$ 进行估计。

## 6.4　仿真结果

为了说明所提出的 SOL 方法在跟踪方面的有效性，我们将其应用于两个基准非线性系统。如 Farsi and Liu(2020)和第 5 章所示，SOL 可以用于解决具有未知动态的非线性系统的调节问题，包括基准摆和 Lorenz 系统的例子。接下来，我们借用这两个例子来研究基于 SOL 框架推导出的跟踪控制方法的特点。对于仿真结果，我们使用 Runge-Kutta 求解器对系统动态进行积分。这些数据被视为代替物理实验的测量值。

在这些基准示例中，我们使用 SINDy(Brunton et al.，2016)中最新的测量值来更新模型。然而，考虑到这种识别技术已经作为一种数据高效和鲁棒的方法被研究和介绍(Brunton et al.，2016；Kaiser et al.，2018)，我们将重点关注所提出的控制方案的特性，而不是识别过程。

此外，可以观察到，所获得的模型的精度直接取决于测量状态导数的精度，这可能是现实实现中的噪声源，导致控制器无效。通过这些仿真，我们假设可以完全访问状态。然后，使用单步后向近似获得状态导数，可以通过考虑更多的步骤来提高潜在性能。

我们在 Python 中进行仿真，包括通过 VPython 模块生成的 3D 图形(Scherer et al.，2000)。所有仿真的采样率为 200 Hz($h=5$ ms)。据此，以 100 Hz 的频率计算控制输入值。在学习过程中，为了仿真给定系统的真实行为，我们从感兴趣的域内随机选择初始条件，以足够的精度对微分方程进行积分。然而，我们只允许在符合采样率的时间步上进行测量。

此外，在下面的示例中，我们使用候选基函数

$$\{1, x, x^2, x^3, \sin x, \cos x, x_i x_j\}$$

其中，$i, j \in \{1, \cdots, n\}, i \neq j$，并且向量 $x$ 上的运算假设为逐分量操作，并定义了一个基函数的子类，例如 $x^2 = \{x_1^2, \quad \cdots \quad x_n^2\}$。因此，假设 6.1 成立。

### 1）摆的跟踪控制

用于摆系统仿真的状态空间模型由下式给出：

$$\dot{x}_1 = -x_2$$

$$\dot{x}_2 = -\frac{g}{l}\sin(x_1) - \frac{k}{m}x_2 + \frac{1}{ml^2}u \tag{6.23}$$

其中，$m=0.1$ kg，$l=0.5$ m，$k=0.1$，$g=9.8$ m/s$^2$。期望的性能表征为矩阵 $Q=\mathrm{diag}([2,7])$，$R=1$，$\gamma=1$。

对该系统进行了两种不同场景下的仿真。在第一个场景中，我们假设有角度和角速度的完整状态参考轨迹。因此，我们尝试使用正弦和斜坡参考信号，如下所示：

$$(a): \begin{cases} y_{1\mathrm{ref}} = -\sin(t), \\ y_{2\mathrm{ref}} = \cos(t). \end{cases}, \quad (b): \begin{cases} y_{1\mathrm{ref}} = -t, \\ y_{2\mathrm{ref}} = 1, \end{cases} \tag{6.24}$$

其中，通过在式（6.1）中选择 $C=\mathrm{diag}([1,1])$ 来测量相应的状态。

图 6.1 和图 6.2 分别说明了从随机初始条件开始的正弦和斜坡参考信号下的系统响应。从图中可以看出，虽然学习过程是在没有先验经验的情况下运行，但通过快速学习动态和最优跟踪控制器可以有效地跟踪参考信号。

在第二种场景中，为了更好地检验主要结果中给出的跟踪控制方案，我们假设只提供角度位置的轨迹作为参考，其中 $C=\mathrm{diag}([1,0])$，$Q=2$。因此，控制目标仅基于角度位置误差来定义。由于这个原因，不应该期望跟踪结果会像前一种情况那样平滑。然而，如图 6.3 所示，通过完美跟踪角度位置实现了目标，此外，其他状态在可接受的程度上仍然类似于未给定的目标轨迹。

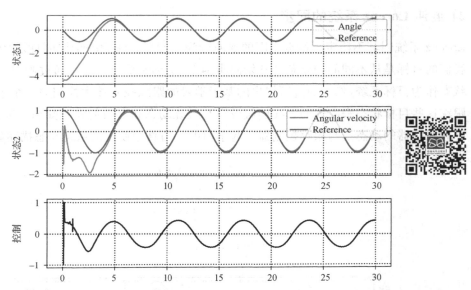

图 6.1 在实现的学习方法中,从随机选择的初始条件开始,对摆系统的控制和状态进行跟踪,以跟踪如式(6.24a)所示的全状态正弦参考信号

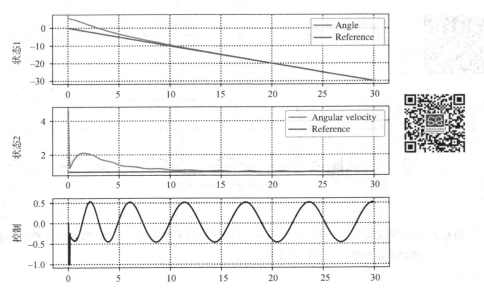

图 6.2 在实现的学习方法中,从随机选择的初始条件开始,对摆系统的控制和状态进行跟踪,以跟踪如式(6.24b)所示的全状态斜坡参考信号

## 2）混沌 Lorenz 系统的同步

Lorenz 系统因其不稳定平衡点周围的混沌行为而闻名。作为一个说明性示例（图 6.4），我们的目标是从不同的初始条件开始同步两个 Lorenz 系统。这是通过测量一个系统的状态作为目标系统，然后通过所提出的基于学习的跟踪控制技术控制另一个系统随时间跟踪这些目标状态来实现的。我们假设没有系统动态和参数的先验知识。因此，目标系统和跟踪器的动态是与跟踪控制器一起学习的。仿真中使用的系统动态描述如下：

$$\dot{x}_1 = \sigma(x_2 - x_1) + u$$

$$\dot{x}_2 = -x_2 + x_1(\rho - x_3) \qquad (6.25)$$

$$\dot{x}_3 = x_1 x_2 - \beta x_3$$

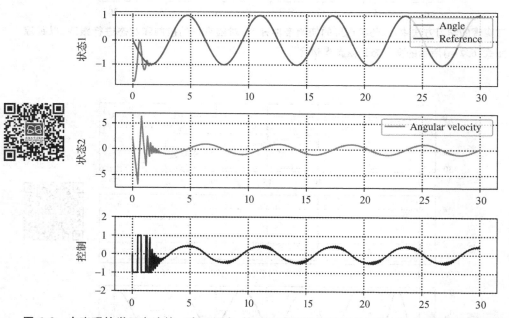

**图 6.3** 在实现的学习方法的一次运行中，从随机选择的初始条件开始，摆系统的控制和状态，其中只提供角度轨迹作为跟踪的参考

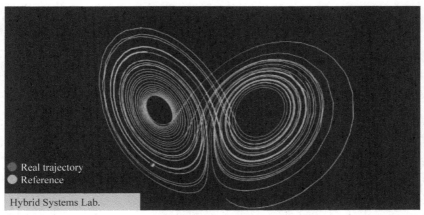

**图 6.4**　用于同步混沌 **Lorenz** 系统的 **3D** 仿真视图。该视频可在 **https∶//youtu. be/1SnvDyb_7Os** 上观看

其中，$\sigma = 10$，$\rho = 28$，$\beta = 8/3$。进一步，我们将性能标准设置为 $Q = \mathrm{diag}([280, 280, 210])$，$R = 0.05$，$\gamma = 200$，并选择 $C$ 作为单位矩阵，与目标系统提供的全状态参考相匹配。图 6.5 展示了受控系统和目标轨迹的演变，以及边学习边控制的过程。图 6.6 展示了跟踪值及其参数。显示同步细节的仿真视频参见 https∶//youtu. be/1SnvDyb_7Os。

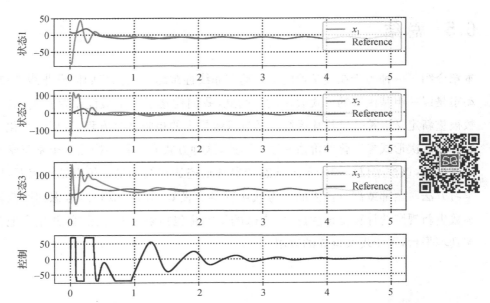

**图 6.5**　在学习与给定参考轨迹同步的过程中，从随机初始条件开始，**Lorenz** 系统的状态和获得的控制

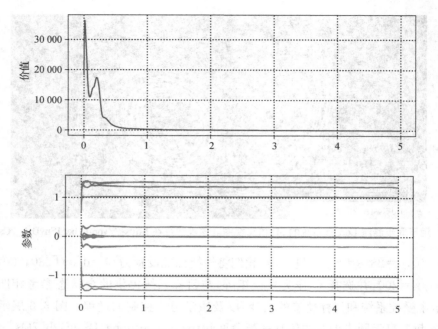

图 6.6　对应于图 6.5,学习 Lorenz 系统的跟踪控制器时价值和参数的演变

## 6.5　总结

本章介绍了一种基于在线学习的未知动态非线性跟踪方法。我们假设非线性控制-仿射动态是以一组基函数的形式表示的。因此,我们构建了一个最优跟踪控制,其中目标函数被重新定义以符合结构化系统。通过求解导出的矩阵微分方程,近似最小化了性能度量和以二次形式参数化的价值函数。因此,这种方式允许我们构建一个基于学习的跟踪控制框架,该框架仅依赖于系统状态和参考轨迹的在线测量。仿真结果表明,所提出的学习方法对全部或部分提供的参考轨迹都具有良好的跟踪效果。考虑到所获得的价值参数更新规则的计算复杂度提高,未来的研究将包括解决实际限制,并相应地获得一个端到端平台,用于现实世界的应用。

# 参考文献

Shubhendu Bhasin, Rushikesh Kamalapurkar, Marcus Johnson, Kyriakos G. Vamvoudakis, Frank L. Lewis, and Warren E. Dixon. A novel actor-critic-identifier architecture for approximate optimal control of uncertain nonlinear systems. Automatica, 49(1):82 – 92, 2013.

Steven L. Brunton, Joshua L. Proctor, and J. Nathan Kutz. Discovering governing equations from data by sparse identification of nonlinear dynamical systems. Proceedings of the National Academy of Sciences of the United States of America, 113 (15):3932 – 3937, 2016.

Milad Farsi and Jun Liu. Structured online learning-based control of continuous-time nonlinear systems. IFAC-PapersOnLine, 53(2):8142 – 8149, 2020.

Milad Farsi and Jun Liu. A structured online learning approach to nonlinear tracking with unknown dynamics. In Proceedings of the American Control Conference, pages 2205 – 2211. IEEE, 2021.

Eurika Kaiser, J. Nathan Kutz, and Steven L. Brunton. Sparse identification of nonlinear dynamics for model predictive control in the low-data limit. Proceedings of the Royal Society A, 474(2219):20180335, 2018.

Rushikesh Kamalapurkar, Joel A. Rosenfeld, and Warren E. Dixon. Efficient model-based reinforcement learning for approximate online optimal control. Automatica, 74: 247 – 258, 2016.

Anna Prach, Ozan Tekinalp, and Dennis S. Bernstein. Infinite-horizon linear-quadratic control by forward propagation of the differential Riccati equation. IEEE Control Systems Magazine, 35(2):78 – 93, 2015.

David Scherer, Paul Dubois, and Bruce Sherwood. VPython: 3D interactive scientific graphics for students. Computing in Science & Engineering, 2(5):56 – 62, 2000.

Huaguang Zhang, Lili Cui, Xin Zhang, and Yanhong Luo. Data-driven robust approximate optimal tracking control for unknown general nonlinear systems using adaptive dynamic programming method. IEEE Transactions on Neural Networks，22 (12)：2226 – 2236，2011.

Yuanheng Zhu, Dongbin Zhao, and Xiangjun Li. Using reinforcement learning techniques to solve continuous-time non-linear optimal tracking problem without system dynamics. IET Control Theory and Applications，10(12)：1339 – 1347，2016.

# 7

# 分段学习与控制及其稳定性保证

在本章中,我们扩展结构化在线学习(SOL)框架,以便使用更灵活的分段参数化模型。目标是在保持学习灵活性的同时改善计算复杂度。我们还希望对未知系统进行闭环稳定性分析,并在学习过程中提供稳定性保证。为此,分段学习框架适用于基于优化的技术进行有效的验证。本章给出的结果发表在 Farsi et al. (2022)的研究中。

## 7.1 简介

在第 5 章中,我们使用了一组基函数来参数化系统模型。为此,已经证明了一组多项式或三角函数基在紧域上以任意精度近似不同函数是有效的。例如,尽管已知多项式基集足以作为通用近似器,但为了在给定域上严格近似动态,所需的基函数数量可能非常大。事实上,基函数的数量取决于感兴趣的域,其中较大的域可能需要更大的基函数集表现出非线性特征。这极大地阻碍了实现,尤其是在在线学习和控制环境中。

在另一种方法中,我们不是添加许多基函数来覆盖大的感兴趣的域,而是将域划分为几个部分,每个部分都可以用有限数量的基函数独立处理。采用分段模型将使更新模型所需的在线计算量保持在可控范围内,从而极大地提高学习效率。

尽管计算量有所改进,但如果选择了大量的分段,学习的数据处理效率可能会降低。考虑到模型参数的总数与分段的数量有关,与基于基函数的学习相比,分段模型可能涉及更多的参数。事实上,在数据效率和计算效率之间存在一种权衡,这种权衡可以由所使用的分段数量来控制。

本章其余部分按以下顺序介绍。7.2 节阐述问题。在第 7.3 节,我们提出了一个分段学习和控制框架,其中我们首先获得系统的估计,然后以闭环形式解决近似最优控制问题。在 7.4 节中,我们基于观察结果为已识别出的分段模型中的不确定性提供一个上界。在 7.5 节中,将获得的不确定性边界用于闭环系统的 Lyapunov 函数合成。在 7.6 节中,讨论了两个基准示例,以数值验证该方法。

## 7.2 问题公式化描述

考虑控制-仿射形式的非线性系统

$$\dot{x} = F(x, u) = f(x) + g(x)u = f(x) + \sum_{j=1}^{m} g_j(x)u_j \tag{7.1}$$

其中,$x \in D \subseteq \mathbb{R}^n$,$u \in U \subseteq \mathbb{R}^m$,$f: D \rightarrow \mathbb{R}^n$,$g: D \rightarrow \mathbb{R}^{n \times m}$。

从初始条件 $x(0) = x_0$ 开始,沿轨迹最小化的成本函数是以下线性二次型的:

$$J(x_0, u) = \lim_{T \to \infty} \int_0^T e^{-\gamma t} (x^T Q x + u^T R u) \mathrm{d}t \tag{7.2}$$

其中,$Q \in \mathbb{R}^{n \times n}$ 是半正定的,$\gamma \geqslant 0$ 是折扣因子,并且 $R \in \mathbb{R}^{m \times m}$ 是由设计准则给出的一个只有正值的对角矩阵。

## 7.3 分段学习与控制框架

我们用一个有界不确定性的分段模型来近似非线性系统(7.1):

$$\dot{x} = W_\sigma \Phi(x) + \sum_{j=1}^{m} W_{j\sigma} \Phi(x) u_j + d_\sigma \tag{7.3}$$

其中,$d_\sigma \in \mathbb{R}^n$ 具有时变不确定性;对于 $\sigma \in \{1, 2, \cdots, n_\sigma\}$ 和 $j \in \{1, 2, \cdots, m\}$,$W_\sigma$ 和 $W_{j\sigma} \in \mathbb{R}^{n \times p}$ 是系数矩阵,具有一组可微基函数 $\Phi(x) = [\varphi_1(x) \quad \cdots \quad \varphi_p(x)]^T$;$n_\sigma$ 表示分段总数。此外,系统的任意分段都定义在由一组线性不等式给出的凸集上:$\Upsilon_\sigma = \{x \in D \mid Z_\sigma x \leqslant z_\sigma\}$,其中 $\sigma \in \{1, \cdots, n_\sigma\}$,$Z_\sigma$ 和 $z_\sigma$ 是适当维数的矩阵和向量。

我们假设集合 $\{\Upsilon_\sigma\}$ 形成域的一个分区,其元素不共享任何内部点,即对于 $\sigma \neq l, \sigma, l \in$

$\{1,2,\cdots,n_\sigma\}$，有 $\bigcup_{\sigma=1}^{n_\sigma} \varUpsilon_\sigma = D$ 和 $\text{int}[\gamma_\sigma] \bigcap \text{int}[\gamma_l] \neq \emptyset$。此外，假设分段模型在 $\{\varUpsilon_\sigma\}$ 的边界上是连续的，这将在后面详细讨论。假设控制输入和不确定性是有界的，分别位于集合：$U = \{u \in \mathbb{R}^m \mid |u_j| \leqslant \bar{u}_j, \forall j \in \{1,2,\cdots,m\}\}$ 和 $\Delta_\sigma = \{d_\sigma \in \mathbb{R}^n \mid |d_{\sigma i}| \leqslant \bar{d}_{\sigma i}, \forall i \in \{1,2,\cdots,n\}\}$。不确定性的上界 $\bar{d}_\sigma = (\bar{d}_{\sigma 1},\cdots,\bar{d}_{\sigma n})$ 需要确定。

## 1）系统识别

在定义了系统的参数化模型后，我们采用系统识别方法来更新系统参数。对于由系统的输入和状态得到的每一对样本，即 $(x^s, u^s)$，我们首先定位包含采样状态 $x^s$ 的分区 $\{\varUpsilon_\sigma\}$ 中的元素。然后，局部更新采样状态所在的特定分段的系统系数。权重根据下式更新：

$$\begin{bmatrix} \hat{W}_\sigma & \hat{W}_{1\sigma} & \cdots & \hat{W}_{m\sigma} \end{bmatrix}_k = \arg\min_{\overline{W}} \| \dot{X}_{k\sigma} - \overline{W}\Theta_{k\sigma} \|_2^2 \tag{7.4}$$

其中，$k$ 是时间步长，$\Theta_{k\sigma}$ 包括一个样本矩阵，对第 $\sigma$ 个分区的第 $s$ 个样本，有

$$\Theta_k^s = \begin{bmatrix} \Phi(x^s)^{\mathrm{T}} & \Phi(x^s)^{\mathrm{T}}u_1^s & \cdots & \Phi(x^s)^{\mathrm{T}}u_m^s \end{bmatrix}_k^{\mathrm{T}}$$

相应地，$\dot{x}_{k\sigma}$ 包含采样状态的导数。虽然原则上可以使用任何识别技术，例如 Brunton et al.（2016）和 Yuan et al.（2019），但系数的线性关系促使我们使用最小二乘技术。在本章中，由于我们打算在线应用，所以我们采用了递归最小二乘技术，它提供了一种更有效的计算方式来更新参数。

### 已识别模型的连续性

考虑到假设了基函数可微，对于 $\sigma \in \{1,2,\cdots,n_\sigma\}$，被识别的模型在 $\varUpsilon_\sigma$ 的内部是可微的。然而，模型的各个部分可能在 $\varUpsilon_\sigma$ 的边界上不相交，其中，对于任意的 $\sigma \neq l$ 且 $\sigma, l \in \{1,2,\cdots, n_\sigma\}$，有 $x \in \varUpsilon_\sigma \bigcap \varUpsilon_l$。

根据我们对从中收集样本的系统（7.1）的知识，原始系统的连续性是成立的。因此，理论上，如果选择了多个分段，并且收集了足够的样本，则分段的边缘将收敛到一起，从而产生一个连续模型。然而，随意选择小的分段是不实用的。

存在不同的技术来有效地选择 $D$ 上的分区并最佳地拟合一个连续分段模型，例如，Toriello and Vielma（2012）、Breschi et al.（2016）、Ferrari-Trecate et al.（2003）、Amaldi et al.（2016）以及 Rebennack and Krasko（2020）。这些技术通常涉及对模型权重和分区

的全局调整,其计算成本可能相当高昂。因此,我们选择局部处理各分段间的间隙。这可以通过对已识别的模型执行后处理程序来完成。

一种相当直接的技术是在每个 $\Upsilon_\sigma$ 的边缘定义额外的分区,以填补分段之间的间隙。可以根据标识给出的相邻分段的权重来选择添加的对应分段的权重。这样做有助于将所有分段连接在一起,形成一个连续的分段模型。图 7.1 展示了为二维情况构建额外分区的过程,我们选择将其设为三角形。类似的方法可推广到 $n$ 维情况。

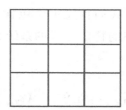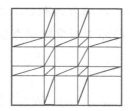

**图 7.1** 说明了获得连续分段模型的方案。左图,显示了二维域上的分区,对于这些分区,模型的各个部分可能在边界中没有连接。右图,构造了一些额外的三角形部件,以填充模型中可能存在的间隙。

## 2) 数据库

尽管使用了在线技术来沿轨迹更新分段模型,但我们仍然需要为系统的每个部分收集一定数量的样本。记录的样本集稍后将用于获得系统每个模式的不确定性边界的估计。为此,随着时间的推移,我们手动挑选并保存最能描述分段系统任意模式下动态的样本。

需要注意的是,数据库将被离线处理,以提取不确定性边界。因此,它不会影响在线学习过程及其计算成本。存储在数据库中的系统的任意样本都包括 $(\Theta_k^s, \dot{x}_k)$,其中状态导数近似为 $\dot{x}_k = x_k - x_{k-1}/h$ 和 $\dot{e}_k$。为了获得更好的结果,可以采用更高阶的状态导数近似。

可以采用不同的技术来获得所收集样本的汇总。我们假设数据库的最大大小是 $N_d$。然后,对于分段模型的任何模式,我们不断将预测误差较大的样本添加到数据库中。因此,在任意步骤中,我们将预测误差 $\dot{e}_k = \| x_k - \hat{\dot{x}}_k \|$ 与活跃分段获得的最新平均误差 $\bar{\dot{e}}_{k\sigma}$ 进行比较。因此,如果条件 $\dot{e}_k > \eta \bar{\dot{e}}_{k\sigma}$ 成立,我们将样本添加到数据库中,其中常量 $\eta > 0$ 调整阈值。如果数据库中样本数量达到最大值,我们将用最近的样本替换最旧的样本。

### 3) 反馈控制

在第 5 章中,提出了一个矩阵微分方程,利用基函数的二次参数化来获得反馈控制。这里,我们采用了一个类似的学习框架,但考虑了一组 $n_\sigma$ 个微分方程,每一个微分方程都对应于分段模型中系统的一个特定模式。我们对以下状态相关 Riccati 微分方程进行前向积分:

$$-\dot{P}_\sigma = \bar{Q} + P_\sigma \frac{\partial \Phi(x)}{\partial x} W_\sigma + W_\sigma^T \frac{\partial \Phi(x)^T}{\partial x} P_\sigma - \gamma P_\sigma -$$
$$P_\sigma \frac{\partial \Phi(x)}{\partial x} \left( \sum_{j=1}^m W_{j\sigma} \Phi(x) \gamma_j^{-1} \Phi(x)^T W_{j\sigma}^T \right) \frac{\partial \Phi(x)^T}{\partial x} P_\sigma \tag{7.5}$$

微分方程(7.5)的解表征了由下式定义的价值函数:

$$V_\sigma = \Phi^T P_\sigma \Phi \tag{7.6}$$

在此基础上我们得到了一个分段控制

$$u_j = -\gamma_j^{-1} \frac{\partial V_\sigma^T}{\partial x} g_j(x) = -\Phi(x)^T \gamma_j^{-1} P_\sigma \frac{\partial \Phi(x)}{\partial x} W_{j\sigma} \Phi(x) \tag{7.7}$$

## 7.4 不确定性边界分析

我们使用分段系统(7.3)中的不确定性来捕获识别中的近似误差。在本节中,我们将分析最坏情况的边界,为所提出的框架提供保证。

存在两种不确定因素影响已识别模型的准确性。第一种是已识别模型与观察结果之间的不匹配。后者也可能受到测量噪声的影响。第二种是由于域中的未采样区域。我们可以通过结合这两种边界来估计模型任何部分的不确定性边界。在以下内容中,我们将更详细地讨论获得这些边界的过程。

**假设 7.1** 对于任何给定的 $(x^s, u^s)$,设 $F_i(x^s, u^s)$ 是 $F(x^s, u^s)$ 的第 $i$ 个元素。我们假设 $F_i(x^s, u^s)$ 可以在一定的容差下测量为 $\widetilde{F}_i(x^s, u^s)$,其中对于所有 $i \in \{1, \cdots, n\}$,当 $0 \leqslant \rho_e < 1$ 时,有 $|\widetilde{F}_i(x^s, u^s) - F_i(x^s, u^s)| \leqslant \rho_e |\widetilde{F}_i(x^s, u^s)|$。

我们使用已识别模型对任意样本的状态导数进行预测 $\hat{F}_i(x^s, u^s)$。因此我们可以很容

易地使用为任意分块收集到的样本,计算出预测和系统的近似评估之间的距离。这就得到了损失 $|\hat{F}_i(x^s,u^s)-\widetilde{F}_i(x^s,u^s)|$。

**定理 7.1** 设假设 7.1 成立,$S_{T_\sigma}$ 表示样本对 $(x^s,u^s)$ 的索引集,使得 $xs \in \Upsilon_\sigma$。然后,当 $s \in \{1,\cdots,N_s\}$ 时,对于任意样本 $(x^s,u^s)$,预测误差的上界由下式给出:

$$|\hat{F}_i(x^s,u^s)-F_i(x^s,u^s)| \leqslant \overline{d}_{e\sigma i} := \max_{s \in S_{T_\sigma}}(|\hat{F}_i(x^s,u^s)-\widetilde{F}_i(x^s,u^s)|+\rho_e|\widetilde{F}_i(x^s,u^s)|)$$

其中,$\sigma \in (1,\cdots,n_\sigma)$,$i \in \{1,\cdots,n\}$。

**证明:**根据假设 7.1,容易证明,使用分区 $\sigma$ 中的样本,可以对任意 $\sigma$ 约束预测误差,如下所示:

$$|\hat{F}_i(x^s,u^s)-F_i(x^s,u^s)| \leqslant |\hat{F}_i(x^s,u^s)-\widetilde{F}_i(x^s,u^s)|+|\widetilde{F}_i(x^s,u^s)-F_i(x^s,u^s)|$$

$$\leqslant |\hat{F}_i(x^s,u^s)-\widetilde{F}_i(x^s,u^s)|+\rho_e|\widetilde{F}_i(x^s,u^s)|$$

$$\leqslant \max_{s \in S_{T_\sigma}}(|\hat{F}_i(x^s,u^s)-\widetilde{F}_i(x^s,u^s)|+\rho_e|\widetilde{F}_i(x^s,u^s)|)=\overline{d}_{e\sigma i}$$

## 1) 用二次规划作误差界定

样本可能不是从域中均匀获得的。根据动态系统的平滑程度,在样本之间的间隙中可能存在不可预测的系统行为。因此,在我们尚未访问的区域,已识别的模型所做的预测可能具有误导性。考虑到这一点,我们假设为系统给定一个 Lipschitz 常数。更具体地说,我们让 $\rho_x \in \mathbb{R}_+^n$ 和 $\rho_u \in \mathbb{R}_+^n$ 分别表示 $F(x,u)$ 在 $D \times U$ 上关于 $x$ 和 $u$ 的 Lipschitz 常数。我们用它来界定未采样区域的不确定性。

我们需要计算在任意分段中预测误差的最坏情况,该最坏情况由 $|\hat{F}_i(x,u)-F_i(x,u)|$ 给出,其中 $\hat{F}(\cdot,\cdot)$ 表示已识别模型的估计。然而,根据假设 7.1,我们无法访问原始系统来准确估计 $F(\cdot,\cdot)$。因此,我们用近似值的形式获得界限。

**假设 7.2** 对于系统(7.1),$\exists \rho_x \in \mathbb{R}_+^n$,使得

$$|F_i(x_0,u)-F_i(y_0,u)| \leqslant \rho_{xi}\|x_0-y_0\|$$

其中,任意 $x_0,y_0 \in D$,且 $u \in U$,$i \in \{1,\cdots,n\}$

**假设 7.3** 对于系统(7.1)，$\exists \rho_u \in \mathbb{R}_+^n$，使得

$$|F_i(x, u_0) - F_i(x, w_0)| \leqslant \rho_{ui} \|u_0 - w_0\|$$

任意 $x \in D, u_0, w_0 \in U, i \in \{1, \cdots, n\}$

**假设 7.4** 已知 $\rho_e$，Lipschitz 常数 $\rho_{xi}$ 和 $\rho_{ui}$ 的初始估计。

下面的结果和界限将直接取决于 $\rho_x$ 和 $\rho_u$ 的选择。但这是允许我们进行计算做出的最小假设。此外，实践中做出这样的假设并没有限制性，因为我们通常对应用有一定的了解。而且，学习可能首先从对连续性常数的初始猜测开始。之后，如果收集的样本推翻了所做的假设，我们可以更新这些值。

为了计算任意分段的不确定性边界，我们首先寻找每个分段内样本之间存在的最大间隙。该过程首先搜索状态和控制空间中不包含任意样本的最大间隙，如图 7.2 所示。设 $(x^{s*}, u^{s*})$ 为 $S_{\Upsilon\sigma}$ 中索引到的离样本间隙中心点 $(c_{x\sigma}^*, c_{u\sigma}^*)$ 最近的样本（欧几里得球）（图 7.3），其半径为 $(r_{x\sigma}^*, r_{u\sigma}^*)$。为此，我们对每一个分段进行二次规划（QP）求解。以下 QP 的解返回中心 $c_{x\sigma}^*$，在该中心处可以在第 $\sigma$ 块中找到一个最大半径为 $r_{x\sigma}^*$ 的 $n$ 维球，使得该球中不包含样本 $x^s$：

$$\arg\max_{c_{x\sigma}, r_{x\sigma}} r_{x\sigma} \tag{7.8}$$

受约束于

$$c_{x\sigma} \in \Upsilon_\sigma$$

$$s \in S_{\Upsilon\sigma} : \|x^s - c_{x\sigma}\| \geqslant r_{x\sigma}$$

同样，通过求解下式可以得到中心 $c_{u\sigma}^*$ 和半径 $r_{u\sigma}^*$，将样本间隙表示为控制空间中的一个 $m$ 维球：

$$\arg\max_{c_{u\sigma}, r_{u\sigma}} r_{u\sigma} \tag{7.9}$$

受约束于

$$c_{u\sigma} \in U$$

$$s \in S_{\Upsilon\sigma} : \|u^s - c_{u\sigma}\| \geqslant r_{u\sigma}$$

**定理 7.2** 设假设 7.1~7.4 成立，$(r_{x\sigma}^*, r_{u\sigma}^*)$ 由式(7.8)和式(7.9)的解给出。然后，对于所有未访问的点 $x \in \Upsilon_\sigma$ 和 $u \in U$，可以得到预测误差的上界：

$$|F_i(x,u)-\hat{f}_i(x,u)|\leqslant \overline{d}_{\sigma i}=\rho_{ui}r_{x\sigma}^{*}+\rho_{xi}r_{x\sigma}^{*}+\overline{d}_{e\sigma i}+\hat{\rho}_{ui}r_{u\sigma}^{*}+\hat{\rho}_{xi}r_{x\sigma}^{*} \qquad (7.10)$$

**证明：** 根据 Lipschitz 条件，对任意 $(x,u)\in \Upsilon_{\sigma}$，下式成立：

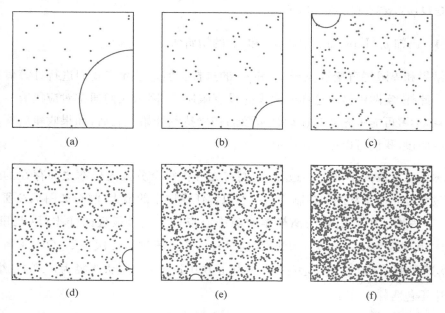

(a)　　　　　　　　(b)　　　　　　　　(c)

(d)　　　　　　　　(e)　　　　　　　　(f)

**图 7.2** 子图 (a)～(f) 表示不同样本数量的样本间隙。可以观察到，随着样本数量的增加，间隙半径减小

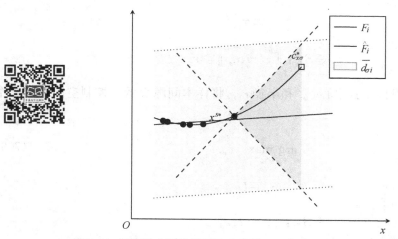

**图 7.3** 根据样本间隙得到不确定性界限方案。图中黑色点表示测量值

$$|F_i(x,u)-F_i(x^{s*},u^{s*})|\leqslant|F_i(x,u)-F_i(x,u^{s*})|+|F_i(x,u^{s*})-F_i(x^{s*},u^{s*})|$$
$$\leqslant\rho_{ui}\|u-u^{s*}\|+\rho_{ui}\|x-x^{s*}\| \tag{7.11}$$

此外，我们有系统的估计 $\hat{F}(x,u)$，则差值被限定为

$$|F_i(x,u)-\hat{F}_i(x,u)|\leqslant|F_i(x,u)-F_i(x^{s*},u^{s*})|+|F_i(x^{s*},u^{s*})-\hat{F}_i(x,u)|$$
$$\leqslant|F_i(x,u)-F_i(x^{s*},u^{s*})|+|F_i(x^{s*},u^{s*})-\hat{F}_i(x^{s*},u^{s*})|+$$
$$|\hat{F}_i(x^{s*},u^{s*})-\hat{F}_i(x,u)|$$
$$\leqslant\rho_{ui}\|u-u^{s*}\|+\rho_{xi}\|x-x^{s*}\|+\bar{d}_{e\sigma i}+|\hat{F}_i(x^{s*},u^{s*})-\hat{F}_i(x,u)|$$
$$\leqslant\rho_{ui}\|u-u^{s*}\|+\rho_{xi}\|x-x^{s*}\|+\bar{d}_{e\sigma i}+|\hat{F}_i(x^{s*},u^{s*})-\hat{F}_i(x^{s*},u)|+$$
$$|\hat{F}_i(x^{s},u)-\hat{F}_i(x,u)|$$
$$\leqslant\rho_{ui}\|u-u^{s*}\|+\rho_{xi}\|x-x^{s*}\|+\bar{d}_{e\sigma i}+\hat{\rho}_{ui}\|u-u^{s*}\|+\hat{\rho}_{xi}\|x-x^{s*}\|$$

其中，在最后一步中，我们使用了不等式(7.11)和根据样本由定理 7.1 得到的界限。然后，考虑到 $\hat{F}_i(x,u)$ 是已知的，我们可以很容易地计算出相应的 Lipschitz 常数 $\hat{\rho}_{ui}$ 和 $\hat{\rho}_{xi}$。这个与最近样本 $(x^{s*},u^{s*})$ 的最大距离发生在给定半径为 $r_{x\sigma}^*$ 和 $r_{u\sigma}^*$ 的样本间隙中。这就产生了总误差界限，如下所示：

$$|F_i(x,u)-\hat{F}_i(x,u)|\leqslant\rho_{ui}r_{u\sigma}^*+\rho_{xi}r_{x\sigma}^*+\bar{d}_{e\sigma i}+\hat{\rho}_{ui}r_{u\sigma}^*+\hat{\rho}_{xi}r_{x\sigma}^*$$

## 7.5　分段仿射学习与控制的稳定性验证

### 1) 分段仿射模型

当我们选择 $\Phi(x)=\begin{bmatrix}1 & x^T\end{bmatrix}$ 时，可以得到系统(7.3)的一种特殊情况。我们考虑系统系数的形式为 $W_\sigma=\begin{bmatrix}C_\sigma & A_\sigma\end{bmatrix}$ 和 $W_{j\sigma}=\begin{bmatrix}B_{j\sigma} & 0\end{bmatrix}$。显然，$A_\sigma$、$B_{j\sigma}$ 和 $C_\sigma$ 可以用标准形式来重写分段仿射(PWA)系统如下：

$$\dot{x}=A_\sigma x+\sum_{j=1}^{m}B_{j\sigma}u_j+C_\sigma+d_\sigma \tag{7.12}$$

## 2) 基于 MIQP 的 PWA 系统稳定性验证

在本节中,我们基于 Chen et al.(2020)提出的方法,采用一种基于混合整数二次规划(MIQP)的验证技术。在这个框架中,通过考虑前面的几个步骤,我们验证了 Lyapunov 函数是递减的。然而,它不一定是单调的,这意味着它可能在某些步骤中增加,然后在其他一些步骤中大幅减少以进行补偿。考虑到这种方法本质上是一种离散技术,我们需要考虑式(7.12)的离散化。通过欧拉近似,我们有

$$x_{k+1} = \check{F}_d(x_k, u_k) = \check{A}_\sigma x_k + \sum_{j=1}^m \check{B}_{j\sigma} u_{jk} + \check{C}_\sigma + d_\sigma \qquad (7.13)$$

式中,$\check{A}_\sigma$,$\check{B}_{j\sigma}$ 和 $\check{C}_\sigma$ 为与式(7.12)相同维度的离散系统矩阵。此外,我们将不确定性界限重新调整为 $\bar{d}_\sigma := h\bar{d}_\sigma$,其中 $h$ 表示时间步长。

我们将控制 $u_{jk} = \omega_j(x_k)$ 的不确定闭环系统记为

$$x_{k+1} = \check{F}_{d,c1}(x_k) \qquad (7.14)$$

对于该系统,设凸集 $\overline{D} = \{x \in D \mid Z_D x \leqslant z_D\}$ 为用户定义的感兴趣区域,在该感兴趣区域内获得吸引域(ROA)是可取的。

### 寻找 Lyapunov 函数

我们总结了 Chen et al.(2020)首次提出的用于获得针对神经网络控制器的确定性闭环系统的 Lyapunov 函数的技术修改版。因此,我们修改算法以允许不确定性和反馈控制[式(7.7)]一起存在。

该过程包括两个阶段,它们迭代执行,直到获得并验证一个 Lyapunov 函数,或者得出结论,在给定的候选集中不存在 Lyapunov 函数。

在第一阶段,我们假设有一个初始的 Lyapunov 候选集,其形式为式(7.15)。然后,学习器搜索一个子集,以确保 Lyapunov 差相对于从系统中收集的一组样本是负的。如果存在这样的子集,则学习器将提出该子集中的一个元素作为候选 Lyapunov 函数。

在第二阶段,在原始系统上验证所提出的候选 Lyapunov 函数。注意到学习器仅使用有限数量的样本来建议一个候选 Lyapunov 函数,它可能不适用于不确定系统的所有演化。因此,验证器要么认证候选 Lyapunov 函数,要么找到一个反例点使得候选 Lyapunov 函

数失败。该样本被添加到从系统收集的样本集中。然后,我们用更新后的样本集再次进入学习阶段。

这个算法在一个循环中运行,我们从学习器中的一个空样本集开始。然后,我们继续提出一个候选 Lyapunov 函数,并在循环的每次迭代中添加一个反例。随着样本集的增长,候选 Lyapunov 函数集在每次迭代中都会缩小,直到它被验证,或者集合中没有剩余元素,这意味着不存在这样的 Lyapunov 函数。

**Lyapunov 函数的学习与验证**

设 $u_j = -r_j^{-1}B_{j\sigma}^{\mathrm{T}}P_{3\sigma}x_k$,定义 $\check{A}_{c1,\sigma} = \check{A}_\sigma - \sum_{j=1}^{m}r_j^{-1}\check{B}_{j\sigma}B_{j\sigma}^{\mathrm{T}}P_\sigma$,则离散闭环系统为 $x_{k+1} = \check{A}_{c1,\sigma}x_k + \check{C}_\sigma + d_\sigma$。

现在,考虑 Lyapunov 函数

$$V(x_k,\hat{P}) = \begin{bmatrix} x_k \\ x_{k+1} \end{bmatrix}^{\mathrm{T}} \hat{P} \begin{bmatrix} x_k \\ x_{k+1} \end{bmatrix} \tag{7.15}$$

由 $\hat{P} \in F$ 表征,其中

$$F = \{\hat{P} \in \mathbb{R}^{2n \times 2n} \mid 0 \leqslant \hat{P} \leqslant I, V(x_{k+1},\hat{P}) - V(x_k,\hat{P}) < 0, \forall x_k \in \overline{D}\backslash\{0\}, d_\sigma \in \Delta_\sigma\}$$

Lyapunov 函数的结构由 Chen et al.(2020)提出,它采用分段二次函数来参数化 Lyapunov 函数。这种方法结合了非单调 Lyapunov 函数(Ahmadi and Parrilo, 2008)和有限步 Lyapunov 函数(Bobiti and Lazar, 2016, Aeyels and Peuteman, 1998)技术,通过观察接下来的几个步骤来提供保证。应该注意的是,Lyapunov 函数在任意单步内不一定递减,但在考虑的有限步内则必须递减。

**学习器** 为了实现 Lyapunov 函数,我们需要一种机制来寻找 $F$ 中合适的 $\hat{P}$ 值。为此,我们通过只考虑 $(\overline{D},\Delta)$ 中有限数量的元素来获得 $F$ 的过近似。我们首先定义 Lyapunov 函数的增量为

$$\Delta V(x,\hat{P}) = V(\check{F}_{d,c1}(x),\hat{P}) - V(x,\hat{P})$$

$$= \begin{bmatrix} \check{F}_{d,c1}(x) \\ \check{F}_{d,c1}^{(2)}(x) \end{bmatrix}^{\mathrm{T}} \hat{P} \begin{bmatrix} \check{F}_{d,c1}(x) \\ \check{F}_{d,c1}^{(2)}(x) \end{bmatrix} - \begin{bmatrix} x \\ \check{F}_{d,c1}(x) \end{bmatrix}^{\mathrm{T}} \hat{P} \begin{bmatrix} x \\ \check{F}_{c1}(x) \end{bmatrix}$$

其中，$\check{F}_{d,c1}^{(2)}(x) = \check{F}_{d,c1}(\check{F}_{d,c1}(x))$。

进一步，假设样本数为 $N_s$ 的集合如下：

$$\delta = \{(x, \check{F}_{d,c1}(x), \check{F}_{d,c1}^{(2)}(x))_1, \cdots, (x, \check{F}_{d,c1}(x), \check{F}_{d,c1}^{(2)}(x))_{N_s}\}$$

注意 $\delta$ 隐式地包含了扰动输入和状态的样本。

现在，使用 $\delta$，我们得到过近似

$$\tilde{F} = \{\hat{P} \in \mathbb{R}^{2n \times 2n} \mid 0 \leqslant \hat{P} \leqslant I, \Delta V(x, P) \leqslant 0, \forall x \in \delta, d_\sigma \in \Delta_\sigma\}$$

为了在 $\tilde{F}$ 中找到元素，有一些有效的迭代技术，它们被称为切割平面方法。例如，参见 Atkinson and Vaidya(1995)、Elzinga and Moore(1975)、Boyd and Vandenberghe(2007)。在 Chen et al.（2020）中，解析中心切割平面法（ACCPM）（Goffin and Vial, 1993, Nesterov, 1995, Boyd and Vandenberghe, 2004）被用于一个优化问题：

$$\hat{P}^{(i)} = \arg\min_{\hat{P}} - \sum_{x \in \delta_i} \log(-\Delta V(x, \hat{P}) - \log \det(I - \hat{P}) - \log \det(\hat{P})) \quad (7.16)$$

其中，$i$ 是迭代索引。如果可行，第一项的对数障碍函数保证了 $\tilde{F}$ 内 Lyapunov 差的负性成立的解。另外两项保证 $0 \leqslant \hat{P}^{(i)} \leqslant I$。在第 $i$ 阶段，解给出了一个基于样本集 $\delta_i$ 的 Lyapunov 函数 $V$。另一方面，如果解不存在，则得出集合 $F$ 为空的结论。

**验证器**　式(7.16)建议的候选 Lyapunov 函数可能不能保证对于所有 $x \in \overline{D}$ 和 $d_\sigma \in \Delta_\sigma$ 的渐近稳定性。因为只考虑了采样空间。因此，在下一步中，我们需要验证不确定系统的候选 Lyapunov 函数。为此，基于 PWA 的凸包公式来求解 MIQP：

$$\max_{x^j, u^j, d^j, \mu^j} \begin{bmatrix} x^1 \\ x^2 \end{bmatrix}^{\mathrm{T}} \hat{P}^{(i)} \begin{bmatrix} x^1 \\ x^2 \end{bmatrix} - \begin{bmatrix} x^0 \\ x^1 \end{bmatrix}^{\mathrm{T}} \hat{P}^{(i)} \begin{bmatrix} x^0 \\ x^1 \end{bmatrix} \quad (7.17)$$

受约束于

$$Z_{\overline{D}} x^0 \leqslant z_{\overline{D}}, \|x^0\|_\infty \geqslant \varepsilon \quad (7.18)$$

$$u^j = \omega(x^j) \quad (7.19)$$

$$Z_\sigma x_\sigma^j \leqslant \mu_\sigma^j z_\sigma, Z_\sigma u_\sigma \leqslant \mu_\sigma^j z_u, |d_{\sigma i}^j| \leqslant \mu_\sigma^j \overline{d}_{\sigma i} \quad (7.20)$$

$$(1, x^j, u^j, d^j, x^{j+1}) = \sum_{\sigma=1}^{N_\sigma} (\mu_\sigma^j, x_\sigma^j, u_\sigma^j, d_\sigma^j, A_\sigma x_\sigma^j + B_\sigma u_\sigma^j + \mu_\sigma^j C_\sigma + d_\sigma^j) \quad (7.21)$$

$$\mu_\sigma \in \{0,1\}$$

$$\forall \sigma \in \{1,\cdots,N_\sigma\}, i \in \{1,\cdots,n\}, j \in \{0,1\} \quad (7.22)$$

其中,原点周围半径为 $\varepsilon$ 的球被排除在状态集之外,并且 $\varepsilon$ 在式(7.18)中被选得足够小。这是由于注释 7.1 和目标的数值在接近原点时变得相当小的事实。这使得目标的负性很难在原点周围进行验证。有关算法实现的更多细节,请参考 Chen et al.(2020)。

系统由式(7.21)和式(7.22)给出。为了在混合整数问题中定义分段系统,类似于 Chen et al.(2020),我们使用 Marcucci and Tedrake(2019)中提出的分段模型的凸包公式。然而,考虑到不确定性,我们组成了一个稍微不同的系统,定义了额外的变量来模拟扰动输入。

约束式(7.18)和式(7.20)分别定义了初始条件、状态、控制和扰动输入的集合。此外,反馈控制由式(7.19)实现。

为了证明闭环系统是渐近稳定的,混合整数二次规划(MIQP)[式(7.17)]所返回的最优价值需要为负。否则,最优解的参数 $(x^{0*}, x^{1*}, x^{2*})$ 将作为反例被添加到样本集 $\delta$ 中。

## 3) ACCPM 的收敛性

Sun et al.(2002)和 Chen et al.(2020)讨论了用于搜索二次 Lyapunov 函数的 ACCPM 的收敛性和复杂性,其中获得了算法退出之前所采取的步数的上限。

**引理 7.1** 设 $F$ 是 $\mathbb{R}^{n \times n}$ 的一个凸子集。此外,存在 $P_{\text{center}} \in \mathbb{R}^{n \times n}$,使得 $\{P \in \mathbb{R}^{n \times n} \mid \|P - P_{\text{center}}\|_F \leqslant \varepsilon\} \subseteq F$,其中使用 Frobenius 范数,且 $F \subseteq \{P \in \mathbb{R}^{n \times n} \mid 0 \leqslant P \leqslant I\}$。那么,中心切割平面算法最多完成 $O(n^3/\varepsilon^2)$ 步。

**证明:** 参见 Sun et al.(2002)和 Chen et al.(2020)。

### 稳定性分析

结合 7.4 节的不确定性界限和本节基于 Lyapunov 的验证结果,我们能够证明闭环系统的以下实际稳定性结果。

**定理 7.3** 假设 MIQP[式(7.17)]产生一个负的最优价值。设 $B_\varepsilon$ 表示集合 $\{x \in \mathbb{R}^n \mid \|x\|_\infty$

$\leqslant \varepsilon$},即在原点周围半径为$\varepsilon$的无穷范数球。则集合$B_\varepsilon$对于闭环系统[式(7.14)]是渐近稳定的。$V$的最大子水平集,即$\{x \in \mathbb{R}^n \mid V(x) \leqslant c\}$,对于一些$c$,包含在$\overline{D}$中是一个经过验证的真实ROA的下近似。

**证明:** 根据验证器的条件,如果MIQP[式(7.17)]返回的最优价值为负,对于不确定闭环系统[式(7.14)],我们有效地验证了以下Lyapunov条件:

$$V(0) = 0, \; V(x) > 0, \; \forall x \in \overline{D} \setminus \{0\} \tag{7.23}$$

$$V(\check{F}_{d,c1}(x)) - V(0) < 0, \forall x \in \overline{D} \setminus B_\varepsilon, \; d \in \Delta_\sigma \tag{7.24}$$

通过对集合稳定性的标准Lyapunov分析(Haddad and Chellaboina,2011;Jiang and Wang,2001),集合$B_\varepsilon$,即在原点周围半径为$\varepsilon$的无穷范数球,对于系统[式(7.14)]是渐近稳定的。此外,$V(x)$的任意子水平集,即$\{x \in \mathbb{R}^n \mid V(x) \leqslant c\}$,对于一些$c$,包含在$\overline{D}$中,也包含在$B_\varepsilon$的ROA中。

**注释 7.1** 由于非零加性不确定性界限的存在,不能期望能精确地收敛到原点。这个问题是通过向原点的一个小邻域(即$B_\varepsilon$)提供收敛保证来解决的。在原点周围收集足够的样本,通过已识别系统的模式$\sigma = 0$得到系统的局部近似,其定义域包括原点,而$d_\sigma$可以随着$x_k \to 0$变得任意小。通过这样做,我们可以使定理7.3中的$\varepsilon$任意小,并且稳定性结果实际上等价于原点的渐近稳定性。或者,可以假设存在一个局部稳定控制器,当进入原点的小邻域时可以切换到该控制器。在这种情况下,可以实现渐近稳定性。

## 7.6  数值结果

为了验证所提出的分段学习和验证技术,我们在摆系统[式(5.23)]和动态车辆系统(Pepy et al.,2006)上实现了该方法。此外,我们将结果与文献中提出的其他技术进行了比较。为了进行公平比较,我们采用了Chang et al.(2019)中的系统参数。在2.6 GHz Intel Core i5 CPU上用Python 3.7进行了所有仿真。

### 1) 摆系统

对于摆系统,我们分三个部分讨论仿真结果。在第一部分中,我们将解释用分段反馈控制识别不确定PWA模型的过程。在第二部分中,我们验证了闭环不确定系统,并在$\overline{D}$中获得了ROA。在第三部分中,我们将给出比较结果。

**识别和控制**

控制目标是使摆稳定在由 $x_{eq}=(0,0)$ 给出的顶端平衡点上。首先,我们从学习一个分段模型开始,同时学习不确定性界限和反馈控制。为此,我们对系统进行采样并根据 7.3 节所述的方式更新模型。我们设置采样时间为 $h=5$ ms。相应地,在线更新价值函数和控制规则,如 7.3 节所示。然后,为了验证每个模式内的价值都在递减,只需要利用 7.4 节中得到的结果计算不确定性界限。

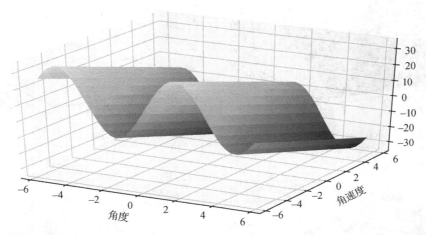

**图 7.4** 假设 $u=0$,即 $f_2(x_1,x_2)$,摆系统 (5.23) 的第二动态视图

为了使摆系统 (5.23) 中的非线性可视化成为可能,我们在图 7.4 中假设 $u=0$ 展示第二个动态,其中第一个动态仅是线性的。学习的过程通过图 7.5 中的几个阶段来说明。在左起的第一列中,我们仅展示了 $u=0$ 时第二个动态的估计,以便与图 7.4 相比较。由此可见,系统识别器能够用分段模型来近似非线性(图 7.6)。

需要注意的是,学习是从包含原点在其定义域中的模式开始的,我们用 $\sigma=0$ 标记。当我们在 $\Upsilon_0$ 中收集更多的随机样本时,可以有效地降低模型在原点周围的不确定性,从而得到一个局部控制器。然后,我们逐渐扩大采样区域,以训练 PWA 模型中的其余部分。

**注释 7.2** 值得一提的是,得到的模型和不确定性界限通过继续采样可以进一步改进。在实现中,我们只执行采样,直到获得的不确定性界限允许我们验证 PWA 系统的每一部分的递减价值函数。

**验证**

拥有已识别的系统和反馈控制后,我们可以应用基于 MIQP 问题的验证算法。正如 Chen et al.(2020)所做的那样,我们在 CVVxpy(Diamond and Boyd,2016)中使用 MOSEK(MOSEK ApS,2020)求解器,实现了学习器,并在 Gurobi 9.1.2(Gurobi Optimization,2020)中实现了验证器。

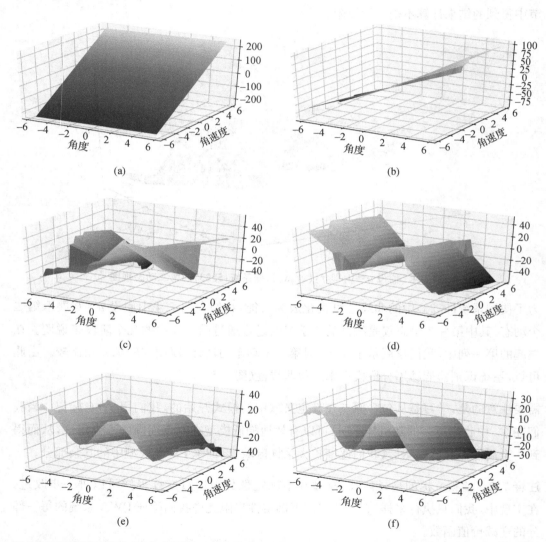

**图 7.5　逐步展示通过 PWA 模型学习动态的过程,说明了识别器的收敛性。子图(a)～(f)显示了随着样本数量的增加,对 $f_2(x_1, x_2)$ 的估计的改进**

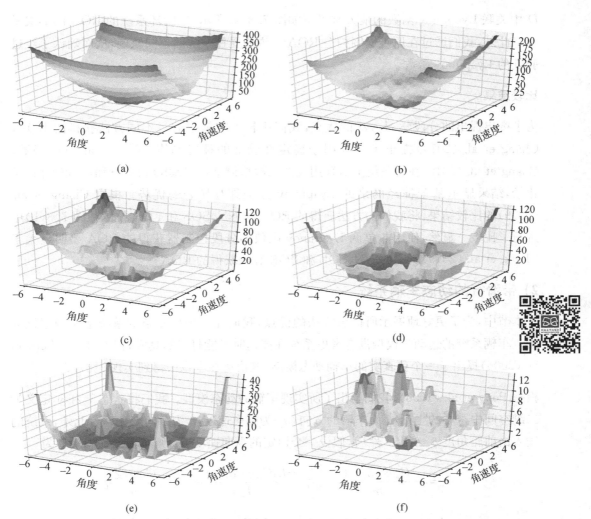

图 7.6　为了更好地说明学习过程,给出了与图 7.5 结果相对应的不确定性界限的分步结果。很明显,误差界限在每一步中都有所提高

我们选择 $\overline{D}$,使得 $x_1$ 和 $x_2 \in (-6, 6)$。为了验证这个系统,我们运行算法并得到了一个矩阵 $\hat{P}$,按照式(7.15)所示,表征了 Lyapunov 函数。

$$\hat{P} = \begin{bmatrix} 0.693\ 710\ 67 & 0.028\ 925\ 86 & 0.194\ 448\ 7 & 0.051\ 963\ 13 \\ 0.028\ 925\ 86 & 0.269\ 413\ 71 & 0.027\ 187\ 69 & -0.213\ 483\ 58 \\ 0.194\ 448\ 7 & 0.027\ 187\ 69 & 0.695\ 181\ 09 & 0.050\ 417\ 37 \\ 0.051\ 963\ 13 & -0.213\ 483\ 58 & 0.050\ 417\ 37 & 0.334\ 693\ 16 \end{bmatrix}$$

$\overline{D}$ 中关联 Lyapunov 函数的最大水平集如图 7.8(a)所示,以闭环系统的 ROA 的形式呈现。此外,我们通过在原点周围构造 ROA 来说明受控系统的不同轨迹,从而确认了经过验证的 Lyapunov 函数。

**比较结果**

为了突出提出的分段学习方法的优点,我们比较了文献中通过不同方法获得的 ROA。Chang et al.（2019）提出了一种用于稳定性验证的神经网络（NN）Lyapunov 函数。Chang et al.（2019）在摆系统上对采用线性二次型调节器（LQR）和平方和（SOS）进行了比较,结果显示基于神经网络的 Lyapunov 方法具有显著的优势。根据 Chang et al.（2019）的比较结果,将我们的方法获得的 ROA 与 NN、SOS 和 LQR 技术在图 7.8(b)中进行了比较。显然,使用非单调 Lyapunov 函数的分段控制器获得的 ROA 要明显大于 Chang et al.（2019）所示的 NN、SOL 和 LQR 算法获得的 ROA。

## 2）带滑行的动态车辆系统

在本节中,为了更好地展示所提出算法的优点,我们在一个更复杂的系统上实现了该方法。车辆系统的运动学模型没有考虑系统在高速时可能打滑的真实行为。因此,Pepy et al.（2006）提出了一个更真实的车辆动态模型,该模型在本章中得到实现（图 7.7）。

根据 Pepy et al.（2006）,我们给出了所实现车辆的动态模型。我们将状态 $x$ 和 $y$ 定义为二维空间中重心的坐标,$\theta$ 为车辆的方向,$v_y$ 为横向速度,$r$ 为方向变化率。此外,系统的输入由前轮角度 $\delta_f$ 给出。然后,假设一个恒定的纵向速度 $v_x$,则车辆的动态模型为

$$\dot{v}_y = -\frac{C_{af}\cos\delta_f + C_{ar}}{mv_x}v_y + \frac{-L_f C_{af}\cos\delta_f + L_r C_{ar}}{I_z v_x}r + \frac{C_{af}\cos\delta_f}{m}\delta_f$$

$$\dot{r} = \left(\frac{-L_f C_{af}\cos\delta_f + L_r C_{ar}}{mv_x} - v_x\right)v_y - \frac{L_f^2 C_{af}\cos\delta_f + L_r^2 C_{ar}}{I_z v_x}r + \frac{L_f C_{af}\cos\delta_f}{I_z}\delta_f$$

$$\dot{x} = v_x\cos\theta - v_y\sin\theta$$

$$\dot{y} = v_x\sin\theta + v_y\cos\theta$$

$$\dot{\theta} = r$$

其中,$C_{af}$ 和 $C_{ar}$ 分别为前后轮转弯刚度系数。重心到前后轮的距离分别用 $L_f$ 和 $L_r$ 表示（图 7.8）。

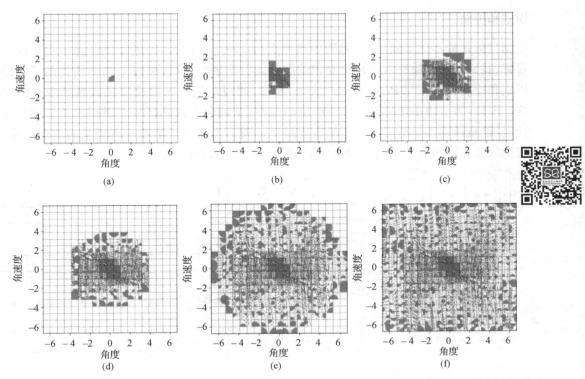

图 7.7 给出了抽样过程的分步结果和得到的样本间隙,与图 7.5 和图 7.6 的结果相对应。显然,通过在不同步骤上获取更多的样本并扩大学习区域,可以有效地减小样本间隙

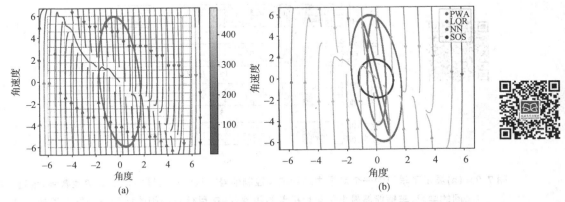

图 7.8 (a)对于 $x_1$ 和 $x_2 \in [-6, 6]$,获得的闭环 PWA 系统 ROA。均匀网格表示 PWA 系统的模式。在相图中显示了系统的多个轨迹,其中颜色映射表示矢量场中的幅度。(b)对于 $x_1$ 和 $x_2 \in [-6, 6]$ 给出了闭环系统的 ROA 比较结果,以及系统的轨迹。LQR、NN 和 SOS 的比较结果改编自 Chang et al. (2019)

### 识别和控制

控制目标是最小化车辆与 2D 地图中目标点 $(x,y)_{goal} = (70, 70)$ 的距离。为了实现这一目标，我们从一些随机的初始位置和偏航值运行车辆。然后，通过不同的场景循环执行识别和控制程序。与 Pepy et al. (2006) 相似，假设车辆的纵向速度在该系统中是恒定的。因此，为了最小化由控制目标给出的成本，车辆会收敛到目标点周围的某个圆形路径上，该路径确实是所定义问题的最优路径。图 7.9 包含了学习一次场景的仿真结果，包括状态和控制信号、每个状态的预测误差、价值函数和模式。

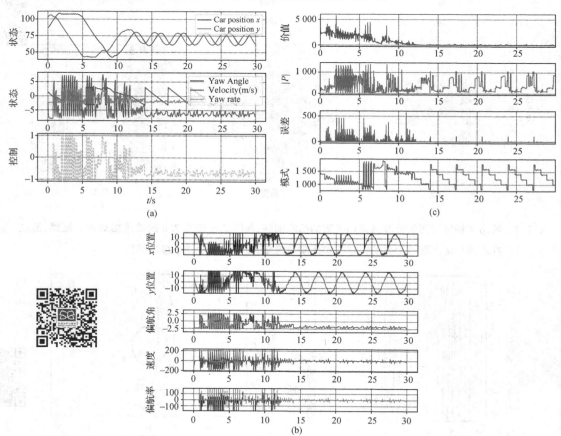

图 7.9 (a)展示了学习的一个场景中的状态和控制信号。从位置信号中可以清楚地看到，经过一段时间的学习，车辆能够最小化与目标点的距离，并在目标点周围收敛到一个圆形路径。(b)该图表示价值函数、主动模式下控制参数的范数、预测误差，以及分段模型的活动模式的演化，对应于图 7.9(a)的结果。可以看出，学习到的价值函数被最小化了。(c)与图 7.9(a)、(c)相对应，在一次学习场景中将学习模型的预测结果与原系统的预测结果进行比较。可以看出，黑色线条表示的预测信号能够与由原始动态得到的信号相匹配

### 3）运行时间结果比较

为了分析所提出的技术在计算方面的特性，我们提供了在学习动态和获取控制时的运行时间结果，这两个例子都已实现。所提出的框架是一种在线技术。因此，在实际应用中，实时识别和控制的计算复杂度变得越来越重要。因此，我们在这里关注的是在线学习过程的复杂性，而不是可以离线完成的验证技术。图 7.10 分别包含识别单元和控制单元的运行时间结果。因此，识别器和控制器可以分别最多在 1 ms 和 20 ms 内更新。因此，可以观察到，对于具有大量分区的高维系统，考虑到系统的性质，计算仍然保持在一个可处理的大小，这可以进行实时应用。

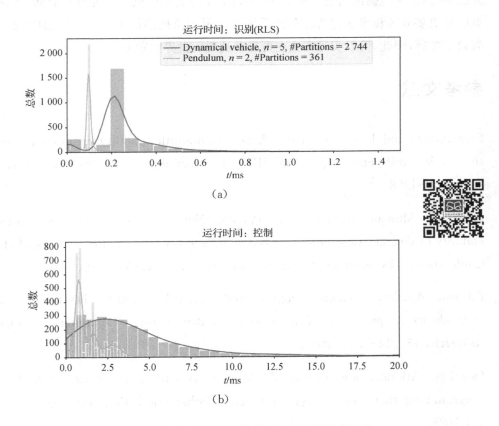

图 7.10　分别给出了识别过程和控制过程的运行时间结果

## 7.7　总结

为了调节具有不确定动态的非线性系统,提出了一个分段非线性仿射框架,其中每个分段负责在局部域的一个分区上学习和控制。然后,在所提出的框架的一个特定案例中,我们专注于以著名的 PWA 系统的形式学习,为此我们提出了一种基于优化的验证方法,该方法考虑了估计的不确定性界限。我们使用摆系统作为数值结果的基准示例。相应地,从学习到的 Lyapunov 函数的水平集得到了一个 ROA。此外,与文献中的其他控制方法相比,使用所提出的框架在 ROA 方面有了显著的改进。作为另一个例子,我们在具有明显更多分区和维度的动态车辆系统上实现了所提出的方法。结果表明该方法可以有效地扩展,因此,可以实时实施在更复杂的现实世界问题上。

# 参考文献

Dirk Aeyels and Joan Peuteman. A new asymptotic stability criterion for nonlinear time-variant differential equations. IEEE Transactions on Automatic Control,43(7): 968 - 971,1998.

Amir Ali Ahmadi and Pablo A. Parrilo. Non-monotonic Lyapunov functions for stability of discrete time nonlinear and switched systems. In Proceedings of the IEEE Conference on Decision and Control,pages 614 - 621. IEEE,2008.

Edoardo Amaldi,Stefano Coniglio,and Leonardo Taccari. Discrete optimization methods to fit piecewise affine models to data points. Computers & Operations Research,75:214 - 230,2016.

David S. Atkinson and Pravin M. Vaidya. A cutting plane algorithm for convex programming that uses analytic centers. Mathematical Programming,69(1):1 - 43,1995.

Ruxandra Bobiti and Mircea Lazar. A sampling approach to finding Lyapunov functions for nonlinear discrete-time systems. In Proceedings of the European Control Conference,pages 561 - 566. IEEE,2016.

Stephen Boyd and Lieven Vandenberghe. Convex Optimization. Cambridge University Press，2004.

Stephen Boyd and Lieven Vandenberghe. Localization and cutting-plane methods. Stanford EE 364b Lecture Notes，2007.

Valentina Breschi，Dario Piga，and Alberto Bemporad. Piecewise affine regression via recursive multiple least squares and multicategory discrimination. Automatica，73：155 − 162，2016.

Steven L. Brunton，Joshua L. Proctor，and J. Nathan Kutz. Discovering governing equations from data by sparse identification of nonlinear dynamical systems. Proceedings of the National Academy of Sciences of the United States of America，113 (15)：3932 − 3937，2016.

Ya-Chien Chang，Nima Roohi，and Sicun Gao. Neural Lyapunov control. In Proceedings of the International Conference on Neural Information Processing Systems，pages 3245 − 3254，2019.

Shaoru Chen，Mahyar Fazlyab，Manfred Morari，George J. Pappas，and Victor M. Preciado. Learning Lyapunov functions for piecewise affine systems with neural network controllers. arXiv preprint arXiv：2008. 06546，2020.

Steven Diamond and Stephen Boyd. CVXPY：A python-embedded modeling language for convex optimization. The Journal of Machine Learning Research，17(1)：2909-2913，2016.

Jack Elzinga and Thomas G. Moore. A central cutting plane algorithm for the convex programming problem. Mathematical Programming，8(1)：134 − 145，1975.

Milad Farsi，Yinan Li，Ye Yuan，and Jun Liu. A piecewise learning framework for control of nonlinear systems with stability guarantees. In Proceedings of the Learning for Dynamics and Control Conference. PMLR，2022.

Giancarlo Ferrari-Trecate，Marco Muselli，Diego Liberati，and Manfred Morari. A clustering technique for the identification of piecewise affine systems. Automatica，39

(2):205 – 217，2003.

Jean-Louis Goffin and Jean-Philippe Vial. On the computation of weighted analytic centers and dual ellipsoids with the projective algorithm. Mathematical Programming，60(1):81 – 92，1993.

Gurobi Optimization. Gurobi Optimizer Reference Manual，2020.

Wassim M. Haddad and VijaySekhar Chellaboina. Nonlinear Dynamical Systems and Control: A Lyapunov-Based Approach. Princeton University Press，2011.

Zhong-Ping Jiang and Yuan Wang. Input-to-state stability for discrete-time nonlinear systems. Automatica，37(6):857 – 869，2001.

Tobia Marcucci and Russ Tedrake. Mixed-integer formulations for optimal control of piecewise-affine systems. In Proceedings of the ACM International Conference on Hybrid Systems: Computation and Control，pages 230 – 239，2019.

MOSEK ApS. The MOSEK optimization toolbox for Python manual，2020.

Yu Nesterov. Complexity estimates of some cutting plane methods based on the analytic barrier. Mathematical Programming，69(1):149 – 176，1995.

Romain Pepy, Alain Lambert, and Hugues Mounier. Path planning using a dynamic vehicle model. In 2006 2nd International Conference on Information & Communication Technologies，volume 1，pages 781 – 786. IEEE，2006.

Steffen Rebennack and Vitaliy Krasko. Piecewise linear function fitting via mixed-integer linear programming. INFORMS Journal on Computing，32（2）：507 – 530，2020.

Jie Sun, Kim-Chuan Toh, and Gongyun Zhao. An analytic center cutting plane method for semidefinite feasibility problems. Mathematics of Operations Research，27(2):332 – 346，2002.

Alejandro Toriello and Juan Pablo Vielma. Fitting piecewise linear continuous functions. European Journal of Operational Research，219(1):86 – 95，2012.

Ye Yuan，Xiuchuan Tang，Wei Zhou，Wei Pan，Xiuting Li，Hai-Tao Zhang，Han Ding，and Jorge Goncalves. Data driven discovery of cyber physical systems. Nature Communications，10(1):1 – 9，2019.

# 8

# 太阳能光伏系统应用

在本章中，我们提出了一个关于太阳能光伏(PV)系统的最优反馈控制设计的案例研究。本章提出的结果发表于 Farsi and Liu(2019)。

## 8.1 简介

太阳能作为一种可再生能源，近年来受到全世界的关注。关于最大化太阳能积累的讨论主导了该领域的研究，并在光伏器件的开发及其应用方面做出了许多努力。设计有效的控制算法对开发高效的太阳能光伏系统至关重要。为此，电力电子学文献中已经提出了各种算法，称为最大功率点跟踪(MPPT)方法。

在传统的 MPPT 方法中，扰动观察(P&O)算法(Femia et al. ,2005)，增量电导算法(Lee et al. ,2006,Sivakumar et al. ,2015)和爬山算法(HC)(Xiao and Dunford,2004)是最受欢迎的技术。已经证明，在实现复杂性或性能方面，其中一些方法比其他方法具有优势。此外，它们都更适合低成本应用。比较结果见 Esram and Chapman(2007)、Mohapatra et al. (2017)和 Ram et al. (2017)。尽管传统方法简单，但它们对环境温度和太阳辐射功率的变化反应缓慢(Ram et al. ,2017)。因此。系统偏离最大功率点(MPP)会导致一定程度的功率损失，这与所实施的太阳能阵列的大小成正比。因此，对于相对较大的太阳能阵列，在简单性和性能之间的权衡中，我们倾向于优先考虑后者，因为实施一些精细技术所节省的能源量足以证明所带来额外成本的合理性。

MPPT 方法的性能可以通过观察两个阶段的工作点行为来分析：收敛阶段和稳态阶段。在收敛阶段，所实现的控制需要足够快地响应，以立即将工作点引导到系统的 MPP。当系统受到周围环境的大幅度干扰时,这可以节省相当多的能源。另一方面,在稳态阶段,由于噪声、模型缺陷和控制器电路的结构,工作点不断受到干扰。因此,操作点需要由高性能控制方案持续监控,以使其保持在 MPP 周围的期望范围内。尽管由低效控制器引起的振荡通常发生在小范围内,但在高功率实施中,由于未能严格跟踪理想的 MPP,并且在非理想开关元件上消耗了大量功率,它们可能会浪费大量能源。

软计算技术,如模糊逻辑控制、人工神经网络和遗传算法,是处理非线性问题的有效工具。因此,作为对传统方法中某些固有缺陷的补救,已经在太阳能光伏系统上实现了许多基于软计算的算法(Chiu and Ouyang,2011,Tarek et al.,2013,Messai et al.,2011)。这些方法通常能提高 MPPT 控制的性能,而每种算法都有自己的约束。例如,尽管模糊逻辑易于实现并可以提供灵活的设计,但人们普遍认为,设计满足特定性能指标的模糊规则通常需要大量的知识和训练;否则,使用数量不足的隶属函数将激发 MPP 周围的振荡(Rain et al.,2017)。

从控制系统的角度来看,太阳能光伏系统可以建模为一个动态系统,与传统的 MPPT 方法相比,可以利用更复杂、更有效的控制技术。这在太阳能光伏系统的设计和分析中提供了许多优势,因为已经存在大量的控制系统文献,可以用来开发更有效的技术[例如,参见(Li et al.,2016;Bianconi et al.,2013;Chu and Chen,2009)]。

Rezkallah et al.(2017)提出了一种具有饱和函数的滑模控制(SMC)方法,可以保证系统 MPP 的稳定性。在这种方法中,通过尝试不同的值并观察收敛和稳态结果来选择一个定义滑动层的设计系数,以找到最优值。尽管它说明了系统在标称条件下性能的改善结果,但颤振问题仍然是一个主要缺点,因为通过试错选择的饱和函数和控制器增益无法保证太阳能光伏系统和周围环境的各种设置的性能。

跟踪误差项的二重积分可用于构建滑动面,以消除稳态误差,并提供针对不确定性的鲁棒控制响应(Tan et al.,2008)。虽然这有助于提高控制器的性能,但它会在系统中引起缓慢的瞬态响应。因此,为了跟踪光伏系统的 MPP,Pradhan and Subudhi(2016)开发了一种改进的二重积分 SMC,以加快收敛阶段并减轻颤振效应。有理由认为,作为一种替代方法,二阶 SMC 在处理非线性系统方面比经典 SMC 方法具有优势。这证明了 Sahraoui et al.(2016)中通过实现所谓的"超扭曲算法"来采用二阶 SMC 是合理的。该方法在 Kchaou et al.(2017)中得到进一步发展,以进一步缓和颤振效应,与 Sahraouy et al.(2016)相比,Kchaou et al.(2017)只使用了一个循环控制。Kchaou et al.(2017)给出的仿真结果表明,几乎整个控制信号的响应都得到了改进。然而,在输出功率信号中仍然能较容易地观察到颤振效应。

尽管文献中提出了各种方法来改进跟踪 MPP 的控制性能,但在实现的控制器配置和所获得的性能之间仍然没有明确的联系。因此,在最优控制框架下,性能分析和最大化光伏系统输出功率问题的定义仍然是一个具有挑战性的问题。为了保持系统性能的一致性,需要保证性能度量。

在本章中,我们提出并解决了太阳能光伏系统的最优反馈控制问题,该问题会在应用中带来许多好处。为了获得最优反馈控制律,我们考虑了一个非线性仿射模型,其中包括交叉加权项的性能度量。因此,与以前的方法相反,性能分析是通过满足最优性条件来进行的,这些条件适用于基于增量电导方法的一组平衡点。所获得的反馈控制器,由于其在 MPP 周围的适当响应,显著减少了不期望的振荡。考虑到太阳能光伏系统的性能受到不断变化的天气条件影响,我们在变化的环境温度和太阳辐射功率下论证了所提出控制器的优点。

本章其余部分组织如下:在 8.2 节中,我们将研究本章中考虑的太阳能光伏系统和升压转换器的模型细节和参数。此外,我们将看到它们是如何配对在一起的,使得控制方案根据需要调节系统的工作点。8.3 节和 8.4 节介绍了本章的主要结果。在 8.3 节中,我们首先介绍了一个最优控制问题,以最小化系统与 MPP 的偏差。然后,我们证明了与定义的成本函数相关的最优控制律是存在的。此外,通过修改制定的最优控制问题,我们推导出太阳能光伏系统的最优电压控制。8.4 节论述了控制真实世界太阳能光伏系统的两个主要挑战。在第一部分,我们提出了一种算法,在不完全了解系统参数的情况下,仅通过从光伏系统的输出电压和电流中获得的样本来实现所获得的控制律。在第二部分,我们讨论了在非均匀幅照条件下实施该方法的注意事项。在 8.5 节中,提供了在均匀和非均匀幅照下基于模型和无模型方法的仿真结果。

表 8.1 给出了使用的参数列表。

表 8.1　术语表

| 符号 | 描述 |
| --- | --- |
| $I_{\mathrm{ph}}$ | 光生电流 |
| $I_{\mathrm{s}}$ | 反向饱和电流 |
| $n$ | 光伏电池的理想因子 |

续表

| 符号 | 描述 |
| --- | --- |
| $V_T$ | 热电压 |
| $N_p, N_s$ | 光伏模块的并联和串联支路 |
| $R_{sh}, R_s$ | 光伏模块的并联和串联电阻 |
| $V_{oc}, I_{sc}$ | 开路电压和短路电流 |
| $L, C$ | DC-DC 转换器的电感和电容 |
| $R_L$ | 电感器的寄生电阻 |
| $R_0$ | 施加的电阻负载 |
| $P_a, V_a, I_a$ | 太阳能电池阵列的功率、电压和电流 |
| $v_C$ | DC-DC 转换器的输出电压 |
| $V_o$ | DC-DC 转换器的期望输出电压 |
| $k_{PID}$ | PID 参数的向量 |

## 8.2 问题描述

本节制定了控制系统,并提供了有关模型的详细信息,以供后续在控制器设计过程中使用。如图 8.1 所示,为了控制系统的工作点,可以使用 DC-DC 升压转换器将光伏阵列与负载耦合。以下两部分分别介绍了用于描述光伏阵列和升压转换器的模型。

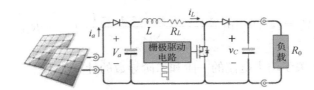

图 8.1　用于将负载连接到太阳能电池阵列的 DC-DC 升压转换器

### 1) 光伏阵列模型

太阳能光伏阵列包含许多光伏模块。假设阵列中使用的所有光伏模块具有相同的电气特性。同样,假设影响太阳能电池板的周围环境,例如环境温度、太阳能辐射的功率密度和风速,在不同模块之间不会发生显著变化。

图 8.2 展示了用于模拟一个光伏模块阵列的等效电路,该阵列由 $N_p$ 个并联支路组成,其中每个支路包含 $N_s$ 个串联模块。在顶部节点应用基尔霍夫电流定律,得到

$$i_a = N_p I_{ph} - N_p I_s \left( \exp\left(\frac{\frac{R_s i_a}{N_p} + \frac{V_a}{N_s}}{nV_T}\right) - 1 \right) - I_{sh} \tag{8.1}$$

其中，$I_{ph}$，$I_s$，$n$，$V_T$ 分别是光伏模块的光生电流、反向饱和电流、理想因子和热电压。此外，考虑到电路中 PV 模块的等效并联电阻 $R_{sh}$ 和串联电阻 $R_s$，我们可以将流过并联电阻的电流写成下式：

$$I_{sh} = \frac{R_s i_a + \frac{N_p}{N_s} V_a}{R_{sh}} \tag{8.2}$$

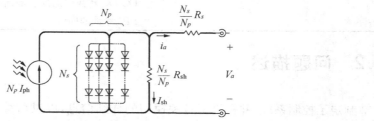

图 8.2 太阳能电池阵列的等效电气模型

因此，PV 阵列的输出电压 $V_a$ 可以根据输出电流 $i_a$ 计算如下：

$$V_a = N_s n V_T \ln\left(\frac{N_p I_{ph} + N_p I_s - i_a - I_{sh}}{N_p I_s}\right) - \frac{N_s}{N_p} R_s i_a \tag{8.3}$$

然后，光伏阵列电压关于输出电流的一阶和二阶导数的计算如下：

$$\frac{\partial V_a}{\partial i_a} = \frac{-N_s n V_T}{N_p I_{ph} + N_p I_s - i_a - I_{sh}} - \frac{N_s}{N_p} R_s$$

$$\frac{\partial^2 V_a}{\partial i_a^2} = \frac{-N_s n V_T}{(N_p I_{ph} + N_p I_s - i_a - I_{sh})^2} \tag{8.4}$$

请注意，由于光伏阵列的输出功率对 $R_{sh}$ 的变化不太敏感，因此忽略 $I_{sh}$ 与 $V_a$ 的相关性，以简化式（8.4）中导数的计算。Tsai(2010)提供了光伏阵列模型的更多细节。

## 2）DC-DC 升压转换器

具有有限数量子系统的动态系统通常被称为切换系统。在这样的系统中，一个切换策略协调这些子系统之间的切换动作,以确保稳定性和性能。切换仿射系统引入了一类重要的具有恒定输入的切换系统,为设计和应用带来了极大的便利。

考虑以下切换系统模型:

$$\dot{x} = A_\sigma x + B_\sigma V_a$$
$$y = C_\sigma^{\mathrm{T}} x \tag{8.5}$$

其中,$A_\sigma \in \mathbb{R}^{n \times n}$,$B_\sigma \in \mathbb{R}^n$,$C_\sigma^{\mathrm{T}} \in \mathbb{R}^n$ 表示系统矩阵。有源子系统由分段常数信号 $\sigma$:$[0, \infty) \rightarrow \{0,1\}$给出。通过选择电感器的电流 $i_L$ 和电容器的电压 $v_C$ 作为系统的状态,状态向量变为 $x = [i_L \quad v_C]^{\mathrm{T}}$。对于系统(8.5),输入 $V_a$ 起到电源的作用。从光伏阵列的模型[式(8.3)]可以看出,输入依赖于状态,因为对于耦合的 DC-DC 转换器和太阳能光伏阵列,$i_a$ 等于 $i_L$。此外,考虑到 $V_T$ 与式(8.3)中的温度有关,$V_a$ 受到光生电流 $I_{\mathrm{ph}}$ 和工作温度 $T$ 的变化的影响。然而,输入辐照度和温度相比于流过电感器的切换电流是缓慢变化的参数,因此 $V_a$ 仅被视为状态的函数。因此,我们认为 $V_a : D \rightarrow \Xi$,其中 $D \subseteq \mathbb{R}_+^2$,$\Xi \subseteq \mathbb{R}_+$ 是感兴趣的域,$\mathbb{R}_+^n$ 表示 $n$ 维正实空间。

在本章中,使用升压转换器来表述问题,而类似的方法可以应用于不同配置的转换器。有关 DC-DC 转换器的设计和开关系统模型的详细信息,请参见 Noori et al. (2016)、Deaecto et al. (2010)和 Noori et al. (2014)。对于典型的升压转换器,切换仿射模型可以通过以下系统矩阵来构建:

$$A_0 = \begin{bmatrix} -R_L/L & 0 \\ 0 & -1/R_0 C \end{bmatrix}, A_1 = \begin{bmatrix} -R_L/L & -1/L \\ 1/C & -1/R_0 C \end{bmatrix},$$

$$B_1 = B_0 = \begin{bmatrix} 1/L \\ 0 \end{bmatrix}, C_1 = C_0 = \begin{bmatrix} 1 & 1 \end{bmatrix}$$

施加到系统的负载用 $R_0 \in \Omega \subseteq \mathbb{R}_+$ 表示。此外,$L$ 和 $C$ 是分别表示电感和电容值的正常数。在这个模型中,假定电感是非理想的,因为考虑了串联的寄生电阻 $R_L$。同样,输出电容器的漏电流可以建模为与输出负载并联的电阻;然而,在该模型中它被忽略了,因为系统矩阵的结构不受其影响。

为了得到系统的脉宽调制(PWM)控制模型,利用子系统的凸包对切换仿射系统进行了过近似

$$\dot{x} = (1-u(t))(A_0 x + B_0 V_a) + u(t)(A_1 x + B_1 V_a)$$

其中，$u(t):[0,\infty) \to [0,1]$ 给出了占空比值。这导致系统的平均值模型如下：

$$\dot{x} = u(t)g(x) + f(x, V_a, R_0) \tag{8.6}$$

其中，$x = [\begin{matrix} i_L & v_C \end{matrix}]^{\mathrm{T}}$，且

$$g(x) = \begin{bmatrix} -\dfrac{1}{L}v_C \\ \dfrac{1}{C}i_L \end{bmatrix}, f(x, V_a, R_0) = \begin{bmatrix} -\dfrac{R_L}{L}i_L + \dfrac{1}{L}V_a \\ -\dfrac{1}{R_0 C}v_C \end{bmatrix}$$

其中，$x := x(t) \in D \subseteq \mathbb{R}_+^2$，$t \in [0,\infty)$，$x(0) = x_0$。此外，$f: D \times \Xi \times \Omega \to \mathbb{R}^2$，$g: D \to \mathbb{R}^2$ 是向量值函数。应该注意的是，该问题针对的是倒置 PWM 发生器，例如，在第 $k$ 个时间步采样控制 $u(t^k) = 0$ 将使晶体管在 $t \in [t^k, t^{k+1})$，$k \in \mathbb{N}$ 内保持 ON 模式。这可以通过再次反转由所获得的控制信号生成的占空比值来适应非倒置 PWM 器件。

此外，通过以下替换：

$$u(t) = \frac{V_a - R_L i_L}{v_C} + \omega_c(t) \tag{8.7}$$

系统动态可以重写如下：

$$\frac{\mathrm{d}}{\mathrm{d}t}\begin{bmatrix} i_L \\ v_C \end{bmatrix} = \omega_c(t)\underbrace{\begin{bmatrix} -\dfrac{1}{L}v_C \\ \dfrac{1}{C}i_L \end{bmatrix}}_{g(x)} + \underbrace{\begin{bmatrix} 0 \\ \dfrac{V_a i_L - R_L i_L^2}{v_C C} - \dfrac{v_C}{R_0 C} \end{bmatrix}}_{f(x, V_a, R_0)} \tag{8.8}$$

其中，对于 $t \in [0,\infty)$，控制 $\omega(t) \in W \subseteq \mathbb{R}$ 是从所有可容许控制的集合 $\Gamma$ 中选择的。控制的第一部分[式（8.7）]可以看作一个等价控制，要求式（8.6）中的 $\dfrac{\mathrm{d}i_L}{\mathrm{d}t} = 0$。此外，式（8.8）中 $\dfrac{\mathrm{d}i_L}{\mathrm{d}t}$ 对控制输入 $\omega_c(t)$ 的简单线性依赖关系有助于稍后在主要结果中进行稳定性分析。

在使用非线性仿射系统对切换系统建模后，下一步，我们利用逆最优控制方法[例如，参见（Moylan and Anderson, 1973；Bernstein, 1993；Haddad and Chellaboina, 2011；

Hadad and L'Afflitto,2016)]来提出并解决一个针对跟踪太阳能光伏系统 MPP 的最优控制问题。

## 8.3 光伏阵列的最优控制

在本节中,我们考虑用一种特殊形式的成本函数来调节太阳能光伏系统的性能。我们首先给出了式(8.8)关于一组平衡点和给定性能度量的最优性和稳定性所需的条件。通过建立一个最优 MPPT 问题,我们证实了所获得的控制律的稳定性和最优性条件确实成立。

**引理 8.1** 考虑系统(式 8.8)的成本函数为

$$J(x_0,\omega_c(\cdot)) = \lim_{T\to\infty}\int_0^T L(\xi(x,V_a(x)),\omega_c(t))\mathrm{d}t \tag{8.9}$$

其中,$x$ 是从 $x_0 \in D$ 开始的解,$L:\mathbb{R}\times W\to\mathbb{R}$ 是运行成本。此外,$\xi:D\times\varXi\to\mathbb{R}$ 定义平衡集如下:

$$E=\{x\in D:\xi(x,V_a(x))=0\} \tag{8.10}$$

假设存在一个 $C^1$ 函数 $V:D\times\varXi\to\mathbb{R}$,以及一个控制律 $\omega_c^*=\varPhi(x,V_a(x))$,其中 $\varphi:D\to W$,使得

$$\text{对于 } x\in E, V(x,V_a(x))=0 \tag{8.11}$$

$$\text{对于 } x\in D、x\notin E, V(x,V_a(x))>0 \tag{8.12}$$

$$\text{对于 } x\in E, \varphi(x,V_a(x))=0 \tag{8.13}$$

$$\text{对于 } x\in D、x\notin E、R_0\in\Omega, V_x^{\mathrm{T}}[\varphi(x,V_a(x))g(x)+f(x,V_a,R_0)]<0 \tag{8.14}$$

$$\text{对于 } x\in D、R_0\in\Omega, H(x,V_a(x),\varphi(x,V_a(x)))=0 \tag{8.15}$$

$$\text{对于 } x\in D、\omega_c\in W、R_0\in\Omega, H(x,V_a(x),\omega_c)\geqslant0 \tag{8.16}$$

其中,$V_x$ 和 $H$ 分别表示关于状态的偏导数:

$$V_x := \frac{\partial V}{\partial x}+\frac{\partial V}{\partial V_a}\frac{\partial V_a}{\partial x}$$

以及 Hamiltonian,定义如下:

$$H(x,v,\omega)=L(\xi(x,v),\omega)+V_x^T(\omega g(x)+f(x,v,R_0))$$

然后,使用反馈控制规则,式(8.8)的解收敛于集合 $E$。此外,反馈控制规则在以下意义上最小化性能函数:

$$J(x_0,\omega_c^*(\cdot))=\min_{\omega_c\in\Gamma}J(x_0,\omega_c(\cdot)) \tag{8.17}$$

其中

$$J(x_0,\omega_c^*(\cdot))=V(x_0,V_a(x_0)) \tag{8.18}$$

**证明:**条件式(8.11)至式(8.14)保证了集合 $E$ 的吸引性,因为 $V$ 是系统[式(8.8)]的 Lyapunov 函数。

Lyapunov 函数的导数如下:

$$\dot{V}(x,V_a(x))=V_x^T(\omega_c g(x)+f(x,V_a(x),R_0)) \tag{8.19}$$

然后我们把运行成本加到式(8.19)的两边,得到

$$\begin{aligned}L(\xi(x,V_a(x)),\omega_c(t))=&L(\xi(x,V_a(x)),\omega_c(t))-\dot{V}(x,V_a(x))\\&+V_x^T(\omega_c(t)g(x)+f(x,V_a(x),R_0))\end{aligned} \tag{8.20}$$

通过从 0 到 $T$ 对两边进行积分,并让 $T\to\infty$,我们获得

$$\begin{aligned}J(x_0,\omega_c(\cdot))=&\lim_{T\to\infty}\int_0^T[L(\xi(x,V_a(x)),\omega_c(t))-\dot{V}(x,V_a(x))+\\&V_x^T(\omega_c(t)g(x)+f(x,V_a(x),R_0))]dt\\=&\lim_{T\to\infty}\int_0^T[-\dot{V}(x,V_a(x))+H(x,V_a(x),\omega_c(t))]dt\\=&V(x_0,V_a(x_0))-\lim_{T\to\infty}V(x_T,V_a(x_T))+\\&\lim_{T\to\infty}\int_0^T H(x,V_a(x),\omega_c(t))dt\\\geqslant&V(x_0,V_a(x_0))\end{aligned} \tag{8.21}$$

其中,通过定义 Hamiltonian 并使用式(8.16)和式(8.18)得出结论[式(8.17)]。

## 1）最大功率点跟踪控制

MPPT 技术的目标是最大化光伏阵列的输出功率,测量方法如下:

$$P_a = V_a i_a$$

输出功率显然是切换系统的状态和状态相关输入的函数。从式(8.3)中可以看出,输入 $V_a$ 仅与第一种状态有关,通过考虑平均模型,我们得到 $i_a = i_L$。因此,根据增量电导法(Lee et al.,2006;Sivakumar et al.,2015),输出功率相对于电感器电流的静止点,即

$$\frac{\partial P_a}{\partial i_L} = \frac{\partial V_a}{\partial i_L} i_L + V_a = 0 \tag{8.22}$$

定义了一组平衡点,这些平衡点解决了太阳能阵列的 MPP 问题。通过这些知识,可以观察到式(8.9)选择如下形式:

$$J(x_0, \omega_c(\cdot)) = \lim_{T \to \infty} \int_0^T [L_1(\xi) + \omega_c(t) L_2(\xi) + S \omega_c(t)^2] dt \tag{8.23}$$

以及适当选择函数 $L_1, L_2 : \mathbb{R} \to \mathbb{R}$ 来惩罚光伏阵列工作点从 $\xi = \dfrac{\partial P_a}{\partial i_L} = 0$ 的偏离,这保证了 MPP,并同时调节了控制输入。在式(8.23)中,$L_1, L_2$ 可以通过使用式(8.22)以 $x$ 和 $V_a$ 的形式写出,并且 $S$ 是由设计考虑给出的正常数。

正如 Haddad and Chellaboina(2011)所述,很明显,引入交叉加权项,即 $L_2 \neq 0$,不仅为设计带来了额外的灵活性,而且比 $L_2 = 0$ 的情况在峰值超调方面表现出更好的瞬态性能。

**注释 8.1**　在均匀辐照下,功率-电压($P - V$)特性曲线中只有一个最大点,该最大点可以通过最小化定义的成本函数来定位,并且已知它是系统的全局 MPP。然而,在非均匀辐照下,只能保证达到局部 MPP。为了克服由此产生的非凸性,需要更多的操作,稍后将在 8.4 节中详细讨论。

在定义了成本函数后,我们需要解决最小化问题[式(8.17)]来实现控制律,该控制律将系统的工作点最优地引导到 MPP。

**定理 8.1**　考虑非线性仿射动态系统[式(8.8)]和性能度量[式(8.23)],分别选择函数 $L_1, L_2 : \mathbb{R} \to \mathbb{R}$,如下所示:

$$L_1(\xi) = \frac{p^2}{4S}(\bar{\xi}-1)^2 \xi^2, L_2(\xi) = p\xi, p > 0 \tag{8.24}$$

其中

$$\xi = \frac{\partial P_a}{\partial i_L}, \bar{\xi} = \left(\frac{\partial^2 V_a}{\partial i_L^2} i_L + 2\frac{\partial V_a}{\partial i_L}\right)\left(\frac{v_C}{L}\right) \tag{8.25}$$

然后,通过选择 $0 < R_L < \lim\limits_{i_L \to 0}\left\{\left|\dfrac{\partial V_a}{\partial i_L}\right|\right\}$ 时的电感器 $L$ 和由下式构造的反馈控制规则[式 (8.7)]:

$$\omega_c^* = \frac{1}{2S} p\xi(\bar{\xi}-1) \tag{8.26}$$

对于给定的正常数 $S$,系统(8.8)的解收敛于由式(8.10)和式(8.25)定义的集合 $E$,并且性能度量[式(8.23)]被最小化。

**证明:** 如上所述,MPP 由输出功率相对于状态 $i_L$ 的静止点给出,如式(8.22)所示。因此,为了跟踪 MPP,我们需要保证通过选择 $\xi = \dfrac{\partial P_a}{\partial i_L}$ 来定义的集合 $E$ 是吸引的。因此,关于运行成本的结构,最优价值函数应该具有以下形式:

$$V = \frac{1}{2}p\left(\frac{\partial P_a}{\partial i_L}\right)^2 = \frac{1}{2}p\left(\frac{\partial V_a}{\partial i_L}i_L + V_a\right)^2 \tag{8.27}$$

根据 HJB 方程并使用式(8.27)中定义的最优价值函数,

$$0 = \inf_{\omega_c(\cdot) \in \Gamma}\{H(x, V_a, \omega_c)$$
$$= L(\xi, \omega_c) + V_x^{\mathrm{T}}(\omega_c g(x) + f(x, V_a, R_0))\} \tag{8.28}$$

沿着从所有可容许控制的集合 $\Gamma$ 中选择的最优控制律给出的最优路径成立,其中 $L(\xi, \omega_c)$ 是式(8.23)中所选择的运行成本。

对于式(8.8)和式(8.27),最优价值函数与 $v_C$ 相独立。而且 $v_C$ 没有出现在式(8.3)和式(8.5)中。因此,$V$ 只沿 $i_L$ 变化,即

$$
V_x = \begin{bmatrix} \dfrac{\partial V}{\partial i_L} \\[2mm] \dfrac{\partial V}{\partial v_C} \end{bmatrix} = \begin{bmatrix} \dfrac{\partial V}{\partial i_L} + \dfrac{\partial V}{\partial V_a}\dfrac{\partial V_a}{\partial i_L} + \dfrac{\partial V}{\partial\left(\dfrac{\partial V_a}{\partial i_L}\right)}\dfrac{\partial}{\partial i_L}\left(\dfrac{\partial V_a}{\partial i_L}\right) \\[4mm] 0 \end{bmatrix}
$$

(8.29)

$$
= \begin{bmatrix} p\left(\dfrac{\partial V_a}{\partial i_L}i_L + V_a\right)\left(\dfrac{\partial^2 V_a}{\partial i_L^2}i_L + 2\dfrac{\partial V_a}{\partial i_L}\right) \\[4mm] 0 \end{bmatrix}
$$

现在，通过替换最优价值和运行成本，Hamiltonian 可由下式获取：

$$
\begin{aligned}
H(x, V_a, \omega_c) &= L_1(\xi) + \omega_c L_2(\xi) + S\omega_c{}^2 + \\
&\quad V_x^{\mathrm{T}}(\omega_c g(x) + f(x, V_a, R_0)) \\
&= L_1(\xi) + \omega_c L_2(\xi) + S\omega_c^2 + \dfrac{\partial V}{\partial i_L}\left(\dfrac{-v_C\omega_c}{L}\right) + \\
&\quad \dfrac{\partial V}{\partial v_C}\left(\dfrac{1}{C}i_L\omega_c + \dfrac{V_a i_L - R_L i_L^2}{v_C C} - \dfrac{v_C}{R_0 C}\right) \\
&= L_1(\xi) + \omega_c L_2(\xi) + S\omega_c^2 + \\
&\quad p\left(\dfrac{\partial V_a}{\partial i_L}i_L + V_a\right)\left(\dfrac{\partial^2 V_a}{\partial i_L^2}i_L + 2\dfrac{\partial V_a}{\partial i_L}\right)\left(\dfrac{-v_C\omega_c}{L}\right)
\end{aligned}
$$

(8.30)

然后，通过求解以下方程，得到最小化给定 Hamiltonian 的最优控制律：

$$
\begin{aligned}
\dfrac{\partial H(x, V_a, \omega_c)}{\partial \omega_c} &= L_2(\xi) + 2\omega_c S + \\
&\quad p\left(\dfrac{\partial V_a}{\partial i_L}i_L + V_a\right)\left(\dfrac{\partial^2 V_a}{\partial i_L^2}i_L + 2\dfrac{\partial V_a}{\partial i_L}\right)\left(\dfrac{-v_C}{L}\right) = 0
\end{aligned}
$$

因此，最优控制律由下式给出：

$$
\omega_c^* = \dfrac{-1}{2S}\left[L_2(\xi) + p\left(\dfrac{\partial V_a}{\partial i_L}i_L + V_a\right)\left(\dfrac{\partial^2 V_a}{\partial i_L^2}i_L + 2\dfrac{\partial V_a}{\partial i_L}\right)\left(\dfrac{-v_C}{L}\right)\right]
$$

(8.31)

为了缩短计算时间，将中间函数 $\xi$ 定义为式（8.25），由此，式（8.30）和式（8.31）可分别写为

$$H(x,V_a,\omega_c)=L_1(\xi)+\omega_c(L_2(\xi)-p\xi\bar{\xi})+S\omega_c^2$$

$$\omega_c^*=\frac{-1}{2S}(L_2(\xi)-p\xi\bar{\xi}) \tag{8.32}$$

此外，Hamilton-Jacobi-Bellman(HJB)方程中 $\omega_c^*$ 的替换值产生如下结果：

$$\inf_{\omega_c(\cdot)\in\Gamma}\{H(x,V_a,\omega_c)\}=H(x,V_a,\omega_c^*)$$

$$=L_1(\xi)-\frac{1}{2S}(L_2(\xi)-p\xi\bar{\xi})^2+$$

$$\frac{1}{4S}(L_2(\xi)-p\xi\bar{\xi})^2 \tag{8.33}$$

$$=L_1(\xi)-\frac{1}{4S}(L_2(\xi)-p\xi\bar{\xi})^2$$

为了确定最优控制输入，只需选择 $L_1$ 和 $L_2$ 函数，使最优性和稳定性条件满足引理 8.1 的要求。关于式(8.27)中价值函数的结构，条件式(8.11)和式(8.12)成立。此外，为了保证渐近稳定性，我们需要对所获得的反馈控制进行验证[式(8.14)]。使用式(8.8)和式(8.29)，获得的 $\dot{V}$ 如下所示：

$$\dot{V}=V_x^{\mathrm{T}}(\omega_c g(x)+f(x,V_a,R_0))$$

$$=\begin{bmatrix}p\left(\dfrac{\partial V_a}{\partial i_L}i_L+V_a\right)\left(\dfrac{\partial^2 V_a}{\partial i_L^2}i_L+2\dfrac{\partial V_a}{\partial i_L}\right)\\0\end{bmatrix}^{\mathrm{T}}\left(\omega_c\begin{bmatrix}-\dfrac{1}{L}v_C\\\dfrac{1}{C}i_L\end{bmatrix}+\right.$$

$$\left.\begin{bmatrix}0\\\dfrac{V_a i_L-R_L i_L^2}{v_C C}-\dfrac{v_C}{R_0 C}\end{bmatrix}\right) \tag{8.34}$$

$$=p\left(\frac{\partial V_a}{\partial i_L}i_L+V_a\right)\left(\frac{\partial^2 V_a}{\partial i_L^2}i_L+2\frac{\partial V_a}{\partial i_L}\right)\left(\frac{-v_C\omega_c}{L}\right)$$

运用式(8.25)定义的 $\bar{\xi}$ 和最优控制律[式(8.32)]，使得

$$\dot{V}\Big|_{\omega_c^*}=-p\xi\bar{\xi}\left(\frac{-1}{2S}(L_2(\xi)-p\xi\bar{\xi})\right) \tag{8.35}$$

$$=\frac{1}{2S}p\xi\bar{\xi}L_2(\xi)-\frac{1}{2S}(p\xi\bar{\xi})^2$$

其中，$p$ 和 $S$ 是正常数。此外，根据式（8.25），$\bar{\xi}$ 的符号取决于 $\dfrac{\partial V_a}{\partial i_L}$ 和 $\dfrac{\partial^2 V_a}{\partial i_L^2}$，考虑到太阳能光伏电池的电气特性，这两者都已知是负值。例如，参见图 8.3 和 8.4 中太阳能电池阵列的电流-电压特性曲线，其中电压相对于电流严格递减且向下凹。因此 $\bar{\xi}$ 只取负值。在式（8.35）中，第二项是明显的负定项；然而，为了确定 $\dot{V}$ 的符号，我们还需要检查 $\xi$ 以及 $L_2$ 的值，它们可以是任何正的或负的实数值。为了处理这种不确定的情况，设 $L_2$ 为式（8.24）中所示 $L_2$，那么

$$\dot{V}\Big|_{\omega_c^*} = \frac{1}{2S}(p\xi)^2\bar{\xi} - \frac{1}{2S}(p\xi\bar{\xi})^2 < 0$$

当 $x \notin E$ 时，$\bar{\xi} < 0$，上述公式显然是负定的，并且满足式（8.14）。此外，这完成了式（8.26）的最优控制输入，通过该最优控制输入，还对式（8.10）中定义的集合 $E$ 验证了式（8.13）。

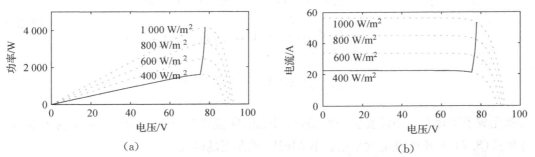

**图 8.3** 通过将辐照功率从 **400 W/m²** 更改为 **1000 W/m²**，仿真太阳能电池阵列的输出结果，其中实线表示使用所提出的 NOC 方法获得的 MPP 的轨迹

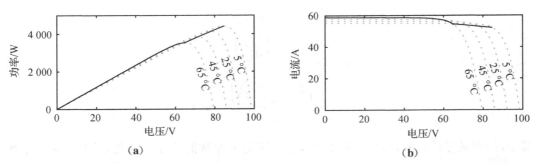

**图 8.4** 通过将环境温度从 **5 ℃** 改变到 **65 ℃**，仿真太阳能电池阵列的输出结果，其中实线表示使用所提出的 NOC 方法获得的 MPP 的轨迹

现在，我们选择式(8.24)中的 $L_1$ 来满足 HJB 方程。通过 $L_1$ 和 $L_2$ 的替换，由式(8.33)可知

$$
\begin{aligned}
H(x, V_a, \omega_c^*) &= \frac{p^2}{4S}\xi^2(\bar{\xi}-1)^2 + \frac{1}{2S}p\xi(\bar{\xi}-1)(p\xi-p\xi\bar{\xi}) + S\left(\frac{1}{2S}p\xi(\bar{\xi}-1)\right)^2 \\
&= \frac{p^2}{4S}\xi^2(\bar{\xi}-1)^2 - \frac{p^2}{2S}\xi^2(\bar{\xi}-1)^2 + \frac{p^2}{4S}\xi^2(\bar{\xi}-1)^2 \\
&= 0
\end{aligned}
\tag{8.36}
$$

因此，最优性的 HJB 条件成立，如式(8.15)所示。在最后一步中，我们需要检查由式(8.32)给出的 Hamiltonian，以确保所有可容许控制 $\omega_c \in W$ 的正定性，正如式(8.16)中所要求的。

$$
\begin{aligned}
H(x, V_a, \omega_c) &= L_1(\xi) + \omega_c(L_2(\xi) - p\xi\bar{\xi}) + S\omega_c^2 \\
&= \frac{p^2}{4S}\xi^2(\bar{\xi}-1)^2 + \omega_c(p\xi - p\xi\bar{\xi}) + S\omega_c^2 \\
&= \left(\frac{p}{2\sqrt{S}}\xi(\bar{\xi}-1)\right)^2 - \omega_c p\xi(\bar{\xi}-1) + (\sqrt{S}\omega_c)^2 \\
&= \left(\frac{p}{2\sqrt{S}}\xi(\bar{\xi}-1) - \sqrt{S}\omega_c\right)^2 \geqslant 0
\end{aligned}
\tag{8.37}
$$

这就完成了引理 8.1 中需要验证的条件。因此，所获得的反馈控制也满足最优性条件，并用式(8.23)给出的性能度量来调节 MPPT 控制器的性能。

此外，具有控制律[式(8.26)]的闭环系统[式(8.8)]的平衡电流可以通过使用系统(8.8)的第一个状态方程来获得：

$$
i_L^{eq} = \begin{cases} \dfrac{-V_a}{\left(\dfrac{\partial V_a}{\partial i_L}\right)} \\[4mm] \left(\dfrac{L}{v_C} - 2\dfrac{\partial V_a}{\partial i_L}\right)\left(\dfrac{1}{\dfrac{\partial^2 V_a}{\partial i_L^2}}\right) \end{cases}
\tag{8.38}
$$

其中，后者显然是负的，并且不在 $D$ 中，这是因为偏导数的负性。因此，只有第一个平衡电流属于 $D$。在系统(8.8)的第二个状态方程中代入有效平衡电流，得到电容器的平衡电压的关系如下：

$$v_C^{\mathrm{eq}} = \pm \frac{\sqrt{-R_0 \left( R_L + \dfrac{\partial V_a}{\partial i_L} \right)}}{\left( \dfrac{\partial V_a}{\partial i_L} \right)} V_a \tag{8.39}$$

类似地,存在一个平衡电压关系总是负的并且不在 $D$ 中。因此,对于固定的 $R_0$,系统的工作点收敛到唯一有效的平衡点

$$(i_L^{\mathrm{eq}}, v_C^{\mathrm{eq}}) = \left( \frac{-V_a}{\left( \dfrac{\partial V_a}{\partial i_L} \right)}, \quad -\frac{\sqrt{-R_0 \left( R_L + \dfrac{\partial V_a}{\partial i_L} \right)}}{\left( \dfrac{\partial V_a}{\partial i_L} \right)} V_a \right) \tag{8.40}$$

对于不同的 $R_0 \in \Omega$ 在 $E$ 中取值。

相应地,为了获得正实数的平衡电压,我们还需要电感器的设计规范满足对于任何 $x \in D$, $0 < R_L < \left| \dfrac{\partial V_a}{\partial i_L} \right|$。因此,$R_L$ 的一个实用且安全的上界选择是 $\inf\limits_{x \in D} \left\{ \left| \dfrac{\partial V_a}{\partial i_L} \right| \right\} = \lim\limits_{i_L \to 0} \left\{ \left| \dfrac{\partial V_a}{\partial i_L} \right| \right\}$,它可以根据太阳能光伏阵列的电压-电流特性曲线或接近开路状态的实验结果来估计。

**注释 8.2**　考虑到关系式(8.40),平衡电流并不直接依赖于输出负载。因此,所提出的控制律可以独立地跟踪 MPP 而不受应用负载影响,同时平衡电压可以仅通过调节 $R_0$ 来选择。在连接到交流电网的太阳能光伏阵列中,负载通常由一个单独的 PI 控制器控制,以调节输出电压 $v_C$ 到一个固定水平,这对于向电网正确注入功率至关重要。此外,为了确保升压转换器的有效运行,我们需要 $v_C > V_a$。这表明对应用负载的下界如下:

$$R_0 > -\left( \frac{\partial V_a}{\partial i_L} \right)^2 \bigg/ \left( R_L + \frac{\partial V_a}{\partial i_L} \right) \tag{8.41}$$

对于任何 $x \in D$,该式可以用来估计 $\Omega$。

## 2）参考电压跟踪控制

在上文中,我们提出了一个最优控制太阳能光伏阵列以获得最大功率的框架。作为所提出框架的第二个应用,我们设计了一个最优反馈控制规则,以将太阳能光伏阵列的输出电压调节到一个参考值。

**推论 8.1**　考虑非线性仿射动态系统[式(8.8)]和性能度量[式(8.23)],分别选择 $L_1$ 和

$L_2$ 如式(8.24)所示,其中

$$\xi = V_a - V_{ref}, \bar{\xi} = \frac{\partial V_a}{\partial i_L} \frac{v_C}{L},$$ (8.42)

那么,通过由式(8.42)构造的反馈控制规则[式(8.26)],系统(8.8)的解收敛于由式(8.10)定义的集合 $E$,并且性能度量[式(8.23)]被最小化。

**证明:** 关于运行成本的结构,最优价值函数应该具有如下的二次型:

$$V = \frac{1}{2} p (V_a - V_{ref})^2$$ (8.43)

通过求导,我们得到

$$
\begin{aligned}
\dot{V} &= V_x^T (\omega_c g(x) + f(x, V_a, R_0)) \\
&= \begin{bmatrix} p(V_a - V_{ref})\left(\dfrac{\partial V_a}{\partial i_L}\right) \\ 0 \end{bmatrix}^T \left( \omega_c \begin{bmatrix} -\dfrac{1}{L} v_C \\ \dfrac{1}{C} i_L \end{bmatrix} + \begin{bmatrix} 0 \\ \dfrac{V_a i_L - R_L i_L^2}{v_C C} - \dfrac{v_C}{R_0 C} \end{bmatrix} \right) \\
&= p(V_a - V_{ref})\left(\dfrac{\partial V_a}{\partial i_L}\right)\left(\dfrac{-v_C \omega_c}{L}\right)
\end{aligned}
$$ (8.44)

对于闭环系统,通过代入由式(8.42)构造的控制规则[式(8.26)],可以得出以下结论:

$$\dot{V} = \underbrace{\frac{p^2}{2S}(V_a - V_{ref})^2 \left(\frac{-\partial V_a}{\partial i_L}\frac{v_C}{L}\right)}_{(+)} \underbrace{\left(\frac{\partial V_a}{\partial i_L}\frac{v_C}{L} - 1\right)}_{(-)} < 0$$

这是通过以下的事实得到的,即一阶偏导数总是负的,这也使得最后一项是负的,而其他乘积项都是正的。因此,通过选择式(8.42)中 $\xi$ 定义的集合 $E$ 是吸引的。其余部分以与定理 8.1 的证明类似的方式进行,将 Hamiltonian 定义为式(8.30),并选择式(8.42)中的 $\xi$ 和 $\bar{\xi}$,此外,还满足引理 8.1 的条件式(8.15)和式(8.16)。

虽然所获得的控制规则可用于调节太阳能光伏阵列在各种应用中的输出电压,但在 8.4 节和稍后的仿真结果中,我们将看到它在部分遮挡条件下特别有用。

**注释 8.3** 需要注意的是,控制目标是控制光伏阵列的输出电压,这与上一小节中获得的 MPPT 控制器的目标不同。因此,可以针对每种情况独立地调整参数 $p$ 和 $S$。

**注释 8.4**　与 Kchaou et al. (2017)和 Rezkallah et al. (2017)类似,文中提出的方法可以被视为基于模型的控制方法,因为控制规则中出现的偏导数依赖于式(8.4)中的模型参数。在下一节中,我们将根据获得的最优方案,介绍一个过程,通过近似偏导数来开发一个无模型控制。此外,结合定理 8.1 和推论 8.1 的结果来处理部分遮挡现象,这是现实世界光伏阵列运行中一个众所周知的缺陷。

## 3) 分段学习控制

考虑以下系统:

$$
\frac{\mathrm{d}}{\mathrm{d}t}
\begin{bmatrix} i_L \\ v_C \\ \xi \end{bmatrix}
=
\begin{bmatrix}
-\dfrac{1}{L}v_C u(t) - \dfrac{R_L}{L}i_L + \dfrac{1}{L}V_a \\[2mm]
\dfrac{1}{C}i_L u(t) - \dfrac{1}{R_0 C}v_C \\[2mm]
\dfrac{\mathrm{d}}{\mathrm{d}t}\left(\dfrac{\partial V_a}{\partial i_L}i_L + V_a\right)
\end{bmatrix}
\tag{8.45}
$$

其由太阳能光伏系统的平均模型[式(8.6)]构建,并增加 $\xi$ 作为第三个状态。应该注意的是,状态 $i_L$ 和 $v_C$ 可以直接测量。此外,由于我们可以测量 $V_a$,那么 $\xi$ 可以近似得到。唯一的问题是获得偏导数项,这也可以通过测量获得。这将在下一节中详细讨论。

现在,这个非线性系统包含 DC-DC 转换器的动态、通过函数 $V_a$ 的 PV 阵列模型,以及可用于达到 MPP 的 $\xi$。假设我们无法访问这个系统的参数,这在现实世界的应用中是一个常见的场景。因此,我们仅需要通过对 $\begin{bmatrix} i_L & v_C & \xi \end{bmatrix}^{\mathrm{T}}$ 的观察来近似这样的系统。这个问题最适合第 7 章中提出的分段学习框架。因此,我们使用以下模型来近似这个未知系统:

$$
\dot{x} = W_\sigma \Phi(x) + \sum_{j=1}^{m} W_{j\sigma}\Phi(x)u_j + d_\sigma
\tag{8.46}
$$

其中,$W_\sigma$ 和 $W_{j\sigma} \in \mathbb{R}^{n\times p}$ 是 $\sigma \in \{1,2,\cdots,n_\sigma\}$ 和 $j \in \{1,2,\cdots,m\}$ 时的系数矩阵,具有一组可微基函数 $\Phi(x) = [\varphi_1(x) \quad \cdots \quad \varphi_p(x)]^{\mathrm{T}}$,且 $n_\sigma$ 表示总的分段数。

考虑到 MPP 是由 $\xi=0$ 给出的,为了建立一个学习型 MPPT 控制器,只需要在控制目标[式(5.2)]中选择 $Q$,以惩罚状态的第三个分量。

## 8.4 应用注意事项

在本节中,我们将讨论在现实应用中建立 MPPT 控制的两个主要挑战。

**1)偏导数近似程序**

在 8.3 节中提出的最优方法中,假设式(8.4)给出的偏导数的精确值在任意 $t \in \mathbb{R}_+$ 时都是可用的。然而,在光伏阵列的实际实现中,存在许多无法直接测量或估计的影响光伏阵列输出功率特性的参数。在文献中,已经有一些关于太阳能光伏阵列在线参数识别的研究,但通常更倾向于使用仅基于光伏阵列的输出电压和电流测量的 MPPT 方法。这是因为它们的简单性和鲁棒性,同时不需要额外了解周围环境知识和太阳能电池的电气特性,这也使它们的应用成本更低。

为了建立所提出的最优控制方法,我们只需要式(8.4)中的偏导数,它可以通过使用光伏阵列的采样输出电压和输出电流近似获得。将输出电流 $i_a$、光生电流 $I_{ph}$ 和环境温度 $T$ 视为影响光伏阵列输出电压的三个主要参数,如式(8.3)所示。与输出电流相比,太阳辐射和环境温度变化缓慢。因此,假定 $|di_a| \gg |dI_{ph}|$ 和 $|di_a| \gg |dT|$。然后,对于足够小的 $|dt|$,阵列输出电压的变化率近似如下:

$$\frac{dV_a}{dt} \simeq \frac{\partial V_a}{\partial i_a} \frac{di_a}{dt}$$

这产生如下偏导数的估计:

$$\frac{\partial V_a}{\partial i_a} \simeq \frac{dV_a}{dt} \bigg/ \frac{di_a}{dt} \tag{8.47}$$

**注释 8.5** 这可以被视为对问题应用的一个强假设,当太阳辐射和环境温度的变化率相对较高时,可能会对系统性能产生不利影响。

然而,由于在现实的天气条件下,辐射和温度输入最终将以可容忍的变化率达到一个稳定状态,控制器也能够从突发干扰中恢复,并在短时间内重新获得 MPP 的轨迹。

此外,二阶导数可以类似地写成如下形式:

$$\frac{d^2 V_a}{dt^2} = \frac{d}{dt}\left(\frac{dV_a}{dt}\right)$$

$$\simeq \frac{\partial}{\partial i_a}\left(\frac{\partial V_a}{\partial i_a}\frac{di_a}{dt}\right)\frac{di_a}{dt}$$

$$= \left(\frac{\partial^2 V_a}{\partial i_a^2}\frac{di_a}{dt} + \frac{\partial V_a}{\partial i_a}\frac{\partial}{\partial i_a}\left(\frac{di_a}{dt}\right)\right)\frac{di_a}{dt} \tag{8.48}$$

$$= \frac{\partial^2 V_a}{\partial i_a^2}\left(\frac{di_a}{dt}\right)^2$$

根据系统的第一个状态方程(8.6),这是利用输出电流的导数与输出电流无关的事实获得的。然后当 $dt \rightarrow 0$ 时,二阶偏导数变为

$$\frac{\partial^2 V_a}{\partial i_a^2} \simeq \frac{d^2 V_a}{dt^2}\Big/\left(\frac{di_a}{dt}\right)^2 \tag{8.49}$$

为了实现所提出的方法,需要在每个时间样本上计算式(8.47)和式(8.49)给出的值。因此对于足够小的采样时间,$\tau = t^k - t^{k-1}$,式(8.47)和式(8.49)可以分别在 $t = t^k$ 时测量,如下所示:

$$\frac{\partial V_a}{\partial i_a}\bigg|_{t=t^k} \simeq \left(\frac{V_a^k - V_a^{k-1}}{\tau}\right)\Big/\left(\frac{i_a^k - i_a^{k-1}}{\tau}\right) = \frac{\Delta V_a^k}{\Delta i_a^k}$$

$$\frac{\partial^2 V_a}{\partial i_a^2}\bigg|_{t=t^k} \simeq \left(\frac{\Delta^2 V_a^k}{\tau^2}\right)\Big/\left(\frac{\Delta i_a^k}{\tau^2}\right)^2 = \frac{\Delta V_a^k - \Delta V_a^{k-1}}{(\Delta i_a^k)^2} \tag{8.50}$$

其中

$$\Delta i_a^k = i_a^k - i_a^{k-1}$$

$$\Delta V_a^k = V_a^k - V_a^{k-1} \tag{8.51}$$

$$\Delta V_a^k - \Delta V_a^{k-1} = V_a^k - 2V_a^{k-1} + V_a^{k-2}$$

因此,虽然允许除以 $\Delta i_a$,但式(8.50)中的关系式近似了构造反馈控制所需的偏导数。值得注意的是,在式(8.51)中获得的信号可能容易受到高频噪声的影响。然而,考虑到式(8.4)的平滑特性,只要它们不会引起慢响应,我们就可以安全地使用低通滤波器。

在收敛阶段,由于电感电流在一段时间内严格地向其稳态值增加或减少,满足 $\Delta i_a \rightarrow 0$ 的可能性非常低。因此,通过关系式(8.50)中的除法所做的近似预计在达到稳定状态之前

是有效的。换句话说,由这些近似提供的反馈控制器将能够收敛到 MPP。

此外,控制器的性能也高度依赖于稳态响应,其中 $i_L$ 在其稳态值附近的振荡导致 $i_L$ 的一些静止点,使得分母 $\Delta i_a \to 0$。设 $\kappa > 0$ 是允许除以的最小值,该值由设计考虑选择。然后,基于式(8.51)中的二阶导数,$|\Delta i_a|$ 至少可以取 $\sqrt{\kappa}$ 来进行有效的除法。因此,只要 $\Delta i_a > \sqrt{\kappa}$ 就可以使用式(8.50)。否则,样本由 $\sum_{\Delta i}$,$\sum_{\Delta v}$,$\sum_{\Delta^2 v}$ 累积,而对近似值不进行任何更新。之后,一旦条件 $|\sum_{\Delta i}| > \sqrt{\kappa}$ 满足,就进行除法运算,并通过累积的样本更新近似值。

如上所述,为偏导数的近似而建立的技术依赖于 $i_L$ 的变化程度。如果控制器选择让该电流停留一段时间,则近似值也将不再更新。因此,它为工作点提供了尽可能偏离 MPP 的机会。换言之,$i_L$ 总是需要最小扰动来执行有效近似并尽快确定一个合适的控制输入。因此,当 $i_L$ 上的变化幅度不满足条件 $|\Delta i_a| > \sqrt{\kappa}$ 时,根据 $i_L$ 上变化的符号,将恒定的正值或负值添加到控制输入以促进扰动。该过程在算法 8.1 中进行了说明,其中只有在满足条件时才更新近似值;否则,将累积样本以供将来使用,并且在每次迭代中都连续地向 PWM 值中持续添加一个小扰动。

在仿真结果中,所提出的算法将用于样本太阳能光伏阵列在均匀和非均匀幅照条件下的控制。

## 2) 局部遮挡效应

局部遮挡现象作为导致光伏组件之间电流-电压特性曲线不匹配的因素之一,在文献中得到了广泛的研究。尽管由部分遮挡的光伏组件引起的非均匀幅照被认为是最有可能的情况,但也存在其他可能的缺陷,如生产公差、积聚的灰尘和老化(Patel and Agarwal, 2008,Spertino and Akilimali,2009),这些缺陷可能加剧不匹配效应。

---

**算法 8.1** 偏导数的近似算法

---

1:程序　偏导数的近似
　　输入:
2:从 $i_a$ 和 $V_a$ 中获得样本;
　　输出:
3:$\left.\dfrac{\partial V_a}{\partial i_a}\right|_{t^k},\left.\dfrac{\partial^2 V_a}{\partial i_a^2}\right|_{t^k}$;
　　初始化:
4:选择 $\varepsilon,\kappa > 0$;
5:设 $\sum_{\Delta i},\sum_{\Delta v},\sum_{\Delta^2 v} = 0$;

---

6： （while 循环）当（结果为真）时，执行

7： 读取样本 $i_a^k$，$V_a^k$；

8： 运用式(8.51)更新 $\Delta i_a^k$，$\Delta V_a^k$ 和 $\Delta^2 V_a^k$

9： （if 判断）如果 $|\Delta i_a| > \sqrt{\kappa}$，那么

10： 运用式(8.50)更新 $\left.\dfrac{\partial V_a}{\partial i_a}\right|_{t^k}$，$\left.\dfrac{\partial^2 V_a}{\partial i_a^2}\right|_{t^k}$

11： 否则

12： $\sum_{\Delta i} := \sum_{\Delta i} + \Delta i_a^k$；

13： $\sum_{\Delta V} := \sum_{\Delta V} + \Delta V_a^k$；

14： $\sum_{\Delta^2 V} := \sum_{\Delta^2 V} + \Delta^2 V_a^k$；

15： （if 判断）如果 $|\sum_{\Delta i}| > \sqrt{\kappa}$，那么

16： 更新：

17： $\left.\dfrac{\partial V_a}{\partial i_a}\right|_{t^k} \simeq \dfrac{\sum_{\Delta V}}{\sum_{\Delta i}}$；

18： $\left.\dfrac{\partial^2 V_a}{\partial i_a^2}\right|_{t^k} \simeq \dfrac{\sum_{\Delta^2 V}}{(\sum_{\Delta i})^2}$；

19： 重置 $\sum_{\Delta i}$，$\sum_{\Delta V}$，$\sum_{\Delta^2 V} = 0$；

20： 否则

21： 添加扰动：

22： $\omega_c := \omega_c + \varepsilon\,\mathrm{sign}(\sum_{\Delta i})$；

23： 结束 if 判断

24： 结束 if 判断

25： 结束 while 循环

26：结束程序

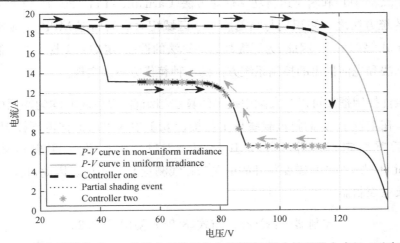

图 8.5 局部遮挡前后 **I-V** 曲线上系统工作点的演变，其中控制器由式(8.52)定义

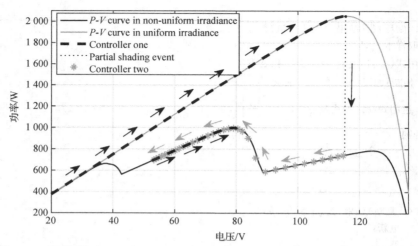

**图 8.6　局部遮挡前后 *P-V* 曲线上系统工作点的演变，其中控制器由式(8.52)定义**

如图 8.5 和 8.6 所示，局部遮挡效应引起的电流-电压(*I-V*)曲线不匹配导致太阳能电池阵列的 *P-V* 特性曲线上出现了一些局部最大值。因此，传统的 MPPT 方法，如 P&O、增量电导和 HC 算法，以及控制系统方法，如 SMC、二阶 SMC 和双积分器控制，可能无法跟踪全局最大值，因为它们沿着增加输出功率的方向进行局部搜索。因此，需要更高级别的控制来系统地(Bidram et al.，2012)或随机地(Sundareswaran et al.，2014)在局部区域之间切换，以搜索太阳能电池阵列的最大 MPP。在这方面，文献中已经提出了一些方法，如功率增量技术(Koutroulis and Blaabjerg，2012)、负载线 MPPT(Kobayashi et al.，2003；Ji et al.，2011)和瞬时运行功率优化方法(Carnante et al.，2009)，这些方法在某个阶段利用传统方法之一来识别与当前感兴趣区域相对应的局部 MPP[更多细节请参见(Bidram et al.，2012)]。因此，为了提高这些算法的性能，定理 8.1 提出的控制规则可以作为传统方法和先前提出的控制系统方法的一种替代方案来实现。

所提出的最优控制框架可以与文献中提出的算法相结合，以解决非均匀幅照中出现的不匹配效应。在本章中，我们将负载线技术与推论 8.1 中获得的最佳电压控制相结合，在局部遮挡后重新定位工作点。与 Ji et al.(2011)相比，为了实现负载线 MPPT(Kobayashi et al.，2003)，需要额外的电路来在线测量 $V_{oc}$ 和 $I_{sc}$。因此，我们通过以下控制规则组成主控制器：

控制器一：式(8.7)与式(8.26)，使用式(8.25)

控制器二：式(8.7)与式(8.26)，使用式(8.42)

$$(8.52)$$

其中控制器的选择由算法 8.2 控制,该算法利用了 Ji et al. (2011) 的负载线技术。该方法的图形表示以及仿真结果将在 8.5 节中提供。

# 8.5 仿真结果

为了在现实条件下评估所提出的方法,在 Matlab/Simulink® 中使用获得的控制规则对 Canadian Solar CS6X-335M-FG 模块(Canadian Solar, 2022)进行了仿真,以在不同天气条件下产生最大功率。该模块包含 72 块太阳能电池,其电气特性列于表 8.2 中。在本次仿真中,光伏阵列由放置在 6 个并联支路上的 12 个模块组成,其中每个支路有 2 个串联模块。如图 8.1 所示,用 DC-DC 升压转换器来调节施加到光伏阵列的负载,从而控制太阳能电池阵列的工作点。

表 8.2 CS6X-335M-FG 模块(Canadian Solar, 2022)的电气数据

| 低于 STC(1000 W/m² 和 25 ℃) | 值 |
| --- | --- |
| 标称最大功率($P_{max}$) | 335 W |
| 开路电压($V_{oc}$) | 46.1 V |
| 短路电流($I_{sc}$) | 9.41 A |
| 温度系数($P_{max}$) | $-0.41\%/℃$ |
| 温度系数($V_{oc}$) | $-0.31\%/℃$ |
| 温度系数($I_{sc}$) | $0.053\%/℃$ |
| 标称模块运行 | |
| 温度(NMOT) | $(43\pm2)$ ℃ |

控制输入[式(8.7)]是由式(8.26)中获得的最优控制律构造的。根据式(8.24)定义的成本函数[式(8.23)],增加 $S$ 会惩罚控制努力。此外,通过观察式(8.26),可以发现只有 $S$ 和 $p$ 的比例出现在控制规则中。因此,通过任意固定缩放价值函数的 $p$,并相对改变 $S$,可以获得与期望性能相对应的控制参数。关于注释 8.3,对于每个控制器[式(8.52)],参数分别选择为 $[S, p] = [5.88, 1\times10^{-5}]$ 和 $[S, p] = [1, 1\times10^{-2}]$。

由于考虑了转换器的平均模型,需要将控制律给出的连续值转换回符合子系统数量的量化信号。因此,$u(t)\in[0,1]$ 给出的任何值都被视为占空比,以不断产生脉冲信号来驱动特定时间段内的开关,该时间段取决于为 PWM 选择的频率。此外,输出负载由 PI 控制

器控制,以调节输出电压 $v_C$ 至固定的直流电压电平 $V_o$。对于连接到交流电网的光伏阵列,可以用 DC-AC 逆变器代替。该系统的原理图如图 8.7 所示。

在本次仿真中,升压转换器的参数设置为:$L=0.2$ mH,$R_L=1$ Ω,$C=2\,500$ μF。此外,选择开关元件,使得二极管的 $V_{on}=0.6$ V,导通电阻为 $0.3$ Ω,截止电导为 $10^{-8}$ $\Omega^{-1}$,开关的导通电阻为 $10^{-2}$ Ω,关断电导率为 $10^{-6}$ $\Omega^{-1}$。PWM 频率设置为 65 kHz,其中占空比值由控制器每 $0.1$ ms 更新一次。此外,我们设置 $k_{PID}=[6,10,0]$。除非另有明确说明,否则仿真的任何部分都假设期望的输出电压电平为 $V_o=120$ V。

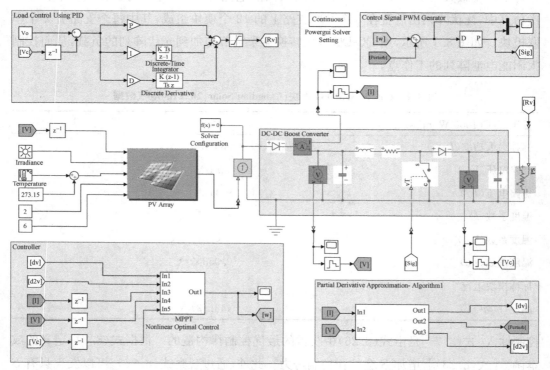

**图 8.7　在 Matlab Simulink 中仿真太阳能光伏系统的示意图以及所提出的控制方法**

---

**算法 8.2　局部遮挡条件下控制方案的算法**

---

1:程序　局部遮挡的控制方案
　输入:
2:从 $i_a$ 和 $V_a$ 中获得样本;
　输出:从式(8.52)中选择分包控制器.
3:初始化:

---

4：选择 $\zeta > 0$；

5：定义 $V_{ref} = 0$，控制器＝Controller_One；

6：（while 循环）当（结果为真）时，执行

7：　　读取样本 $i_a^k$，$V_a^k$；

8：　　（if 判断）如果（Partial_Shading_Condition），那么

9：　　　　$V_{ref} = \dfrac{N_s V_{oc}}{N_p I_{sc}} i_a^k$；

10：　　　　控制器＝Controller_Two；

11：　　　　（while 循环）当（$|V_a^k - V_{ref}| > \zeta$）时，执行

12：　　　　　　读取样本 $V_a^k$；

13：　　　　结束 while 循环

14：　　　　控制器＝Controller_One；

15：　　结束 if 判断

16：　结束 while 循环

17：结束程序

## 1）模型和控制验证

由于太阳能光伏系统的功能主要受输入辐照度和温度变化的影响，因此通过改变这些参数来研究所提出的非线性最优控制（NOC）方法的性能。图 8.3 为将辐照功率从 400 W/m² 更改为 1 000 W/m² 时仿真太阳能电池阵列的输出结果。同样，图 8.4 中的下一组图表是通过将环境温度从 5 ℃ 更改为 65 ℃ 获得的。在这两个图中，系统都是从静止状态即 $x = 0$ 启动的。然后，工作点在由输入辐照度和温度确定的 $I$-$V$ 和 $P$-$V$ 特性曲线上移动，直到达到其 MPP。系统围绕 MPP 运行，而输入保持不变。一旦输入开始在斜坡上移动到下一个值，控制器也将工作点调节到系统的相应 MPP。因此，在这些图中可以明显看出，所提出的控制器可以成功地将工作点引导到 MPP，并在对温度和辐照度施加干扰的情况下跟踪它。

## 2）比较结果

在系统的比较结果中，将所获得的控制律与最近两种旨在提高所生成控制信号性能的方法进行了比较：SMC（Rezkallah et al.，2017）和二阶 SMC（Kchaou et al.，2017）。为了进行公平的比较，所有仿真方法都选择了相同的升压转换器和太阳能光伏系统。

作为第一个场景，我们生成了一个随机快速变化的信号作为系统的输入辐照度，而工作温度固定在 25 ℃。该信号如图 8.8（d）所示。通过使用这些输入运行仿真，获得了最优控制和其他两种方法的输出功率，如图 8.9 所示。在第二个场景中，通过将输入辐照度

固定在 800 W/m² 并应用变化的温度来完成相同的操作，如图 8.10(d)所示。

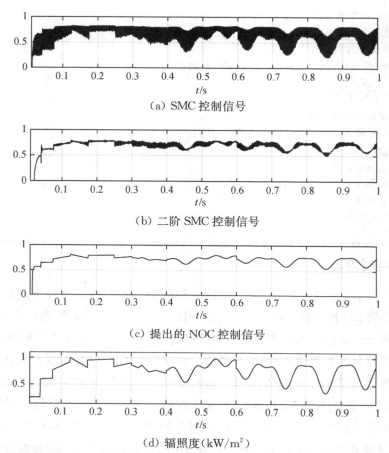

（a）SMC 控制信号

（b）二阶 SMC 控制信号

（c）提出的 NOC 控制信号

（d）辐照度（kW/m²）

**图 8.8　获得的控制信号（NOC）在子图（d）所示的辐照度变化下，与 SMC 和二阶 SMC 的比较**

通过输出功率比较结果，在图 8.9 和 8.11 中，我们可以观察到 SMC 控制比其他方法更快地达到 MPP，但它几乎在所有地方都表现出恒定的颤振效应。二阶 SMC 对颤振效应有所改善；然而，它在仿真中未能展示出鲁棒的性能。例如，参见图 8.9(a)和 8.11(b)，其中二阶 SMC 能够有效地减少颤振效应，而在图 8.9(c)和 8.11(c)中，MPP 周围的振荡幅度几乎与 SMC 控制一样大。此外，二阶 SMC 说明了在输入快速变化时（即在收敛阶段）的响应缓慢，因此在快速变化的天气条件下失去了对 MPP 的跟踪，分别见图 8.9(a)和 8.11(a)。相比之下，所获得的具有保证成本的控制能够在不同的天气条件下保持恒定的性能。此外，从图 8.9 和 8.11 中给出的比较误差结果可以清楚地看出，所提出的控制律优于其他两种方法,其中对于任何一种控制方法,误差图都是通过在任意时刻 $t \in$ [0,1]所有三种方法的最大值与相应输出功率之间的绝对差来获得的。这也可以从图 8.8 和 8.10 中给出的相应控制信号中看出,最优控制信号显示出最平滑的响应,几乎没有颤振效应。

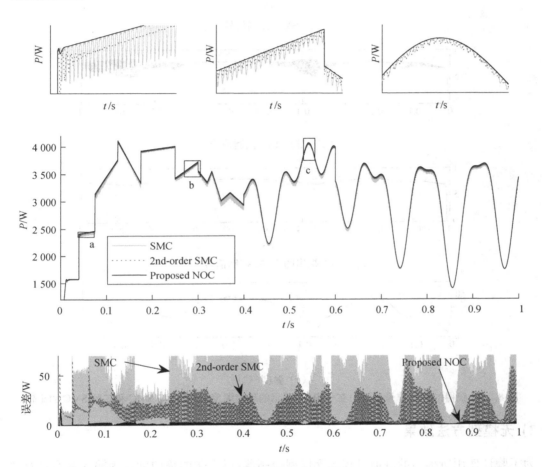

图 8.9　图 8.8(d)所示辐照度不断变化下输出功率的比较结果,其中部分图表在子图中被放大。误差图表示提出的 NOC 与 SMC 和二阶 SMC 相比的比较误差(详见正文)

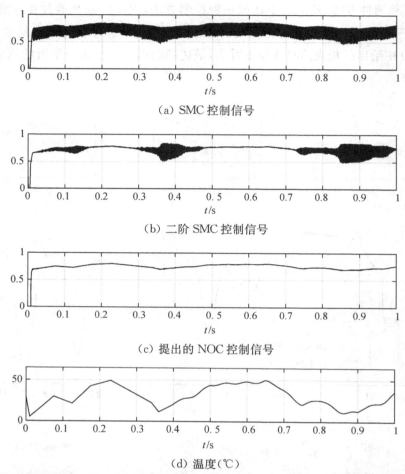

（a）SMC 控制信号

（b）二阶 SMC 控制信号

（c）提出的 NOC 控制信号

（d）温度（℃）

**图 8.10** 获得的控制信号（NOC）在子图（d）所示的环境温度变化下，与 SMC 和二阶 SMC 的比较

## 3）无模型方法结果

为了验证使用所提出的近似过程的无模型控制器，以变化的辐照度作为输入来实现算法 8.1。如前所述，$\kappa$ 是一个足够小的值，可以进行有效的除法。这可以通过从大值开始并逐渐减小直到在稳态中观察到最小振幅的振荡来选择。此外，$\varepsilon$ 是递归地添加到控制中的小扰动，可以在几个时间步内影响 PWM 发生器的输出信号。因此，它是根据设备的 PWM 分辨率来选择的。一个可能的选择是 1/PWM 分辨率的一小部分。在本次仿真中，参数选择为 $\kappa=1\times10^{-3}$ 和 $\varepsilon=5\times10^{-3}$。图 8.12 显示了与输入辐照度相对应的近似偏导数、扰动和输出功率信号。从图 8.12（e）中可以明显看出，基于偏导数近似运算的

NOC 能够严格跟踪理想的最大功率曲线。尽管如预期的那样，与无模型控制器相对应的输出功率不如基于模型的控制器获得的结果平滑，但它仍然展现了令人满意的结果。

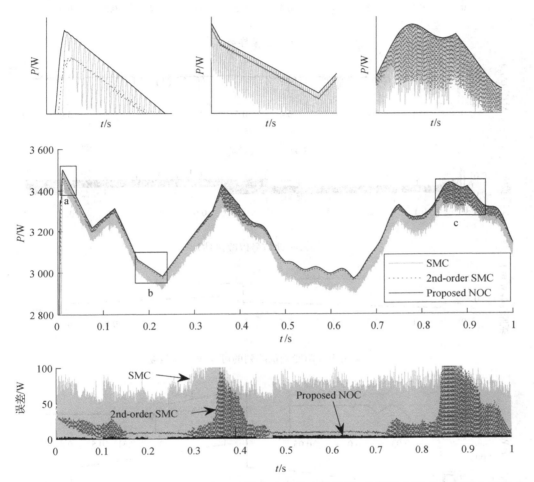

**图 8.11** 图 8.10(d)所示环境温度不断变化下输出功率的比较结果，其中部分图表在子图中被放大。误差图表示提出的 NOC 与 SMC 和二阶 SMC 相比的比较误差(详见正文)

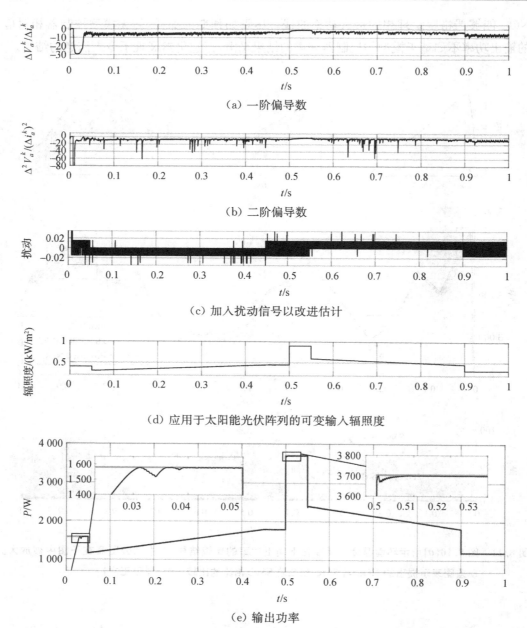

（a）一阶偏导数

（b）二阶偏导数

（c）加入扰动信号以改进估计

（d）应用于太阳能光伏阵列的可变输入辐照度

（e）输出功率

图 8.12　用所提出的算法 8.2 仿真系统获得的结果

## 4）分段学习结果

在本节中，我们在一个示例光伏系统上实现分段学习控制器。为此，我们使用 PV 系统作

为一个黑盒,图 8.13 中给出了其特征 *P-V* 和 *I-V* 图以及 MPP。针对系统(8.45),我们
选择观测向量为 $[i_L \quad v_C \quad \xi]$。为了开始学习,我们需要定义分段模型的分区。因此,我
们用与状态向量对应的向量 $[11,11,11]$ 给出的点数均匀地网格化状态空间,该向量对应
于状态向量。我们只选择线性和常数基函数,从而得到一个线性分段仿射(PWA)模型。
关于近似偏导数的讨论,以及分段模型学习器的收敛性,需要用一些输入信号持续激励
系统。因此,将振幅为 0.03 且频率为 76 Hz 的正弦探测信号添加到控制中。此外,我们
用 $Q = \mathrm{diag}([0,0,10^2])$ 和 $R = [10^2]$ 定义了目标函数。

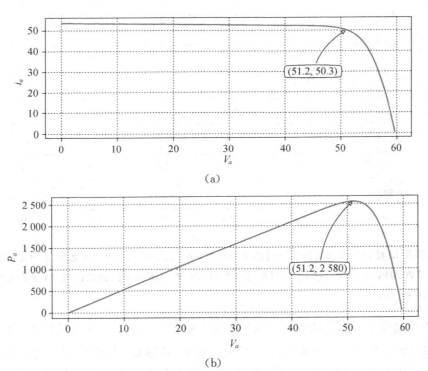

(a)

(b)

**图 8.13　以用于分段学习控制的太阳能光伏系统为例,显示了 *I-V* 和 *P-V* 图。此外,还表示了 MPP**

根据定义的目标,预计在经过足够的学习时间后,控制器将 $\xi$ 驱动至零。根据 MPP 的定
义,这保证了系统在 MPP 下运行。从图 8.14 中可以看出 $\xi$ 确实在大约 0.4 s 的训练之
后收敛到零。因此,学习控制可以实现 MPPT 目标。这也可以通过图 8.13 中给出的光
伏阵列电压 $V_a$ 跟踪 MPP 电压来表示。

### 5）局部遮挡结果

考虑到如图 8.15 所示的局部遮挡效应，我们对均匀和非均匀幅照下的光伏阵列进行了仿真。为此，我们实现了算法 8.2，其中 $\zeta=1$，并且直流链路电压被设置为 $V_o=160\ \mathrm{V}$。此外，我们使用算法 8.1 来估计偏导数。

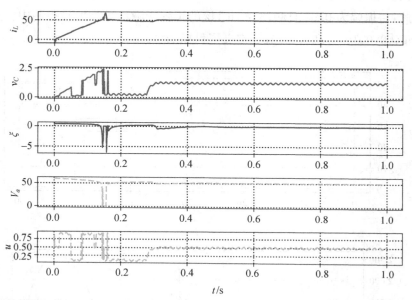

**图 8.14　图 8.13 给出的太阳能光伏系统的学习结果。可以观察到，在 0.4 s 之后，$\xi$ 收敛到零，这保证了在 MPP 中操作。从 $V_a$ 信号也可以看出，PV 阵列电压可以跟踪图 8.13 中给出的 MPP 电压 51.2 V**

$I\text{-}V$ 和 $P\text{-}V$ 曲线上工作点的演变分别如图 8.5 和图 8.6 所示。系统从零初始状态运行，假设辐照均匀。如图 8.6 中系统的 $P\text{-}V$ 曲线所示，控制器一[式(8.52)]用于达到系统的 MPP。一旦系统暴露在非均匀幅照下，$P\text{-}V$ 曲线上就会出现一些局部最大值。因此，算法检测到部分遮挡条件，并计算出参考电压为 $V_{\mathrm{ref}}=49.5\ \mathrm{V}$。这个电压由控制器二[式(8.52)]来跟踪，直到 $V_a$ 与参考电压 $\zeta$ 接近，其中 $\zeta$ 可以根据 PV 阵列的开路电压来选择，从而确保保持在全局 MPP 的邻域内。一旦输出电压到达所计算的 $V_{\mathrm{ref}}$ 邻域，控制器一[式(8.52)]再次被激活以跟踪该局部区域的 MPP，该局部区域预计将成为全局 MPP。在图 8.16 中，输出功率、电压和电流与图 8.5 和图 8.6 对应。此外，图 8.16 表示了控制信号与由式(8.52)给出的子控制器之间的切换。

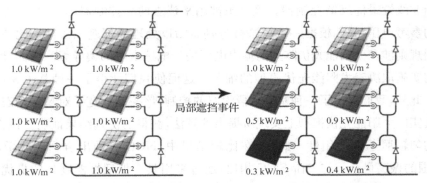

**图 8.15　太阳能光伏阵列说明了仿真结果中考虑的局部遮挡条件**

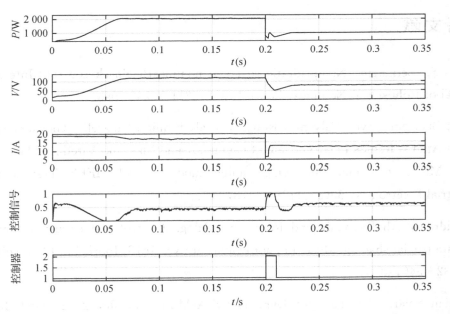

**图 8.16　太阳能光伏阵列的输出电压和电流信号以及控制信号,其中在 0.2 s 时检测到遮光情况对应于图 8.9 和图 8.10。**

# 8.6　总结

受文献中缺乏对太阳能光伏系统性能分析研究的启发,我们开发了一种最优反馈控制方法来改进系统的收敛性和稳态响应。非线性非二次成本作为一种性能度量,引入交叉加权项,在稳定性和最优性分析中引入了一个自由度。然后,通过最小化相应的 Hamiltonian,得到了一个非线性最优反馈控制器。该思想被用来建立两个控制器,分别用于跟踪 MPP 和给定的参考电压,它们根据一种算法被分别激活以处理局部遮挡条件。此外,得到的最优控制规则涉及太阳能光伏阵列的输出电压关于电感电流的偏导数。因此,所提出方案的确切实施取决于太阳能光伏模型的细节。这促使我们获得了一种基于无模型的控制方案。此外,我们提出了一种基于分段学习的控制,该控制放宽了对精确动态的需求。通过在真实的太阳能光伏模型上实现所提出的算法,获得的仿真结果证明了该方法在均匀和非均匀辐照下的适用性。此外,在比较结果中,NOC 表现出合适的收敛响应,在 MPP 周围的振荡最小。与二阶 SMC 相比,通过采用具有保证性能度量的最优方法,进一步减少了 SMC 中出现的颤振现象。

# 参考文献

Dennis S. Bernstein. Nonquadratic cost and nonlinearfeedback control. International Journal of Robust and Nonlinear Control,3(3):211 – 229,1993.

Enrico Bianconi, Javier Calvente, Roberto Giral, Emilio Mamarelis, Giovanni Petrone, Carlos Andrés Ramos-Paja, Giovanni Spagnuolo, and Massimo Vitelli. A fast current-based MPPT technique employing sliding mode control. IEEE Transactions on Industrial Electronics,60(3):1168 – 1178,2013.

Ali Bidram, Ali Davoudi, and Robert S. Balog. Control and circuit techniques to mitigate partial shading effects in photovoltaic arrays. IEEE Journal of Photovoltaics,2 (4):532 – 546,2012.

Canadian Solar. Datasheet for Dymond CS6X-M-FG module,2022. URL https:// sidatastore. s3. us-west-2. amazonaws. com/documents/ooSrMSYUtK69SKhxerIcly 4u3wNETGXc6IupV1Tv. pdf.

Giuseppe Carannante, Ciro Fraddanno, Mario Pagano, and Luigi Piegari. Experimental performance of MPPT algorithm for photovoltaic sources subject to inhomogeneous insolation. IEEE Transactions on Industrial Electronics,56(11):4374 – 4380,2009.

Chian-Song Chiu and Ya-Lun Ouyang. Robust maximum power tracking control of uncertain photovoltaic systems:A unified TS fuzzy model-based approach. IEEE

Transactions on Control Systems Technology, 19(6):1516 – 1526, 2011.

Chen-Chi Chu and Chieh-Li Chen. Robust maximum power point tracking method for photovoltaic cells: A sliding mode control approach. Solar Energy, 83(8):1370 – 1378, 2009.

G. Silva Deaecto, José Cláudio Geromel, F. S. Garcia, and J. A. Pomilio. Switched affine systems control design with application to DC-DC converters. IET Control Theory and Applications, 4(7):1201 – 1210, 2010.

Trishan Esram and Patrick L. Chapman. Comparison of photovoltaic array maximum power point tracking techniques. IEEE Transactions on Energy Conversion, 22(2):439 – 449, 2007.

Milad Farsi and Jun Liu. Nonlinear optimal feedback control and stability analysis of solar photovoltaic systems. IEEE Transactions on Control Systems Technology, 28 (6):2104 – 2119, 2019.

Nicola Femia, Giovanni Petrone, GiovanniSpagnuolo, and Massimo Vitelli. Optimization of perturb and observe maximum power point tracking method. IEEE Transactions on Power Electronics, 20(4):963 – 973, 2005.

Wassim M. Haddad and VijaySekhar Chellaboina. Nonlinear Dynamical Systems and Control: A Lyapunov-Based Approach. Princeton University Press, 2011.

Wassim M. Haddad and Andrea L'Afflitto. Finite-time stabilization and optimal feedback control. IEEE Transactions on Automatic Control, 61(4):1069 – 1074, 2016.

Young-Hyok Ji, Doo-Yong Jung, Jun-Gu Kim, Jae-Hyung Kim, Tae-Won Lee, and Chung-YuenWon. A real maximum power point tracking method for mismatching compensation in PV array under partially shaded conditions. IEEE Transactions on Power Electronics, 26(4):1001 – 1009, 2011.

A. Kchaou, A. Naamane, Y. Koubaa, and N. M'sirdi. Second order sliding mode-based MPPT control for photovoltaic applications. Solar Energy, 155:758 – 769, 2017.

Kenji Kobayashi, Ichiro Takano, and Yoshio Sawada. A study on a two stage maximum power point tracking control of a photovoltaic system under partially shaded insolation conditions. In Proceedings of the IEEE Power Engineering Society General Meeting, volume 4, pages 2612 – 2617. IEEE, 2003.

Eftichios Koutroulis and Frede Blaabjerg. A new technique for tracking the global maximum power point of PV arrays operating under partial-shading conditions. IEEE Journal of Photovoltaics, 2(2):184 – 190, 2012.

Jae Ho Lee, HyunSu Bae, and Bo Hyung Cho. Advanced incremental conductance MPPT algorithm with a variable step size. In Proceedings of the International Power Electronics and Motion Control Conference, pages 603 – 607. IEEE, 2006.

Xiao Li, Yaoyu Li, John E Seem, and Peng Lei. Detection of internal resistance change for photovoltaic arrays using extremum-seeking control MPPT signals. IEEE Transactions on Control Systems Technology, 24(1):325 – 333, 2016.

Abderraouf Messai, Adel Mellit, A. Guessoum, and S. A. Kalogirou. Maximum power point tracking using a GA optimized fuzzy logic controller and its FPGA implementation. Solar Energy, 85(2):265 – 277, 2011.

Alivarani Mohapatra, Byamakesh Nayak, Priti Das, and Kanungo Barada Mohanty. A review on MPPT techniques of PV system under partial shading condition. Renewable and Sustainable Energy Reviews, 80:854 – 867, 2017.

P. Moylan and B. Anderson. Nonlinear regulator theory and an inverse optimal control problem. IEEE Transactions on Automatic Control, 18(5):460 – 465, 1973.

Abdollah Noori, Milad Farsi, and Reza Mahboobi Esfanjani. Robust switching strategy for buck-boost converter. In Proceedings of the International Conference on Computer and Knowledge Engineering, pages 492 – 496. IEEE, 2014.

Abdollah Noori, Milad Farsi, and Reza Mahboobi Esfanjani. Design and implementation of a robust switching strategy for DC-DC converters. IET Power Electronics, 9(2):316 – 322, 2016.

Hiren Patel and Vivek Agarwal. MATLAB-based modeling to study the effects of partial shading on PV array characteristics. IEEE Transactions on Energy Conversion, 23(1):302 - 310, 2008.

Raseswari Pradhan and Bidyadhar Subudhi. Double integral sliding mode MPPT control of a photovoltaic system. IEEE Transactions on Control Systems Technology, 24(1): 285 - 292, 2016.

J. Prasanth Ram, T. Sudhakar Babu, and N. Rajasekar. A comprehensive review on solar PV maximum power point tracking techniques. Renewable and Sustainable Energy Reviews, 67:826 - 847, 2017.

Miloud Rezkallah, Shailendra Kumar Sharma, Ambrish Chandra, Bhim Singh, and Daniel R. Rousse. Lyapunov function and sliding mode control approach for the solar-PV grid interface system. IEEE Transactions on Industrial Electronics, 64(1):785 - 795, 2017.

Hamza Sahraoui, Larbi Chrifi, Said Drid, and Pascal Bussy. Second order sliding mode control of DC-DC converter used in the photovoltaic system according an adaptive MPPT. International Journal of Renewable Energy Research, 6(2), 2016.

P. Sivakumar, Abdullah Abdul Kader, Yogeshraj Kaliavaradhan, and M. Arutchelvi. Analysis and enhancement of PV efficiency with incremental conductance MPPT technique under non-linear loading conditions. Renewable Energy, 81:543 - 550, 2015.

Filippo Spertino and Jean Sumaili Akilimali. Are manufacturing *I-V* mismatch and reverse currents key factors in large photovoltaic arrays? IEEE Transactions on Industrial Electronics, 56(11):4520 - 4531, 2009.

Kinattingal Sundareswaran, Sankar Peddapati, and Sankaran Palani. Application of random search method for maximum power point tracking in partially shaded photovoltaic systems. IET Renewable Power Generation, 8(6):670 - 678, 2014.

Siew-Chong Tan, Y. M. Lai, and K. Tse Chi. Indirect sliding mode control of power converters via double integral sliding surface. IEEE Transactions on Power Electronics, 23(2):600 - 611, 2008.

Boutabba Tarek, Drid Said, and M. E. H. Benbouzid. Maximum power point tracking control for photovoltaic system using adaptive neuro-fuzzy "ANFIS". In Proceedings of the International Conference and Exhibition on Ecological Vehicles and Renewable Energies, pages 1 - 7, 2013.

Huan-Liang Tsai. Insolation-oriented model of photovoltaic module using Matlab/Simulink. Solar Energy, 84(7):1318 - 1326, 2010.

Weidong Xiao and William G. Dunford. A modified adaptive hill climbing MPPT method for photovoltaic power systems. In Proceedings of the IEEE Power Electronics Specialists Conference, pages 1957 - 1963. IEEE, 2004.

# 9

# 四旋翼无人机低级控制应用

本章介绍了一个基于结构化在线学习（SOL）的四旋翼飞行器控制的案例研究。本章提出的结果发表于 Farsi and Liu（2022）。

## 9.1 简介

四旋翼无人机因其在各种应用中的有效性而受到了极大的关注。如今，四旋翼无人机以合理的生产成本和多样的尺寸证明了它们在新环境中的部署日益增加是合理的。它们的应用范围从工业到日常生活，可以到达并在对人类来说可能代价高或危险的情况下工作。为了应对高需求，研究人员在过去十年中开发了大量方法来控制实现复杂任务和高精度特技的四旋翼无人机。

为实现四旋翼无人机的有效飞行，有两个级别的控制：悬停位置稳定性所需的低级控制，以及提供一系列设定点作为命令以实现特定目标的高级控制。尽管已经为各种目标在四旋翼无人机上实现了有效的控制器，但这种控制器的设计和调整过程仍然需要大量的控制动力学专业知识，并进行实验来确定精确的系统参数。考虑到四旋翼无人机的欠驱动和快速动态，这变得更具挑战性。因此，拥有成功的学习方法是非常必要的，它可以自动化并加速达到飞行状态的过程，而对动力学的知识要求较低。

Dulac-Arnold et al.（2019）强调了强化学习（RL）方法应用中的主要挑战。在强化学习方法中，基于模型的强化学习（MBRL）技术有时比无模型方法更受欢迎，因为它们可以有效地从有限的数据中学习，并且具有计算上可处理的特性，可以实时推断策略。相比之下，直接强化学习方法通常需要大量数据和长时间的训练（Duan et al.，2016）。因此，在本章中,我们将只讨论 MBRL 策略,这些策略提供了在几次尝试中学习的机会。

飞行器上实现了很多 MBRL 方法,它们使用人类引导的演示来收集数据并实现一个模型,该模型可以最好地预测给定动作的未来状态(Coates et al.,2009;Bansal et al.,2016)。此外,MBRL 技术在四旋翼无人机上有效地实现,它们假设有一个机载稳定的低级控制器来学习高级控制(Liu et al.,2016a;Abdolhosseini et al.,2013;Becker-Ehmck et al.,2020),但这不在本章的范围内。因此,在本章中,我们感兴趣的是获得不需要初始控制器且不需要知道系统参数知识的低级控制。

最近,Lambert et al.(2019)提出了一种有趣的方法,通过在一个真实的纳米四旋翼无人机(最著名的是 Crazyfly)上运行 MBRL 方法来学习低级控制器。在这种方法中,他们通过收集实验数据来训练一个神经网络,然后将其用于在图形处理单元(GPU)上运行随机射击模型预测控制(MPC),来建立一个实时控制器。该方法可以在几次尝试中成功到达悬停位置。然而,需要 GPU 学习低级控制可以被视为其实现的限制因素。

在本章中,与 Lambert et al.(2019)的方法类似,我们使用沿着随机开环轨迹获得的飞行数据来建立初始模型,无需任何专家演示。然而,与 Lambert et al.(2019)方法不同的是,一旦获得了初始模型及其相应的控制器,我们就切换到闭环形式的学习,以改进模型和获得的性能。为了验证该方法,我们从被视为黑盒的四旋翼无人机的非线性模型中获取数据。

对于一个实用的框架,MBRL 方法必须是数据高效的,同时速度足够快,以允许实时实现。与 Lambert et al.(2019)不同,我们的方法不需要大量的计算工作,因为我们根据有限的基函数来学习系统,并相应地获得反馈控制规则。因此,它可以在实现中作为一种轻量级替代方案。此外,Lambert et al.(2019)的目标是达到悬停位置,而在本章中,除了姿态控制外,我们还控制位置。这意味着四旋翼无人机同时学习到达并停留在 3D 空间中的给定点。这也将最大限度地减少四旋翼无人机滑出训练环境的情况。

出于学习目的,我们使用递归最小二乘(RLS)算法实现了 Farsi and Liu(2020)提出的 SOL 方法,该算法以其在在线应用中的高效性而闻名。RLS 的成功应用可以在 Liu et al.(2016b)、Wu et al.(2015)、Yang et al.(2013)和 Schreier(2012)中找到。在本章中,作为神经网络方法的替代方案,我们使用了一个以基函数库为基础构建的系统。因此,通过对输入和状态进行采样,我们使用 RLS 来更新系统模型。然后,通过利用模型中假设的结构和价值函数在同一组基函数上的二次参数化,我们获得了一个矩阵微分方程用于更新可以有效在线集成的控制器。Farsi and Liu(2021)提出了 SOL 的一个扩展,用于跟踪也可以在四旋翼无人机上实现的未知系统。然而,在本章中,我们将只关注关于姿态-位置控制。

本章的其余部分组织如下:在 9.2 节中,我们将介绍四旋翼无人机的非线性模型。在 9.3 节中,我们将重点介绍 SOL 框架,以及在四旋翼无人机上实时实现所需的实际考虑因素。9.4 节包含仿真结果。

# 9.2　四旋翼无人机模型

四旋翼无人机的非线性动态可表示为

$$\dot{y} = v$$

$$\dot{v} = \begin{bmatrix} 0 \\ 0 \\ -g \end{bmatrix} + \frac{1}{m} R \begin{bmatrix} 0 \\ 0 \\ T \end{bmatrix} \tag{9.1}$$

$$\dot{R} = R Q(\omega)$$

$$\dot{\omega} = J^{-1}(-\omega \times J\omega + \tau)$$

其中,状态包括 3D 位置 $y$、惯性参考系中重心的线速度 $v$、旋转矩阵 $R$ 和相对于惯性参考系的机体坐标系中的角速度 $\omega$。需要注意的是,第三个方程是矩阵形式,其中 $R$ 在特殊正交群 $\mathrm{SO}(3)$,$\mathrm{SO}(3) = \{R \in \mathbb{R}^{3\times3} \mid R^{-1} = R^{\mathrm{T}}, \det(R) = 1\}$ 中取值。因此,四旋翼无人机的姿态 $\chi = \begin{bmatrix} \varphi & \theta & \psi \end{bmatrix}$ 可以在任何时间点从 $R$ 中提取,其中分别包含滚转角、俯仰角和偏航角。

此外,重力加速度、物体质量和惯性矩阵由 $g, m$ 和 $J = \begin{bmatrix} I_{xx} & -I_{xy} & -I_{xz} \\ -I_{xy} & I_{yy} & -I_{yz} \\ -I_{xz} & -I_{yz} & I_{zz} \end{bmatrix}$ 给出。斜矩阵 $Q$ 由角速度 $\omega = \begin{bmatrix} p & q & r \end{bmatrix}^{\mathrm{T}}$ 组成为

$$Q(\omega) = \begin{bmatrix} 0 & -r & q \\ r & 0 & -p \\ -q & p & 0 \end{bmatrix}$$

该系统的输入由机体坐标中的力矩

$$
\tau = \begin{bmatrix} C_T d\left(-\bar{\omega}_2^2 - \bar{\omega}_4^2 + \bar{\omega}_1^2 + \bar{\omega}_3^2\right) \\ C_T d\left(-\bar{\omega}_1^2 + \bar{\omega}_2^2 + \bar{\omega}_3^2 - \bar{\omega}_4^2\right) \\ C_D\left(\bar{\omega}_2^2 + \bar{\omega}_4^2 - \bar{\omega}_1^2 - \bar{\omega}_3^2\right) \end{bmatrix}
$$

以及旋翼在机体坐标系中产生的推力 $T = C_T(\bar{\omega}_1^2 + \bar{\omega}_2^2 + \bar{\omega}_3^2 + \bar{\omega}_4^2)$ 给出,其中 $\bar{\omega}_i, d, C_T,$ $C_D$ 分别表示每个旋翼的转速、臂长、升力和螺旋桨的阻力系数。

该系统通常由四个脉宽调制(PWM)信号控制的直流电机驱动。要将 PWM 值转换为转速 RPM,我们使用

$$
\bar{\omega}_i = \eta_1 u_i + \eta_2
$$

式中,$\eta_1$、$\eta_2$ 为任意电机指定的系数,$i \in \{1, 2, 3, 4\}$。因此,在学习过程中,我们考虑将 $u_i$ 作为四旋翼无人机系统的输入。

# 9.3　基于 RLS 识别器的四旋翼无人机结构化在线学习

在下文中,我们将详细讨论所提出的学习过程的不同阶段。此外,我们还介绍了在实现中需要考虑的因素以及所提出框架的计算特性。

## 1) 学习过程

学习过程按以下顺序进行:在第一阶段(预运行),我们以开环形式运行四旋翼无人机,每个电机的 PWM 值几乎相等。这些值以随机的方式被轻微扰动,提供探测输入信号,进而从系统中收集多样化的样本。这种探测信号的设计和重要性在 MBRL 技术中得到了很好的研究,特别是在系统识别算法中。例如,Pierre et al. (2009) 和 Kamalapurkar et al. (2018)。这些数据用于建立初始模型,以开始在线学习。

在第二阶段,我们使用预运行中获得的初始模型以闭环形式实现学习。在控制循环中,在任意时间步 $t_k$,都会获取状态的样本,并相应地评估一组基函数。接下来,利用 RLS 算法对系统模型进行更新。然后,使用测量值和最新的模型系数来更新价值函数,该价值函数是计算下一步 $t_{k+1}$ 的控制值所必需的。

**注释 9.1**　考虑到我们假设不知道系统系数,初始学习是通过类似 Lambert et al. (2019)

的几次不安全尝试来完成的。因此,系统的前几次运行可能会显示出较差的控制性能或不稳定性,这就需要一个安全的训练环境和/或允许安全坠机的重置机制。

两个模块负责循环中的控制和模型更新,将在下面讨论。

**控制更新**

考虑四旋翼无人机模型(9.1),其中我们通过使用位置、速度、姿态和角速度组成状态向量为

$$x := \begin{bmatrix} y & v & \chi & \omega \end{bmatrix}$$

其中,$x \in D \subseteq \mathbb{R}^n$,$u \in U \subseteq \mathbb{R}^m$,$n = 12$,$m = 4$。如前所述,角度 $\chi$ 可以使用状态 $R$ 来获得。

从初始条件 $x_0 = x(0)$ 开始沿着轨迹最小化的成本函数考虑为以下线性二次型:

$$J(x_0, u) = \lim_{T \to \infty} \int_0^T e^{-\gamma t} (x^T Q_0 x + u^T R_0 u) dt \tag{9.2}$$

其中,$Q_0 \in \mathbb{R}^{n \times n}$ 是半正定的,$\gamma \geqslant 0$ 是折扣因子,并且 $R_0 \in \mathbb{R}^{m \times m}$ 是由设计准则给出的一个只有正值的对角矩阵。

对于闭环系统,通过假设反馈控制律 $u = v(x(t))$,$t \in [0, \infty)$,最优控制由下式给出:

$$v^* = \arg \min_{u(\cdot) \in \Gamma(x_0)} J(x_0, u(\cdot)) \tag{9.3}$$

其中,$\Gamma$ 是允许控制的集合。

现在,假设可以用一些可微基函数(如多项式和三角函数)来近似式(9.1)的动态,其中系统识别方法将在后面讨论。因此,将式(9.1)改写如下:

$$\dot{x} = W\Phi(x) + \sum_{j=1}^m W_j \Phi(x) u_j \tag{9.4}$$

其中,$W$ 和 $W_j \in \mathbb{R}^{n \times p}$ 为 $j = 1, 2, \cdots, m$ 时得到的系数矩阵,$\Phi(x) = \begin{bmatrix} \varphi_1(x) & \cdots & \varphi_p(x) \end{bmatrix}^T$ 是所选基函数的集合。

在下文中,在不失一般性的前提下,将式(9.2)中定义的成本转换为基函数空间 $\Phi(x)$,即

$$J(x_0, u) = \lim_{T \to \infty} \int_0^T e^{-\gamma t} (\Phi(x)^T \bar{Q}_0 \Phi(x) + u^T R_0 u) dt \tag{9.5}$$

其中，$\overline{Q}_0 = \mathrm{diag}([Q_0], [0_{(p-n)\times(p-n)}])$ 是一个分块对角矩阵，除对应于线性基函数 $x$ 的第一个块 $Q_0$ 以外，其余部分都是零。

然后，可以通过 Hamiltonian 给出对应的 HJB 方程，定义如下：

$$-\frac{\partial}{\partial t}(\mathrm{e}^{-\gamma t}V)$$

$$= \min_{u(\cdot)\in\Gamma(x_0)}\{H = \mathrm{e}^{-\gamma t}(\Phi(x)^{\mathrm{T}}\overline{Q}_0\Phi(x) + u^{\mathrm{T}}R_0 u) + \tag{9.6}$$

$$\mathrm{e}^{-\gamma t}\frac{\partial V}{\partial x}(W\Phi(x) + \sum_{j=1}^{m}W_j\Phi(x)u_j)\}$$

一般来说，没有一种解析方法可以求解这样的偏微分方程并得到最优价值函数。然而，文献中已经表明，可以通过数值技术计算近似解。

假设最优价值函数为

$$V = \Phi(x)^{\mathrm{T}}P\Phi(x) \tag{9.7}$$

其中，$P$ 是对称的。那么 Hamiltonian 由下式给出：

$$H = \mathrm{e}^{-\gamma t}(\Phi(x)^{\mathrm{T}}\overline{Q}_0\Phi(x) + u^{\mathrm{T}}R_0 u +$$

$$\mathrm{e}^{-\gamma t}\Phi(x)^{\mathrm{T}}P\frac{\partial\Phi(x)}{\partial x}(W\Phi(x) + \sum_{j=1}^{m}W_j\Phi(x)u_j) +$$

$$\mathrm{e}^{-\gamma t}(\Phi(x)^{\mathrm{T}}W^{\mathrm{T}} + \sum_{j=1}^{m}u_j^{\mathrm{T}}\Phi(x)^{\mathrm{T}}W_j^{\mathrm{T}})\frac{\partial\Phi(x)^{\mathrm{T}}}{\partial x}P\Phi(x)$$

此外，基于 $R_0$ 的对角结构，将 $u$ 的二次项用它的分量来重写，其中 $r_{0j}\neq 0$ 是矩阵 $R_0$ 对角线上的第 $j$ 个分量。为了最小化得到的 Hamiltonian，我们需要

$$\frac{\partial H}{\partial u_j} = 2r_{0j}u_j + 2\Phi(x)^{\mathrm{T}}P\frac{\partial\Phi(x)}{\partial x}W_j\Phi(x) = 0, j = 1, 2, \cdots, m \tag{9.8}$$

因此，得到第 $j$ 个最优控制输入：

$$u_j^* = -\Phi(x)^{\mathrm{T}}r_{0j}^{-1}P\frac{\partial\Phi(x)}{\partial x}W_j\Phi(x) \tag{9.9}$$

基于 Farsi and Liu(2020)，将最优控制代入 Hamiltonian 中，可以得到如下更新规则：

$$
-\dot{P} = \bar{Q}_0 + P\frac{\partial\Phi(x)}{\partial x}W + W^{\mathrm{T}}\frac{\partial\Phi(x)^{\mathrm{T}}}{\partial x}P - \gamma P -
$$

$$
P\frac{\partial\Phi(x)}{\partial x}\Big(\sum_{j=1}^{m}W_j\Phi(x)r_{oj}^{-1}\Phi(x)^{\mathrm{T}}W_j^{\mathrm{T}}\Big)\frac{\partial\Phi(x)^{\mathrm{T}}}{\partial x}P \tag{9.10}
$$

在标准的最优控制方法中,这个方程必须沿时间向后求解,这假设了对系统有完全的了解,即在时间范围内知道 $W$ 和 $W_j$。然而,在本章中,我们感兴趣的是学习问题,其中系统模型最初可能是未知的。因此,我们将得到的微分方程向前传播。这将为在线更新系统动态估计提供机会。

在这种方法中,我们从某个 $x_0 \in D$ 运行系统,然后沿着系统的轨迹求解矩阵微分方程(9.10)。已经开发出了不同的求解器,可以有效地对微分方程进行积分。虽然求解器可能采用更小的步,但我们只允许在时间步 $t_k = kh$ 时进行测量和控制更新,其中 $h$ 为采样时间,$k=0,1,2,\cdots$。为了在连续时间内求解式(9.10),我们使用 LSODA 求解器(Hindmarsh and Petzold, 2005),其中该方程中的权重和状态分别由系统识别算法和控制循环每次迭代时的测量值 $x_k$ 更新。对于 $P_0$,一个推荐选择是具有零或非常小值的分量的矩阵。

微分方程(9.10)还需要在任何时间步对 $\partial\Phi/\partial x_k$ 求值。由于事先选择了基函数 $\Phi$,偏导数可以解析计算并作为函数存储。因此,它们可以用与 $\Phi$ 本身类似的方式对任意 $x_k$ 求值。通过求解式(9.10),我们可以按照式(9.9)在任何时间步 $t_k$ 计算控制更新。虽然在学习控制的最初几步中,控制并不期望朝着控制目标采取有效的步骤,但它可以帮助探索状态空间,并通过学习更多动态来逐步改进。

### 模型更新

在上一步中,我们考虑了一个给定的结构化非线性系统,如式(9.4)所示。因此,有了系统的控制和状态样本,我们需要一种更新系统权重估计的算法。Brunton et al.(2016)和 Kaiser et al.(2018)的研究表明,SINDy 是一种数据高效的工具,用于提取采样数据的潜在稀疏动态。在这种方法中,除了识别之外,还通过最小化权重来提高权重的稀疏性

$$
\begin{bmatrix}\hat{W} & \hat{W}_1 & \cdots & \hat{W}_m\end{bmatrix}_k = \underset{\overline{W}}{\operatorname{argmin}}\|\dot{x}_k - \overline{W}\Theta_k\|_2^2 + \lambda\|\overline{W}\|_1 \tag{9.11}
$$

其中,$k$ 为时间步,$\lambda > 0$,$\Theta_k$ 包含一个样本矩阵,第 $s$ 个样本的列为 $\Theta_k^s = \begin{bmatrix}\Phi(x^s)^{\mathrm{T}} & \Phi(x^s)^{\mathrm{T}}u_1^s & \cdots & \Phi(x^s)^{\mathrm{T}}u_m^s\end{bmatrix}_k^{\mathrm{T}}$。同样地,$\dot{X}$ 保留一个采样状态导数表。

基于样本历史更新 $\hat{W}_k$ 可能并不理想，因为所需的样本数量往往很大。特别是，由于计算引起的延迟，可能无法实时实现。还有其他技术可以在不同的情况下使用，例如神经网络、非线性回归以及任何其他函数近似和系统识别方法。对于实时控制应用，考虑到式(9.4)中对系统权重的线性依赖，可以选择只使用系统的最新样本和 $\hat{W}_{k-1}$ 的 RLS 算法，因此运行速度会快得多。

因此，在四旋翼无人机的 SOL 应用中，我们采用了 RLS 算法。此外，为了提高识别的运行时间，我们只选择线性和常数基函数。考虑到四旋翼无人机通常在悬停情况下操作，这种近似仍然能够保留系统所需的属性。然而，为了获得更好的结果，可以在库中添加高阶多项式，参见 Farsi and Liu(2020)。

在本章完成的 SOL 实现中，我们将预测误差 $\dot{e}_k = \| \dot{x}_k - \hat{\dot{x}}_k \|$ 与平均值 $\bar{\dot{e}}_k = \sum_{i=1}^{k} \dot{e}_k / k$ 进行比较。因此，如果条件 $\dot{e}_k > \eta \bar{\dot{e}}_k$ 成立，我们使用该样本来更新模型，其中常数 $0 < \eta < 1$ 调整阈值。选择的较小 $\eta$ 值将增加向数据库添加样本的速率。

### 2) 不确定动态下的渐近收敛

布置好识别器和控制器后，只需要考虑模型不确定性对渐近收敛到平衡点的影响。假设系统结构如下：

$$\dot{x} = W\Phi + \sum_{j=1}^{m} W_j \Phi \hat{u}_j + \varepsilon \tag{9.12}$$

其中，$\hat{u}_j = -\Phi^{\mathrm{T}} R^{-1} \hat{P} \Phi_x \hat{W}_j \Phi$ 为根据系统估计 $(\hat{W}, \hat{W}_j)$ 得到的反馈控制规则。此外 $\varepsilon$ 为 $D$ 中的有界近似误差，假设 $W = \hat{W} + \widetilde{W}$ 和 $W_j = \hat{W}_j + \widetilde{W}_j$，上式可重写为：

$$\dot{x} = \hat{W}\Phi + \sum_{j=1}^{m} \hat{W}_j \Phi \hat{u}_j + \Delta(t) \tag{9.13}$$

其中未识别的动态被归集为 $\Delta(t)$。通过假设反馈控制 $u_j$ 在 $D$ 中有界，我们有 $\| \Delta(t) \| \leqslant \bar{\Delta}$。为了实现渐近收敛，也为了提高控制器的鲁棒性，需要考虑不确定性的影响。因此，我们用一个辅助向量 $\rho$ 来得到

$$\dot{x} = \hat{W}\varPhi + \sum_{j=1}^{m}\hat{W}_j\varPhi\hat{u}_j + \Delta(t) + \rho - \rho$$

$$= \hat{W}_\rho\varPhi + \sum_{j=1}^{m}\hat{W}_j\varPhi\hat{u}_j + \Delta(t) - \rho$$

其中,假设 $\varPhi$ 也包括常数基函数,我们调整系统矩阵中相应的列以得到 $\hat{W}_\rho$。在 $\overline{\Delta} = 0$ 的情况下,可以得到控制器 $\hat{u}$,使得闭系统局部渐近稳定。对于 $\overline{\Delta} > 0$ 的情况,虽然系统在足够小的 $\overline{\Delta}$ 内将保持稳定,但它可能不会渐近收敛于零。然后,与 Xian et al.(2004)和 Qu、Xu(2002)类似,我们得到如下所示的 $\rho$,以帮助将系统状态滑向零:

$$\rho = \int_0^t [k_1 x(\tau) + k_2 \text{sign}(x(\tau))]\mathrm{d}\tau$$

其中,$k_1$ 和 $k_2$ 是正标量。可以证明,随着时间的推移,$\|\Delta(t) - \rho\| \to 0$,因此系统将渐近收敛于原点。

### 3) 计算属性

通过关系式(9.10)更新参数的计算复杂度取决于 $p$ 维矩阵乘法的复杂度,即 $O(p^3)$。此外,需要注意的是,考虑到参数矩阵 $P$ 的对称性,该方程更新了 $L = (p^2 + p)/2$ 个参数,与价值函数中使用的基函数的数量对应。因此,就参数数量而言,复杂度为 $O(L^{3/2})$。

Farsi and Liu(2020)讨论过,这可以比类似的 MBRL 技术[如 Kamalapurkar et al.(2016b)、Bhasin et al.(2013)和 Kamalapurkar et al.(2016a)]快得多。如果只选择线性和常数基函数,我们将需要 13 维矩阵乘法来更新四旋翼无人机的控制器。图 9.1 中报告的四旋翼无人机的运行时间结果表明,计算控制的最大处理时间为 8 ms。

此外,如前所述,RLS 已经在许多在线识别技术中实现(Liu et al.,2016b;Wu et al.,2015;Yang et al.,2013;Schreier,2012)。类似地,图 9.1 中的运行时间结果证实,RLS 更新可以在 2 ms 内高效地完成。相应地,控制循环中的计算所增加的总延迟最多约为 10 ms。因此,100 Hz 的控制频率是可以实现的,这对于控制大范围的四旋翼无人机来说已经足够。

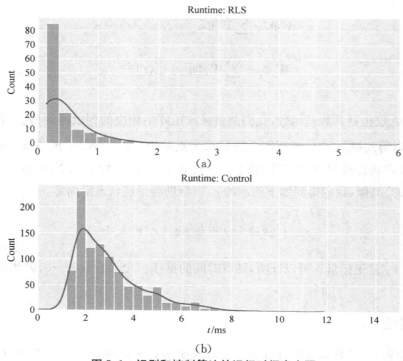

图 9.1  识别和控制算法的运行时间直方图

## 9.4  数值结果

在仿真中,我们考虑了 Crazyflie 的非线性模型[式(9.1)],其中参数取自 Luis and Ny (2016),如表 9.1 所示。该模型被视为模拟真实世界实现的黑盒。利用 Runge-Kutta 求解器对模型进行了积分。

表 9.1  仿真 Crazyflie 的系数

| $m$ | 0.33(kg) | $d$ | $39.73 \times 10^{-3}$(m) |
| --- | --- | --- | --- |
| $I_{xx}$ | $1.395 \times 10^{-5}$(kg・m²) | $C_T$ | 0.202 5 |
| $I_{yy}$ | $1.436 \times 10^{-5}$(kg・m²) | $C_D$ | 0.11 |
| $I_{zz}$ | $2.173 \times 10^{-5}$(kg・m²) | $g$ | 0.98(m/s²) |

通过这些仿真,我们假设可以完全访问状态。然后,我们使用单步后向近似获得了状态导数。

我们在 2.6 GHz Intel Core i5 处理器上用 Python 进行了仿真,包括通过 VPython 模块生成的 3D 图形(Scherer et al.，2000)，如图 9.2 所示。所有仿真的采样率为 66.6 Hz（$h=$ 15 ms）。相应地，以相同的速率计算控制输入值。在学习过程中，为了仿真 Crazyflie 的精确行为，我们对连续微分方程进行了足够高精度的积分。然而，我们只允许在符合采样率的时间步进行测量。此外，初始位置是随机选择的，其余状态则设置为 0。

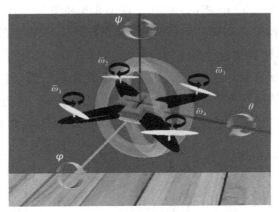

**图 9.2**　训练过程的视频可以访问 **https:// youtu. be/QO8Ql83qKFM，其目标是学习飞行并到达参考位置和偏航**

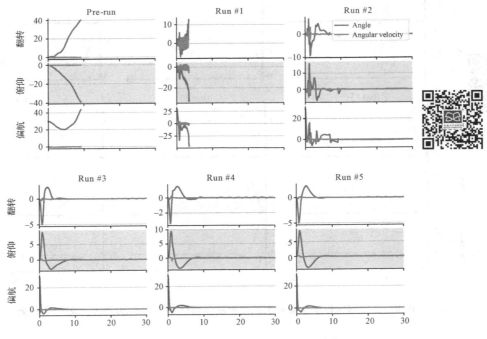

**图 9.3**　学习过程中不同运行中的姿态控制结果

控制器算法使用以下定义了目标函数和基函数的设置运行：

$$Q_0 = \mathrm{diag}([20, 20, 20, 0.8, 0.8, 0.8, 0, 0, 0, 0.4, 0.4, 0.04])$$

$$R_0 = 3.5 \times 10^{-7} I_{4 \times 4}, \Phi = \{1, x\}, \gamma = 0.4$$

我们选择 $x_{\mathrm{ref}} = [0, \ 0, \ 3]$ m 和 $\psi_{\mathrm{ref}} = 30°$。在图 9.3 和图 9.4 中，四旋翼无人机相对于参考值的姿态和位置误差在不同的运行中展示，在开始闭环学习之前，我们进行了三次预运行。训练的仿真视频也已上传到 https://youtu.be/ QO8Ql83qKFM。根据注释 9.1，尽管四旋翼无人机在最初几次运行中表现出不稳定的行为，但不久后就能实现并保持稳定的悬停模式。图 9.5 展示使用 RLS 识别的模型系数。此外，它可以在飞行 68 s 内收集 634 个样本后，在第 2 次飞行结束时，成功到达目标点（图 9.6 和图 9.7）。

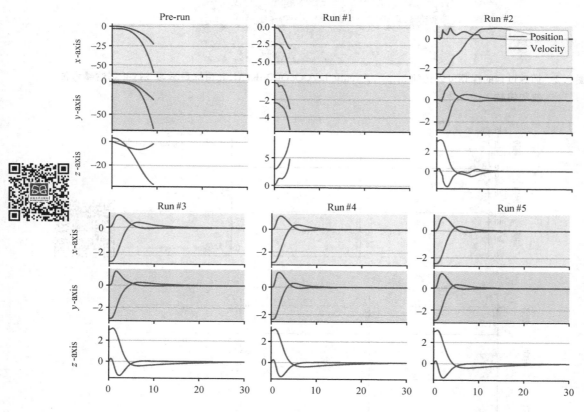

**图 9.4　学习过程中位置控制的结果在不同运行中展示，从随机初始位置开始**

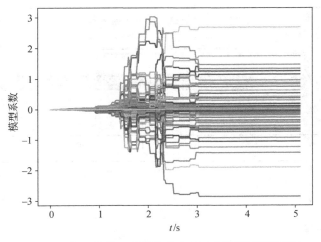

图 9.5　在系统的一次运行中由 RLS 识别的模型系数

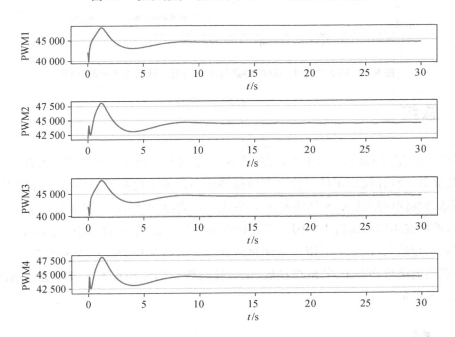

图 9.6　由学习控制产生的四旋翼无人机的 PWM 输入

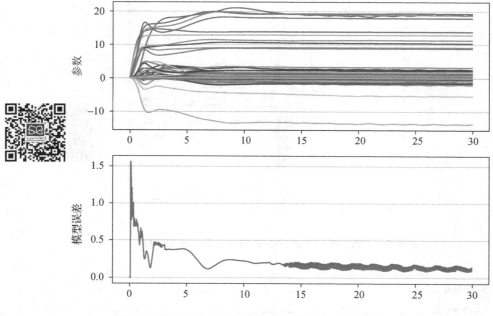

**图 9.7　样本内价值函数的参数与学习模型的预测误差一起运行**

# 9.5　总结

在本章中,我们以 Crazyflie 为重点,实现了 SOL 学习算法来学习四旋翼无人机的低级控制,使其能够飞行并保持在目标位置点的悬停状态。为了提高学习的运行时结果,我们使用更适合在线应用的 RLS 算法实现了 SOL。仿真结果表明,通过随机预运行获得初始模型,然后在不同的运行中以闭环形式对模型进行改进,学习速度快,效率高。基于飞行数据和运行结果,该方法可用于自动化四旋翼无人机的控制。在未来的工作中,我们将使用获得的结果和 SOL 的跟踪扩展,结合更高级别的方法在不了解动态的情况下实现更复杂的目标。

## 参考文献

Mahyar Abdolhosseini, Youmin Zhang, and Camille Alain Rabbath. An efficient model predictive control scheme for an unmanned quadrotor helicopter. Journal of Intelligent and Robotic Systems, 70(1 − 4):27 − 38, 2013.

Somil Bansal, Anayo K. Akametalu, Frank J. Jiang, Forrest Laine, and Claire J. Tomlin. Learning quadrotor dynamics using neural network for flight control. In Proceedings of the IEEE Conference on Decision and Control, pages 4653 - 4660. IEEE, 2016.

Philip Becker-Ehmck, Maximilian Karl, Jan Peters, and Patrick van der Smagt. Learning to fly via deep model-based reinforcement learning. arXiv preprint arXiv: 2003. 08876, 2020.

Shubhendu Bhasin, Rushikesh Kamalapurkar, Marcus Johnson, Kyriakos G. Vamvoudakis, Frank L. Lewis, and Warren E. Dixon. A novel actor-critic-identifier architecture for approximate optimal control of uncertain nonlinear systems. Automatica, 49(1):82 - 92, 2013.

Steven L. Brunton, Joshua L. Proctor, and J. Nathan Kutz. Discovering governing equations from data by sparse identification of nonlinear dynamical systems. Proceedings of the National Academy of Sciences of the United States of America, 113 (15):3932 - 3937, 2016.

Adam Coates, Pieter Abbeel, and Andrew Y. Ng. Apprenticeship learning for helicopter control. Communications of the ACM, 52(7):97 - 105, 2009.

Yan Duan, Xi Chen, Rein Houthooft, John Schulman, and Pieter Abbeel. Benchmarking deep reinforcement learning for continuous control. In International Conference on Machine Learning, pages 1329 - 1338, 2016.

Gabriel Dulac-Arnold, Daniel Mankowitz, and Todd Hester. Challenges of real-world reinforcement learning. arXiv preprint arXiv:1904. 12901, 2019.

Milad Farsi and Jun Liu. Structured online learning-based control of continuous-time nonlinear systems. IFAC-PapersOnLine, 53(2):8142 - 8149, 2020.

Milad Farsiand Jun Liu. A structured online learning approach to nonlinear tracking with unknown dynamics. In Proceedings of the American Control Conference, pages 2205 - 2211. IEEE, 2021.

Milad Farsi and Jun Liu. Structured online learning for low-level control of quadrotors. In Proceedings of the American Control Conference. IEEE, 2022.

A. C. Hindmarsh and L. R. Petzold. LSODA, ordinary differential equation solver for stiff or non-stiff system, 2005.

Eurika Kaiser, J. Nathan Kutz, and Steven L. Brunton. Sparse identification of nonlinear dynamics for model predictive control in the low-data limit. Proceedings of the Royal Society A, 474(2219):20180335, 2018.

Rushikesh Kamalapurkar, Joel A. Rosenfeld, and Warren E. Dixon. Efficient model-based reinforcement learning for approximate online optimal control. Automatica, 74: 247 – 258, 2016a.

Rushikesh Kamalapurkar, Patrick Walters, and Warren E. Dixon. Model-based reinforcement learning for approximate optimal regulation. Automatica, 64(C):94 – 104, 2016b.

Rushikesh Kamalapurkar, Patrick Walters, Joel Rosenfeld, and Warren Dixon. Reinforcement Learning for Optimal Feedback Control. Springer, 2018.

Nathan O. Lambert, Daniel S. Drew, Joseph Yaconelli, Sergey Levine, Roberto Calandra, and Kristofer S J Pister. Low-level control of a quadrotor with deep model-based reinforcement learning. IEEE Robotics and Automation Letters, 4(4):4224 – 4230, 2019.

Hao Liu, Danjun Li, Jianxiang Xi, and Yisheng Zhong. Robust attitude controller design for miniature quadrotors. International Journal of Robust and Nonlinear Control, 26(4):681 – 696, 2016a.

X. Y. Liu, Stefano Alfi, and Stefano Bruni. An efficient recursive least square-based condition monitoring approach for a rail vehicle suspension system. Vehicle System Dynamics, 54(6):814 – 830, 2016b.

Carlos Luis and Jérôme Le Ny. Design of a trajectory tracking controller for a nanoquadcopter. arXiv preprint arXiv:1608.05786, 2016.

John W. Pierre, Ning Zhou, Francis K. Tuffner, John F. Hauer, Daniel J. Trudnowski, and William A Mittelstadt. Probing signal design for power system identification. IEEE Transactions on Power Systems, 25(2):835 – 843, 2009.

Zhihua Qu and Jian-Xin Xu. Model-based learning controls and their comparisons using lyapunov direct method. Asian Journal of Control, 4(1):99 – 110, 2002.

David Scherer, Paul Dubois, and Bruce Sherwood. VPython: 3D interactive scientific graphics for students. Computing in Science & Engineering, 2(5):56 – 62, 2000.

Matthias Schreier. Modeling and adaptive control of a quadrotor. In Proceedings of the IEEE International Conference on Mechatronics and Automation, pages 383 – 390. IEEE, 2012.

Lifu Wu, Xiaojun Qiu, Ian S. Burnett, and Yecai Guo. A recursive least square algorithm for active control of mixed noise. Journal of Sound and Vibration, 339:1 – 10, 2015.

Bin Xian, Darren M. Dawson, Marcio S. de Queiroz, and Jian Chen. A continuous asymptotic tracking control strategy for uncertain nonlinear systems. IEEE Transactions on Automatic Control, 49(7):1206 – 1211, 2004.

Jinpeng Yang, Zhihao Cai, Qing Lin, and Yingxun Wang. Self-tuning pid control design for quadrotor uav based on adaptive pole placement control. In Proceedings of the Chinese Automation Congress, pages 233 – 237. IEEE, 2013.

# 10

# Python 工具箱

为了实现第 5 章中的学习框架,我们开发了一个 Python 工具箱。在本章中,我们将重点介绍这个工具箱的主要特性。在这个工具箱中,我们以摆系统为例来演示该框架的不同功能。它也可以应用于其他具有不同二次目标的动态系统。这个 Python 工具箱的代码可以在 Farsi 和 Liu(2022)访问。

## 10.1 概述

我们分三部分介绍工具箱的详细信息。工具箱的总体视图如图 10.1 所示,其中包括所开发工具的三个部分。根据图 10.1,左侧给出了目标和过程,它们提供了定义问题所需的元素。在中间,我们展示了工具箱的核心,包括通过与系统交互来处理模型学习和控制的类。右边显示了输出类。如图所示,圆形块以不同的颜色分类,每一种颜色代表一个 Python 类。在下一节中,我们将详细介绍这些类的可用方法。此外,通过一个示例,我们给出了每个块所需的定义和初始化。

## 10.2 用户输入

在本节中,我们将介绍定义学习问题所需的类,其中包括过程和控制目标。

### 1)过程

非线性系统以状态空间形式定义。该系统被视为一个黑盒过程,其中只能提供输入控制量并在某些特定的时间步测量状态。模型和输入的维度与域的范围都存储在这个类

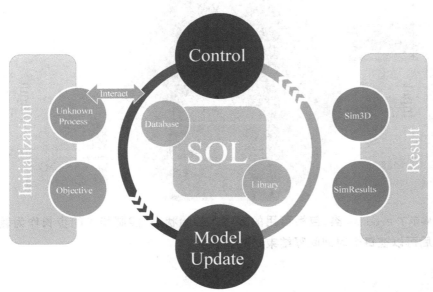

**图 10.1   结构化在线学习(SOL)工具箱的视图,每个彩色圆圈代表一个具有特定功能的类**

中。图 10.2 显示了涉及的函数以及类的输入和输出。

以下是这个类的可用方法:

• _init()__:定义系统状态、输入和输出维度,并对系统系数进行设置。通过区间数组来选择仿真的域。

• dynamics():定义动态行为,在控制和状态中,它返回一个表示 $\dot{x}$ 的 $n$ 维数组。

• integrate():设置积分器。因此,系统从先前状态开始,在给定的时间间隔积分,该间隔由时间步长 $h$ 给出。用户可以通过设置求解器来获得足够的精度和性能。

• read_sensor():一旦动态被积分,此方法将为前面定义的过程生成适当的状态测量。此外,可以设置噪声测量来模拟实际的测量。

• in_domain():根据所定义的域,此方法返回一个真值;否则,会提示域边界被跨越的维度。

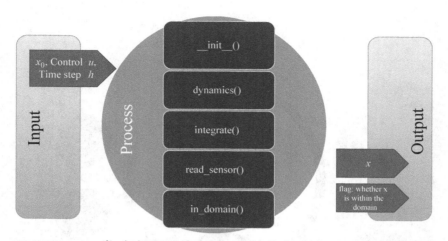

**图 10.2** 展示了 `Process` 类，包括可用的方法。初始状态、控制和时间步长作为输入。然后可以在每个时间间隔结束时测量状态

## 2）目标

将非线性系统定义为关注的未知过程后，需要设定学习目标。根据问题的表述，我们用线性二次型调节器（LQR）的成本来定义目标。使用的方法如图 10.3 所示。

- `_init__()`：利用系统的 $Q$、$R$ 矩阵和维度进行初始化。

- `stage_cost()`：给定每个时间步的状态和控制，计算运行成本。

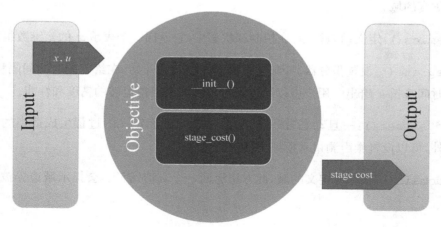

**图 10.3** 基于 **LQR** 成本定义的目标类

## 10.3 SOL

在本节中,介绍了工具箱的核心部分,包括模型更新和控制计算过程。

### 1) 模型更新

如图 10.4 所示,存在两个用于更新模型的类。我们首先简要讨论模型更新的功能,然后介绍 `Database` 和 `Library` 类。

- `_init_()`:使用系统的维度和基函数列表来初始化权重 $W$。
- `update()`:使用一种系统识别技术更新 $W$。根据所选择的学习算法,可以使用 `Database` 提供的历史样本或仅使用当前样本。
- `evaluate()`:使用 $W$ 和基函数及梯度的估计进行预测。对于 $(x, u)$ 对(稍后将解释),基函数和梯度由 `Library` 给出。

下面介绍 `Database` 和 `Library` 类。

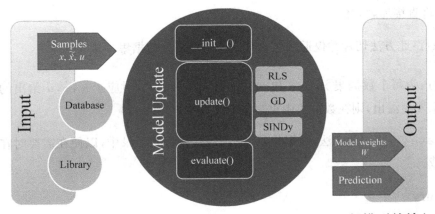

**图 10.4** 模型更新过程的视图,`Database` 和 `Library` 中的样本用作更新模型的输入,然后可以使用更新模型进行预测

### 2) 数据库

当选择最小二乘(LS)或非线性动态的稀疏识别(SINDy)作为模型学习器时,我们需要准备一批输入/输出数据。数据集包括成对的采样近似状态导数 `X_dot` 和基函数集 `db_Theta`,以

$x$ 和 $u$ 表示。我们使用 Database 类来生成和保存数据集，如图 10.5 所示。

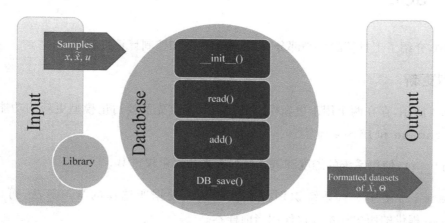

**图 10.5** 展示了 Database 类，其中给出了系统的样本，生成并保存了以批处理模式更新模型所需的数据集

该类包括以下方法：

• _init__():根据用户设置的最大样本数初始化数据集。如果目录中已经存在保存的数据，则将直接加载它们。

• read():此方法切片并仅返回包含存储样本的部分数据集。

• add():为每个数据集 X_dot 和 db_Theta 写入一列，对应于 $x, \tilde{x}, u$ 给出的当前样本。如果发生溢出，则在数据集中重写最旧的样本。

• DB_save():使用此方法，数据集以"npy"格式保存到目录中，以便在需要时在下次运行中加载。

## 3) Library

我们用这个类来处理涉及基函数及其偏导数的运算。其中包括构建一组基函数，以及对这些基函数及其梯度的估计，如图 10.6 所示。

• _init__():初始化基函数和梯度列表。

• _Phi_():使用这种方法，根据系统的维度和为基函数选择的键来构造和估计 $x$ 的基函数数组。

- _pPhi_():制作并估计与_Phi_()生成的基函数列表对应的梯度矩阵。

- build_lbl():构建与_Phi_()生成的基函数数组相对应的标签列表。这是为打印目的而生成的,供 SimResults 使用,SimResults 将在后面解释。

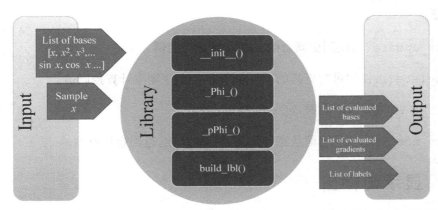

**图 10.6** Library 类利用系统的样本和用户选择的基函数集,构造基函数向量、梯度向量和相应的打印标签

## 4）控制

一旦模型参数更新,我们就相应地计算反馈控制。为此,我们将更新后的模型参数输入到 Control 类。根据控制算法,我们需要建立一个常微分方程(ODE)求解器来更新值参数。此外,我们还需要估计从 Library 中获得的基函数和梯度。Control 类的视图如图 10.7 所示。

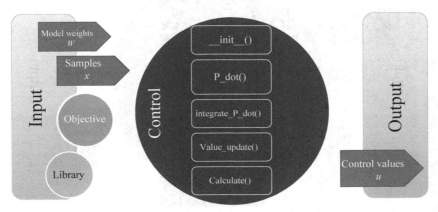

**图 10.7** 对 Control 类进行说明,其中以 **Objective** 和 **Library**、状态值和模型的权重作为输入来计算控制值

- \_init\_():我们用零初始化 P 和控制值。

- P\_dot():矩阵微分方程是用 P 来定义的。它使用了 Library 中给出的梯度和基函数。

- integrate\_P\_dot():我们使用 P\_dot()方程设置积分器来更新 P。为此选择并调整求解器。

- Value\_update():使用更新后的 P 和 x 计算当前值。

- Calculate():使用带有更新的 P、W 和 x 的控制规则来计算控制值。

- \_init\_():给定 $x_0$,$Q$ 和 $R$,定义并初始化成本。

- stage\_cost()。使用当前状态和定义目标的系数,返回运行成本。

## 10.4　显示与输出

在每次迭代中更新模型和控制器之后,只保留结果的记录,以便在每次学习阶段结束时进行检查和可视化。相应地,可以将学习到的分析模型打印出来以供检查。此外,还可以选择生成不同的图集。还可以使用轨迹进行图形仿真。在本节中,我们提供了可用于生成所需结果输出的工具(图 10.8 和图 10.9)。

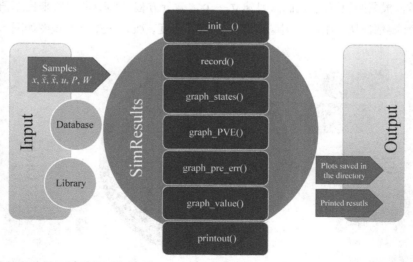

**图 10.8　图示类用于记录和可视化仿真结果。输出包括模型和价值参数、预测误差和系统响应的打印结果和图形**

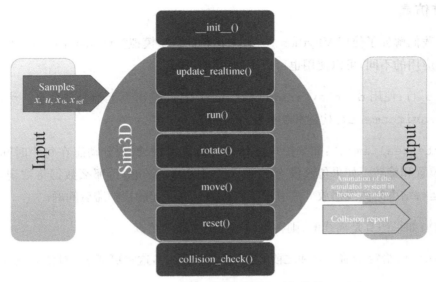

图 10.9　三维图形仿真由图示对象处理

## 1) 图形和打印输出

接下来,对打印和可视化结果的方法进行回顾。为此,在初始化类之后,我们将需要绘制图形的变量记录下来,然后在每一段结束时生成并保存所有的图形。

• _init_():利用仿真时间的长度,定义适当维度的数组来记录变量的演变,以便绘制。

• record():将变量的当前值写入与当前步索引相对应数组的适当位置。

• Graph_states():该方法绘制所有状态和控制信号。分配了两个图例和颜色列表来区分它们。

• graph_PVE():说明了价值参数、价值函数和预测误差的演变。

• graph_pre_err():绘制预测误差的演变。

• graph_value():绘制价值函数的演变。

• printout():打印出学习到的分析状态空间模型和价值函数。模型以状态空间中基函数的形式打印出来。同样,价值函数也是以基函数的形式打印出来。此外,还提供了包括样本数量在内的每一个事件的报告。

## 2）三维仿真

下文中,我们解释了使用 VPython 在 3D 中运行的典型模拟类(Scherer et al.,2000)。然而,根据应用的不同,可以使用也可以不使用 3D 仿真。

- `_init_()`:使用 `display_instructions()` 打印输出页上指令和信息。然后,使用 `build_environment()` 构建和初始化 3D 环境。

- `update_realtime()`:如果用户选择在线仿真,则根据积分动态在每个时间步更新对象的位置和旋转。如果仿真没有与学习过程同时在线进行,那么数据将被记录下来,在一段运行结束时离线播放。这有助于解决由计算引起的视频滞后问题。

- `run()`:如果仿真是离线的,则在每一段结束时播放仿真。

- `rotate()`:给定当前步骤和之前步骤之间的角度差,这将更新 3D 对象的旋转。

- `move()`:给定当前步骤和之前步骤之间的角度差,这将旋转并更新 3D 对象的旋转。

- `reset()`:在每一段结束时,删除一些对象,以便在下一段以初始状态重新构建。

- `collision_check()`:可以定义仿真环境中的物理约束,以触发碰撞报告。这可以用来停止仿真。

# 10.5 总结

在本章中,我们提出了一个工具箱,通过提供学习、分析和可视化工具,它可以作为所提基于模型的强化学习(MBRL)技术开发的起点。首先,我们定义了系统和目标。其次,我们讨论了如何设置学习程序。最后,我们回顾了通过打印和可视化观察结果的可用选项。

# 参考文献

Milad Farsi and Jun Liu. Python toolbox for structured online learning-based (SOL) control. https://github.com/Miiilad/SOL-Python-toolbox,2022. [Online; accessed 4-June-2022].

David Scherer, Paul Dubois, and Bruce Sherwood. VPython:3D interactive scientific graphics for students. Computing in Science & Engineering,2(5):56 – 62,2000.

# 附录

## A.1 注释 5.4 的补充分析

考虑原点为中心、半径为 $r$ 的球,由 $D_r$ 表示。我们将证明,式(5.13)的解的主要部分对于一些小的 $r$,等价于式(5.19)。为此,我们首先考虑式(5.14)中基函数的泰勒展开式及其偏导数:

$$\Phi(x) = \begin{bmatrix} 1 \\ x \\ \Gamma_1 x + O(x^2) \end{bmatrix}, \quad \frac{\partial \Phi(x)}{\partial x} = \begin{bmatrix} 0 \\ I \\ \Gamma_1 x + O(x) \end{bmatrix} \qquad (A.1)$$

其中,$O(x^\alpha)$ 表示 $x_1^{\alpha_1} x_2^{\alpha_2} \cdots x_n^{\alpha_n}$ 的更高阶项,$\alpha = \sum_{i=1}^{n} \alpha_i$,并且 $\alpha_i$ 是非负整数。需要注意的是,根据注释 5.1,受控非线性基函数的展开不包括任何常数项。此外,$\overline{Q}$ 和 $P$ 是具有适当维数的矩形块的结构化矩阵,如下所示:

$$\overline{Q} = \begin{bmatrix} 0 & 0 & 0 \\ 0 & Q & 0 \\ 0 & 0 & 0 \end{bmatrix}, \quad P = \begin{bmatrix} P_1 & P_2 & P_3 \\ P_2^{\mathrm{T}} & P_4 & P_5 \\ P_3^{\mathrm{T}} & P_5^{\mathrm{T}} & P_6 \end{bmatrix}$$

通过将 $\overline{Q}, P$ 代入式(5.13),可以很容易地发现,从初始条件 $P(0)=0$ 开始,$\dot{P}_1, \dot{P}_2$ 和 $\dot{P}_3$ 的方程中的任何项都将依赖于 $P_1, P_2$ 和 $P_3$,如下所示:

$$\dot{P}_1 = -P_2 K_1 K_1^{\mathrm{T}} P_2^{\mathrm{T}} - P_3 \Gamma_1 K_1 K_1^{\mathrm{T}} P_2^{\mathrm{T}} - P_2 K_1 K_1^{\mathrm{T}} P_3^{\mathrm{T}} - P_3 \Gamma_1 K_1 K_1^{\mathrm{T}} P_3^{\mathrm{T}}$$

$$\dot{P}_2 = P_2 W_2 + P_3 \Gamma_1 W_2 - P_2 K_1 K_1^{\mathrm{T}} P_4 - P_3 \Gamma_1 K_1 K_1^{\mathrm{T}} P_4 - P_2 K_1 K_1^{\mathrm{T}} P_5^{\mathrm{T}} - P_3 \Gamma_1 K_1 K_1^{\mathrm{T}} P_5^{\mathrm{T}}$$

$$\dot{P}_3 = P_2 W_3 + P_3 \Gamma_1 W_3 - P_2 K_1 K_1^{\mathrm{T}} P_5 - P_3 \Gamma_1 K_1 K_1^{\mathrm{T}} P_5 - P_2 K_1 K_1^{\mathrm{T}} P_6 - P_3 \Gamma_1 K_1 K_1^{\mathrm{T}} P_6$$

其中，$K_1 = W_{j1} + W_{j2} x + W_{j3} \Gamma_1 x$。因此，解 $P_1$，$P_2$ 和 $P_3$ 将始终保持在 0，并且矩阵 $P$ 将仅在块 $\begin{bmatrix} P_4 & P_5 \\ P_5^{\mathrm{T}} & P_6 \end{bmatrix}$ 上增长。因此，为了简洁起见，只要这种简化不会引起歧义，我们将只对该块进行计算。现在，让我们退一步，从下式开始：

$$\Phi(x)^{\mathrm{T}} \dot{P} \Phi(x) = \Phi(x)^{\mathrm{T}} \bar{Q} \Phi(x) +$$

$$\Phi(x)^{\mathrm{T}} P \frac{\partial \Phi(x)}{\partial x} W \Phi(x) + \Phi(x)^{\mathrm{T}} W^{\mathrm{T}} \frac{\partial \Phi(x)^{\mathrm{T}}}{\partial x} P \Phi(x) - \qquad (A.2)$$

$$\Phi(x)^{\mathrm{T}} P \Phi_x W_j \Phi(x) r_j^{-1} \Phi(x)^{\mathrm{T}} W_j^{\mathrm{T}} \frac{\partial \Phi(x)^{\mathrm{T}}}{\partial x} P \Phi(x) -$$

$$r \Phi(x)^{\mathrm{T}} P \Phi(x)$$

如式（5.12）所示。对于具有相应基函数的 $P_4$，$P_5$ 和 $P_6$ 的非零块，左侧可以重写如下：

$$\begin{bmatrix} 1 \\ x \\ \Gamma_1 x + O(x^2) \end{bmatrix}^{\mathrm{T}} \begin{bmatrix} 0 & 0 & 0 \\ 0 & \dot{P}_4 & \dot{P}_5 \\ 0 & \dot{P}_5^{\mathrm{T}} & \dot{P}_6 \end{bmatrix} \begin{bmatrix} 1 \\ x \\ \Gamma_1 x + O(x^2) \end{bmatrix}$$

$$\qquad (A.3)$$

$$= \begin{bmatrix} 1 \\ x \\ O(x^2) \end{bmatrix} \begin{bmatrix} 0 & 0 & 0 \\ 0 & \dot{P}_4 + \Gamma_1^{\mathrm{T}} \dot{P}_5^{\mathrm{T}} + \dot{P}_5 \Gamma_1 + \Gamma_1^{\mathrm{T}} \dot{P}_6 \Gamma_1 & \dot{P}_5 + \Gamma_1^{\mathrm{T}} \dot{P}_6 \\ 0 & \dot{P}_5^{\mathrm{T}} + \dot{P}_6 \Gamma_1 & \dot{P}_6 \end{bmatrix} \begin{bmatrix} 1 \\ x \\ O(x^2) \end{bmatrix}$$

其中，我们将基函数的第三项中的线性项移动到第二项。在下一步中，我们将在矩阵微分方程中考虑以下变量变换：

$$Z_1 = P_4 + \Gamma_1^{\mathrm{T}} P_5^{\mathrm{T}} + P_5 \Gamma_1 + \Gamma_1^{\mathrm{T}} P_6 \Gamma_1$$

$$Z_2 = P_5 + \Gamma_1^{\mathrm{T}} P_6 \qquad (A.4)$$

$$Z_3 = P_6$$

因此，我们将相同的基函数修改应用于式（A.2）右侧的所有项。该修改不会影响第一项，因为除了对应于第二项基函数的块之外，$\bar{Q}$ 在其他地方处处为 0，而第二项基函数保持不

变。然后,式(A.2)右侧的第二项变为

$$\Phi(x)^{\mathrm{T}} P \frac{\partial \Phi(x)}{\partial x} W\Phi(x)$$

$$= \begin{bmatrix} 1 \\ x \\ \Gamma_1 x + O(x^2) \end{bmatrix}^{\mathrm{T}} \begin{bmatrix} 0 & 0 & 0 \\ 0 & P_4 & P_5 \\ 0 & P_5^{\mathrm{T}} & P_6 \end{bmatrix} \begin{bmatrix} 1 \\ I \\ \Gamma_1 + O(x) \end{bmatrix}$$

$$\begin{bmatrix} 0 & W_2 & W_3 \end{bmatrix} \begin{bmatrix} 1 \\ x \\ \Gamma_1 x + O(x^2) \end{bmatrix}$$

$$= \begin{bmatrix} 1 \\ x \\ \Gamma_1 x + O(x^2) \end{bmatrix}^{\mathrm{T}} \begin{bmatrix} 0 & 0 & 0 \\ 0 & \Upsilon_1 & \Upsilon_2 \\ 0 & \Upsilon_3 & \Upsilon_4 \end{bmatrix} \begin{bmatrix} 1 \\ x \\ \Gamma_1 x + O(x^2) \end{bmatrix} \qquad (A.5)$$

$$= \begin{bmatrix} 1 \\ x \\ O(x^2) \end{bmatrix} \begin{bmatrix} 0 & 0 & 0 \\ 0 & \bar{\Upsilon}_1 & \bar{\Upsilon}_2 \\ 0 & \bar{\Upsilon}_3 & \bar{\Upsilon}_4 \end{bmatrix} \begin{bmatrix} 1 \\ x \\ O(x^2) \end{bmatrix}$$

其中

$$\Upsilon_1 = P_4 W_2 + P_5 \Gamma_1 W_2 + P_5 O(x) W_2$$

$$\Upsilon_2 = P_4 W_3 + P_5 \Gamma_1 W_3 + P_5 O(x) W_3$$

$$\Upsilon_3 = P_5^{\mathrm{T}} W_2 + P_6 \Gamma_1 W_2 + P_6 O(x) W_2$$

$$\Upsilon_4 = P_5^{\mathrm{T}} W_3 + P_6 \Gamma_1 W_3 + P_6 O(x) W_3$$

$$\bar{\Upsilon}_1 = Z_1 (W_2 + W_3 \Gamma_1) + Z_2 O(x)(W_2 + W_3 \Gamma_1)$$

$$\bar{\Upsilon}_2 = Z_1 W_3 + Z_2 O(x) W_3$$

$$\bar{\Upsilon}_3 = Z_2^{\mathrm{T}} (W_2 + W_3 \Gamma_1) + Z_3 O(x)(W_2 + W_3 \Gamma_1)$$

$$\bar{\Upsilon}_4 = Z_2^{\mathrm{T}} W_3 + Z_3 O(x) W_3$$

并且我们运用式(A.4)得到

$$P_4W_2+P_5\Gamma_1W_2+P_4W_3\Gamma_1+P_5\Gamma_1W_3\Gamma_1+\Gamma_1^{\mathrm{T}}P_5^{\mathrm{T}}W_2+\Gamma_1^{\mathrm{T}}P_6\Gamma_1W_2+\Gamma_1^{\mathrm{T}}P_5^{\mathrm{T}}W_3\Gamma_1+\Gamma_1^{\mathrm{T}}P_6\Gamma_1W_3\Gamma_1$$
$$=(P_4+\Gamma_1^{\mathrm{T}}P_5^{\mathrm{T}}+P_5\Gamma_1+\Gamma_1^{\mathrm{T}}P_6\Gamma_1)(W_2+W_3\Gamma_1)$$
$$=Z_1(W_2+W_3\Gamma_1)$$

$$P_5O(x)W_2+P_6O(x)W_3\Gamma_1+\Gamma_1^{\mathrm{T}}P_6O(x)W_2+\Gamma_1^{\mathrm{T}}P_6O(x)W_3\Gamma_1$$
$$=Z_2O(x)(W_2+W_3\Gamma_1)$$

$$P_4W_3+P_5\Gamma_1W_3+P_5O(x)W_3+\Gamma_1^{\mathrm{T}}P_5^{\mathrm{T}}W_3+\Gamma_1^{\mathrm{T}}P_6\Gamma_1W_3+\Gamma_1^{\mathrm{T}}P_6O(x)W_3$$
$$=(P_4+P_5\Gamma_1+\Gamma_1^{\mathrm{T}}P_5^{\mathrm{T}})W_3+(P_5+\Gamma_1^{\mathrm{T}}P_6)O(x)W_3+\Gamma_1^{\mathrm{T}}P_6\Gamma_1W_3$$
$$=(Z_1-\Gamma_1^{\mathrm{T}}Z_3\Gamma_1)W_3+Z_2O(x)W_3+\Gamma_1^{\mathrm{T}}Z_3\Gamma_1W_3$$
$$=Z_1W_3+Z_2O(x)W_3$$

$$P_5^{\mathrm{T}}W_2+P_6\Gamma_1W_2+P_6O(x)W_2+P_5^{\mathrm{T}}W_3\Gamma_1+P_6\Gamma_1W_3\Gamma_1+P_6O(x)W_3\Gamma_1$$
$$=(P_5^{\mathrm{T}}+P_6\Gamma_1)(W_2+W_3\Gamma_1)+P_6O(x)(W_2+W_3\Gamma_1)$$
$$=Z_2^2(W_2+W_3\Gamma_1)+Z_3O(x)(W_2+W_3\Gamma_1)$$

$$P_5^{\mathrm{T}}W_3+P_6\Gamma_1W_3+P_6O(x)W_3=Z_2^{\mathrm{T}}W_3+Z_3O(x)W_3$$

此外,对于式(A. 2)右侧的最后一项,以下内容成立:

$$\Phi(x)^{\mathrm{T}}P\frac{\partial\Phi(x)}{\partial x}\sum_{j=1}^{m}(W_j\Phi(x)r_j^{-1}\Phi(x)^{\mathrm{T}}W_j^{\mathrm{T}})\frac{\partial\Phi(x)^{\mathrm{T}}}{\partial x}P\Phi(x)$$

$$=\begin{bmatrix}1\\x\\\Gamma_1x+O(x^2)\end{bmatrix}^{\mathrm{T}}\begin{bmatrix}0&0&0\\0&P_4&P_5\\0&P_5^{\mathrm{T}}&P_6\end{bmatrix}\begin{bmatrix}0\\I\\\Gamma_1+O(x)\end{bmatrix}\times$$

$$\sum_{j=1}^{m}\left(\begin{bmatrix}W_{j1}&W_{j2}&W_{j3}\end{bmatrix}\begin{bmatrix}1\\x\\\Gamma_1x+O(x^2)\end{bmatrix}r_j^{-1}\begin{bmatrix}1\\x\\\Gamma_1x+O(x^2)\end{bmatrix}^{\mathrm{T}}\begin{bmatrix}W_{j1}\\W_{j2}\\W_{j3}\end{bmatrix}\right)\times$$

$$\begin{bmatrix}0\\I\\\Gamma_1+O(x)\end{bmatrix}^{\mathrm{T}}\begin{bmatrix}0&0&0\\0&P_4&P_5\\0&P_5^{\mathrm{T}}&P_6\end{bmatrix}\begin{bmatrix}1\\x\\\Gamma_1x+O(x^2)\end{bmatrix}$$

$$=\begin{bmatrix}1\\x\\\Gamma_1x+O(x^2)\end{bmatrix}^{\mathrm{T}}\begin{bmatrix}0&0&0\\0&P_4&P_5\\0&P_5^{\mathrm{T}}&P_6\end{bmatrix}\begin{bmatrix}0\\I\\\Gamma_1+O(x)\end{bmatrix}\Omega_2\times$$

$$
\begin{bmatrix} 0 \\ I \\ \Gamma_1 + O(x) \end{bmatrix}^{\mathrm{T}}
\begin{bmatrix} 0 & 0 & 0 \\ 0 & P_4 & P_5 \\ 0 & P_5^{\mathrm{T}} & P_6 \end{bmatrix}
\begin{bmatrix} 1 \\ x \\ \Gamma_1 x + O(x^2) \end{bmatrix}
$$

$$
= \begin{bmatrix} 1 \\ x \\ \Gamma_1 x + O(x^2) \end{bmatrix}^{\mathrm{T}}
\left( \begin{bmatrix} 0 \\ P_4 + P_5\Gamma_1 \\ P_5^{\mathrm{T}} + P_6\Gamma_1 \end{bmatrix} + \begin{bmatrix} 0 \\ P_5 O(x) \\ P_6 O(x) \end{bmatrix} \right) \Omega_2 \times
$$

$$
\left( \begin{bmatrix} 0 \\ P_4 + P_5\Gamma_1 \\ P_5^{\mathrm{T}} + P_6\Gamma_1 \end{bmatrix} + \begin{bmatrix} 0 \\ P_5 O(x) \\ P_6 O(x) \end{bmatrix} \right)^{\mathrm{T}}
\begin{bmatrix} 1 \\ x \\ \Gamma_1 x + O(x^2) \end{bmatrix}
$$

$$
= \begin{bmatrix} 1 \\ x \\ \Gamma_1 x + O(x^2) \end{bmatrix}^{\mathrm{T}}
\begin{bmatrix} 0 & 0 & 0 \\ 0 & \Omega_3 & \Omega_4 \\ 0 & \Omega_4^{\mathrm{T}} & \Omega_5 \end{bmatrix}
\begin{bmatrix} 1 \\ x \\ \Gamma_1 x + O(x^2) \end{bmatrix} + \tag{A.6}
$$

$$
\begin{bmatrix} 1 \\ x \\ \Gamma_1 x + O(x^2) \end{bmatrix}^{\mathrm{T}}
\begin{bmatrix} 0 & 0 & 0 \\ 0 & \Omega_6 & \Omega_7 \\ 0 & \Omega_7^{\mathrm{T}} & \Omega_8 \end{bmatrix}
\begin{bmatrix} 1 \\ x \\ \Gamma_1 x + O(x^2) \end{bmatrix}
$$

$$
= \begin{bmatrix} 1 \\ x \\ O(x^2) \end{bmatrix}^{\mathrm{T}}
\begin{bmatrix} 0 & 0 & 0 \\ 0 & \bar{\Omega}_3 & \bar{\Omega}_4 \\ 0 & \bar{\Omega}_4^{\mathrm{T}} & \bar{\Omega}_5 \end{bmatrix}
\begin{bmatrix} 1 \\ x \\ O(x^2) \end{bmatrix} + \begin{bmatrix} 1 \\ x \\ O(x^2) \end{bmatrix}^{\mathrm{T}} \times
$$

$$
\begin{bmatrix} 0 & 0 & 0 \\ 0 & \bar{\Omega}_6 & \bar{\Omega}_7 \\ 0 & \bar{\Omega}_7^{\mathrm{T}} & \bar{\Omega}_8 \end{bmatrix}
\begin{bmatrix} 1 \\ x \\ O(x^2) \end{bmatrix}
$$

其中，$\Omega_2$ 至 $\Omega_8$ 定义如下：

$$
\Omega_2 = \sum_{j=1}^{m} r_j^{-1} \begin{bmatrix} W_{j1} & W_{j2} & W_{j3} \end{bmatrix}
\begin{bmatrix} 1 \\ x \\ \Gamma_1 x \end{bmatrix}
\begin{bmatrix} 1 \\ x \\ \Gamma_1 x \end{bmatrix}^{\mathrm{T}}
\begin{bmatrix} W_{j1} \\ W_{j2} \\ W_{j3} \end{bmatrix}^{\mathrm{T}}
$$

$$
= \sum_{j=1}^{m} r_j^{-1} \begin{bmatrix} W_{j1} & W_{j2} & W_{j3} \end{bmatrix}
\begin{bmatrix} 1 & x^{\mathrm{T}} & x^{\mathrm{T}}\Gamma_1^{\mathrm{T}} \\ x & xx^{\mathrm{T}} & xx^{\mathrm{T}}\Gamma_1^{\mathrm{T}} \\ \Gamma_1 x & \Gamma_1 xx^{\mathrm{T}} & \Gamma_1 xx^{\mathrm{T}}\Gamma_1^{\mathrm{T}} \end{bmatrix}
\begin{bmatrix} W_{j1} \\ W_{j2} \\ W_{j3} \end{bmatrix}^{\mathrm{T}}
$$

$$= \sum_{j=1}^{m} (W_{j1}W_{j1}{}^{\mathrm{T}} + W_{j2}xW_{j1}{}^{\mathrm{T}} + W_{j3}\Gamma_1 xW_{j1}{}^{\mathrm{T}} + W_{j1}x^{\mathrm{T}}W_{j2}{}^{\mathrm{T}} +$$

$$W_{j2}xx^{\mathrm{T}}W_{j2}^{\mathrm{T}} + W_{j3}\Gamma_1 xx^{\mathrm{T}}W_{j2}^{\mathrm{T}} + W_{j1}x^{\mathrm{T}}\Gamma_1^{\mathrm{T}}W_{j3}^{\mathrm{T}} +$$

$$W_{j2}xx^{\mathrm{T}}\Gamma_1^{\mathrm{T}}W_{j2}^{\mathrm{T}} + W_{j3}\Gamma_1 xx^{\mathrm{T}}\Gamma_1^{\mathrm{T}}W_{j3}^{\mathrm{T}})r_j^{-1}$$

$$\Omega_3 = (P_4 + P_5\Gamma_1)\Omega_2(P_4 + \Gamma_1^{\mathrm{T}}P_5^{\mathrm{T}})$$

$$\Omega_4 = (P_4 + P_5\Gamma_1)\Omega_2(P_5 + \Gamma_1^{\mathrm{T}}P_6)$$

$$\Omega_5 = (P_5^{\mathrm{T}} + P_6\Gamma_1)\Omega_2(P_5 + \Gamma_1^{\mathrm{T}}P_6)$$

$$\Omega_6 = (P_4 + P_5\Gamma_1)\Omega_2 O(x)P_5^{\mathrm{T}} + P_5 O(x)\Omega_2(P_4 + \Gamma_1^{\mathrm{T}}P_5^{\mathrm{T}}) + P_5 O(x^2)P_5^{\mathrm{T}}$$

$$\Omega_7 = (P_4 + P_5\Gamma_1)\Omega_2 O(x)P_6 + P_5 O(x)\Omega_2(P_5 + \Gamma_1^{\mathrm{T}}P_6) + P_5 O(x^2)P_6$$

$$\Omega_8 = (P_5^{\mathrm{T}} + P_6\Gamma_1)\Omega_2 O(x)P_6 + P_6 O(x)\Omega_2(P_5 + \Gamma_1^{\mathrm{T}}P_6) + P_6 O(x^2)P_6$$

此外，$\overline{\Omega}_3$ 至 $\overline{\Omega}_3$ 是修改基函数后的类似块，它们也可以根据式（A.4）中定义的新变量重写如下：

$$\overline{\Omega}_3 = (P_4 + \Gamma_1^{\mathrm{T}}P_5^{\mathrm{T}} + P_5\Gamma_1 + \Gamma_1^{\mathrm{T}}P_6\Gamma_1)\Omega_2(P_4 + \Gamma_1^{\mathrm{T}}P_5^{\mathrm{T}} + P_5\Gamma_1 + \Gamma_1^{\mathrm{T}}P_6\Gamma_1)^{\mathrm{T}}$$
$$= Z_1 W_{j1}W_{j1}^{\mathrm{T}}Z_1^{\mathrm{T}}$$

$$\overline{\Omega}_4 = (P_4^{\mathrm{T}} + P_5\Gamma_1 + \Gamma_1^{\mathrm{T}}P_5^{\mathrm{T}} + \Gamma_1^{\mathrm{T}}P_6\Gamma_1)\Omega_2(P_5 + \Gamma_1^{\mathrm{T}}P_6)$$
$$= Z_1 W_{j1}W_{j1}{}^{\mathrm{T}}Z_2$$

$$\overline{\Omega}_5 = \Omega_5 = Z_2^{\mathrm{T}}W_{j1}W_{j1}^{\mathrm{T}}Z_2$$

$$\overline{\Omega}_6 = \Omega_6 + \Gamma_1^{\mathrm{T}}\Omega_7^{\mathrm{T}} + \Omega_7\Gamma_1 + \Gamma_1^{\mathrm{T}}\Omega_8\Gamma_1$$
$$= (P_4 + P_5\Gamma_1 + \Gamma_1^{\mathrm{T}}P_5^{\mathrm{T}} + \Gamma_1^{\mathrm{T}}P_6\Gamma_1)\Omega_2 O(x)P_5^{\mathrm{T}} +$$
$$(P_5 + \Gamma_1^{\mathrm{T}}P_6)O(x)\Omega_2(P_4 + \Gamma_1^{\mathrm{T}}P_5^{\mathrm{T}}) +$$
$$(P_4 + P_5\Gamma_1 + \Gamma_1^{\mathrm{T}}P_5^{\mathrm{T}} + \Gamma_1^{\mathrm{T}}P_6\Gamma_1)\Omega_2 O(x)P_6\Gamma_1 +$$
$$(P_5 + \Gamma_1^{\mathrm{T}}P_6)O(x)\Omega_2(P_5 + \Gamma_1^{\mathrm{T}}P_6)\Gamma_1 +$$
$$(P_5 + \Gamma_1^{\mathrm{T}}P_6)O(x^2)P_5^{\mathrm{T}} + (P_5 + \Gamma_1^{\mathrm{T}}P_6)O(x^2)P_6\Gamma_1$$
$$= (P_4 + P_5\Gamma_1 + \Gamma_1^{\mathrm{T}}P_5^{\mathrm{T}} + \Gamma_1^{\mathrm{T}}P_6\Gamma_1)\Omega_2 O(x)(P_5^{\mathrm{T}} + P_6\Gamma_1) +$$
$$(P_5 + \Gamma_1^{\mathrm{T}}P_6)O(x)\Omega_2(P_4 + \Gamma_1^{\mathrm{T}}P_5^{\mathrm{T}} + P_5\Gamma_1 + \Gamma_1^{\mathrm{T}}P_6\Gamma_1) +$$
$$(P_5 + \Gamma_1^{\mathrm{T}}P_6)O(x^2)(P_5^{\mathrm{T}} + P_6\Gamma_1)$$
$$= Z_1\Omega_2 O(x)Z_2^{\mathrm{T}} + Z_2 O(x)\Omega_2 Z_1^{\mathrm{T}} + Z_2 O(x^2)Z_2^{\mathrm{T}}$$

$$\overline{\Omega}_7 = \Omega_7 + \Gamma_1^{\mathrm{T}}\Omega_8 = Z_1\Omega_2 O(x)Z_3 + Z_2 O(x)\Omega_2 Z_2 + Z_2 O(x^2)Z_3$$

$$\overline{\Omega}_8 = \Omega_8 = Z_2^{\mathrm{T}}\Omega_2 O(x)Z_3 + Z_3 O(x)\Omega_2 Z_2 + Z_3 O(x^2)Z_3$$

其中，我们还使用了这样一个事实：当 $x \to 0$ 时，常数项在 $\Omega_2$ 中占主导地位。因此，我们得到 $\Omega_2 \to \sum\limits_{j=1}^{m} r_j^{-1} W_{j1} W_{j1}^{\mathrm{T}}$ 。

将式（A.3）、式（A.5）和式（A.6）代入式（A.2），可以得到

$$
\begin{aligned}
\dot{Z}_1 = & \, Q + Z_1(W_2 + W_3 \Gamma_1) + (W_2^{\mathrm{T}} + \Gamma_1^{\mathrm{T}} W_3^{\mathrm{T}}) Z_1^{\mathrm{T}} - \\
& Z_1 \Big( \sum_{j=1}^{m} W_{j1} r_j^{-1} W_{j1}^{\mathrm{T}} \Big) Z_1^{\mathrm{T}} + Z_2 O(x)(W_2 + W_3 \Gamma_1) - \\
& \gamma Z_1 + (W_2 + W_3 \Gamma_1)^{\mathrm{T}} O(x) Z_2^{\mathrm{T}} - Z_1 \Omega_2 O(x) Z_2^{\mathrm{T}} - \\
& Z_2 O(x) \Omega_2 Z_1^{\mathrm{T}} - Z_2 O(x^2) Z_2^{\mathrm{T}} \\
= & \, Q + Z_1 \Big( W_2 + W_3 \Gamma_1 - \frac{\gamma}{2} I \Big) + \Big( W_2^{\mathrm{T}} + \Gamma_1^{\mathrm{T}} W_3^{\mathrm{T}} - \frac{\gamma}{2} I \Big) Z_1^{\mathrm{T}} - \\
& Z_1 \Big( \sum_{j=1}^{m} W_{j1} r_j^{-1} W_{j1}^{\mathrm{T}} \Big) Z_1^{\mathrm{T}} + O(x)
\end{aligned}
\tag{A.7}
$$

$$
\begin{aligned}
\dot{Z}_2 = & \, Z_1 W_3 + (W_2 + W_3 \Gamma_1)^{\mathrm{T}} Z_2 - Z_1 \Big( \sum_{j=1}^{m} W_{j1} r_j^{-1} W_{j1}^{\mathrm{T}} \Big) Z_2 - \\
& \gamma Z_2 + Z_2 O(x) W_3 + (W_2 + W_3 \Gamma_1)^{\mathrm{T}} O(x) Z_3^{\mathrm{T}} - \\
& Z_1 \Omega_2 O(x) Z_3 - Z_2 O(x) \Omega_2 Z_2 - \\
& Z_2 O(x^2) Z_3
\end{aligned}
\tag{A.8}
$$

$$
\begin{aligned}
\dot{Z}_3 = & \, Z_2^{\mathrm{T}} W_3 + W_3^{\mathrm{T}} Z_2 - Z_2 \Big( \sum_{j=1}^{m} W_{j1} r_j^{-1} W_{j1}^{\mathrm{T}} \Big) Z_2 - \\
& \gamma Z_3 + Z_3 O(x) W_3 + W_3^{\mathrm{T}} O(x) Z_3^{\mathrm{T}} - Z_2^{\mathrm{T}} \Omega_2 O(x) Z_3 - \\
& Z_3 O(x) \Omega_2 Z_2 - Z_3 O(x^2) Z_3
\end{aligned}
\tag{A.9}
$$

此外，对于最优控制，式（5.11）采用以下形式：

$$
\begin{aligned}
u_j^* = - & \begin{bmatrix} 1 \\ x \\ \Gamma_1 x + O(x^2) \end{bmatrix}^{\mathrm{T}} r_j^{-1} \begin{bmatrix} 0 & 0 & 0 \\ 0 & P_4 & P_5 \\ 0 & P_5^{\mathrm{T}} & P_6 \end{bmatrix} \begin{bmatrix} 0 \\ I \\ \Gamma_1 + O(x) \end{bmatrix} - \\
& \begin{bmatrix} W_{j1} & W_{j2} & W_{j3} \end{bmatrix} \begin{bmatrix} 1 \\ x \\ \Gamma_1 x + O(x^2) \end{bmatrix}
\end{aligned}
$$

$$
=-\begin{bmatrix} 1 \\ x \\ \Gamma_1 x + O(x^2) \end{bmatrix}^{\mathrm{T}} r_j^{-1} \begin{bmatrix} 0 \\ P_4 + P_5\Gamma_1 \\ P_5^{\mathrm{T}} + P_6\Gamma_1 \end{bmatrix} \begin{bmatrix} W_{j1} & W_{j2} & W_{j3} \end{bmatrix} \begin{bmatrix} 1 \\ x \\ \Gamma_1 x + O(x^2) \end{bmatrix}
$$

$$
=-r_j^{-1}x^{\mathrm{T}}(P_4 + P_5\Gamma_1 + \Gamma_1^{\mathrm{T}}P_5^{\mathrm{T}} + \Gamma_1^{\mathrm{T}}P_6\Gamma_1)(W_{j1} + W_{j2}x + W_{j1}\Gamma_1 x)
$$

$$
=-r_j^{-1}x^{\mathrm{T}}(P_4 + P_5\Gamma_1 + \Gamma_1^{\mathrm{T}}P_5^{\mathrm{T}} + \Gamma_1^{\mathrm{T}}P_6\Gamma_1)W_{j1}
$$
$$
-r_j^{-1}x^{\mathrm{T}}(P_4 + P_5\Gamma_1 + \Gamma_1^{\mathrm{T}}P_5^{\mathrm{T}} + \Gamma_1^{\mathrm{T}}P_6\Gamma_1)(W_{j2}x + W_{j1}\Gamma_1 x)
$$

$$
=-r_j^{-1}x^{\mathrm{T}}Z_1 W_{j1} + O(x^2)
$$

其中，当 $x \in \bar{D}_r$，$r$ 足够小时，线性项将占主导地位。因此，控制规则将采用式（5.18）的形式。

相应地，在式（A.7）和式（A.8）的解中，只有 $Z_1(t)$ 参与控制。因此，为了保证闭环系统的稳定性，$Z_1(t)$ 是随着 $t \to \infty$ 稳定化的。事实上，通过查看式（A.7），不难验证它作为线性化系统（5.15）的微分 Riccati 方程，其中一个附加项随着 $x \to \infty$ 而消失。因此，我们可以使用引理 5.2 的一个变体来得出结论：只要 $Q + O(x) > 0$，式（A.7）的积分将导致一个稳定控制器，对于 $r$ 足够小，这可以通过假设 $x \in \bar{D}_r$ 来保证。

此外，尽管 $Z_2(t)$ 和 $Z_3(t)$ 在控制过程中未显示，我们仍需要它们保持约束。式（A.8）和式（A.9）可以重写如下：

$$
\dot{Z}_2 = (A_{cl} - \gamma I)Z_2 + G_1(Z_1) + O(x)
$$
$$
\dot{Z}_3 = (-\gamma I)Z_3 + G_2(Z_2) + O(x)
$$

其中，$A_{cl} = W_2 + W_3\Gamma_1 - r_j^{-1}Z_1 W_{j1} W_{j1}^{\mathrm{T}}$，函数 $G_1(Z_1)$ 和 $G_2(Z_2)$ 可以看作这些微分方程的输入。事实上，$A_{cl}$ 是式（5.15）的闭环系统矩阵，因此是 Hurwitz。相应地，再考虑到 $\gamma > 0$，这两个自治动态都是渐近稳定的，具有 Hurwitz 系统矩阵 $A_{cl} - \gamma I$ 和 $-\gamma I$。这保证了 $Z_2(t)$ 在有界解 $Z_1(t)$ 下将保持有界。类似地，有界 $Z_3(t)$ 可以由有界 $Z_2(t)$ 得出。

## A.2  注释 5.5 的补充分析

假设闭环系统是渐近稳定的，我们有 $x \to 0$。此外，当 $\gamma \to 0$，式（A.7）的右侧将收敛于式（5.19）的右侧。通过引理 5.2 的一个变体，我们可以证明 $P(t)$ 将收敛于代数 Riccati 方程（5.16）的解。